高职高专国家示范性院校"十三五"规划教材

电气控制与 PLC 应用技术

项目化教程

主　编　段　峻

副主编　邵晓娟　王永康

参　编　董佳辉　杨修国　王聪慧

主　审　卢庆林

U0301331

西安电子科技大学出版社

内 容 简 介

本书采用项目—任务的形式讲解电气控制技术与 PLC 应用技术。全书共八个项目,每个项目由相应的任务组成。项目一至三为接触器、继电器控制系统方面的知识,介绍了常用低压电器的认识和选用、基本电气控制电路的分析与接线、典型生产机械电气控制电路分析与故障诊断等方面的知识。项目四至七为可编程序控制器部分,通过丰富的应用实例,介绍了可编程序控制器的结构组成、工作原理,PLC 的基本指令和功能指令的应用,PLC 控制系统的常用设计方法与调试等知识。项目八为 PLC 网络通信方面的知识,介绍了 S7-200 PLC 之间的 PPI 通信及 S7-200 PLC 与 MM440 变频器之间的 USS 通信等知识。

本书可作为高职高专电气技术、电气自动化等专业的主干课教材,也可供其他相近专业及有关工程技术人员参考。

图书在版编目(CIP)数据

电气控制与 PLC 应用技术项目化教程/段峻主编. —西安:西安电子科技大学出版社,2017.7
高职高专国家示范性院校"十三五"规划教材
ISBN 978-7-5606-4498-1

Ⅰ. ① 电… Ⅱ. ① 段… Ⅲ. ① 电气控制—教材 ② PLC 技术—教材
Ⅳ. ① TM571.2 ② TM571.61

中国版本图书馆 CIP 数据核字(2017)第 112092 号

策　　划　李惠萍　　毛红兵
责任编辑　王　静
出版发行　西安电子科技大学出版社(西安市太白南路 2 号)
电　　话　(029)88242885　88201467　　　邮　编　710071
网　　址　www.xduph.com　　　　　　　电子邮箱　xdupfxb001@163.com
经　　销　新华书店
印刷单位　陕西华沐印刷科技有限责任公司
版　　次　2017 年 7 月第 1 版　　2017 年 7 月第 1 次印刷
开　　本　787 毫米×1092 毫米　1/16　印 张　15.5
字　　数　368 千字
印　　数　1～3000 册
定　　价　29.00 元

ISBN 978-7-5606-4498-1 / TM

XDUP 4790001-1

如有印装问题可调换

前　言

电气控制技术是以电力拖动系统或生产过程为控制对象，以实现生产过程自动化为目的的控制技术，作为现代工业的基础，现已广泛应用于工业、农业、国防、科学技术各领域和人们的日常生活中，并随着科学技术的发展得到迅猛的发展。现代电气控制技术在原有的继电接触控制技术的基础上，又集合应用了计算机技术、微电子技术、检测技术、自动控制技术、智能技术、通信技术、网络技术等先进的科学技术成果。作为现代电气控制技术的一个分支，PLC 技术一问世即以强大的生命力迅速占领了传统的控制领域，在工业自动化、机电一体化及传统产业技术改造等方面得到了广泛的应用。这使得"电气控制与 PLC 应用技术"成为高职高专电气自动化、机电类专业中十分重要的专业平台课。

本书根据高职高专"电气控制与 PLC 应用"课程学习大纲，结合高职教育特点，本着"重视基础知识，理论够用为度，突出技能培训，重在工程应用"的原则编写而成，力求做到知识系统，概念清晰，重点突出，通俗易懂，便于自学。全书分八个项目。其中项目一至三主要介绍了常用低压电器的认识和选用、基本电气控制电路的分析与接线、典型生产机械电气控制电路分析与故障诊断等知识。项目四至八介绍了可编程序控制器及其工作原理，以西门子公司 S7-200 系列 PLC 为例，介绍了可编程序控制器结构原理、指令系统、编程设计方法及其应用调试，PLC 通信与网络等知识。每个项目都包含若干任务，各任务中均设计了项目实施环节，重点培养学生的实训技能。在学习、使用本书过程中，并非全部内容都要讲解，各学校可根据不同专业、课时多少进行删减，有些内容和实例可安排在电气实训、课程设计中进行。

本书特色是每个任务都按照学习目标、任务导入、相关知识、任务实施、拓展知识及习题与思考题等循序渐进的方式由浅入深地编排，使学生容易理解、掌握，并提高技能，同时达到开阔视野和创新思维的效果。本书可作为高职高专电气技术、电气自动化等专业的主干课教材，也可供其他相近专业及有关工程技术人员参考。

本书由陕西工业职业技术学院段峻任主编，邵晓娟、王永康任副主编。具体编写分工如下：邵晓娟编写项目一、二；段峻编写项目三、四；王永康编写项目五；董佳辉编写项目六、七；王聪慧编写项目八。全书最后由段峻统稿、定稿，杨修国整理编辑。本书由卢庆林教授主审，在此表示衷心的感谢。本书的出版得到了陕西工业职业学院高职所领导及同事的大力支持，西安电子科技大学出版社的同志也为本书的出版付出了辛勤的劳动，在此一并谨致诚挚的谢意！

由于编者水平有限，书中难免存在一些疏漏和不妥之处，敬请读者批评指正。

编　者

2017 年 1 月

目　　录

绪　　论

　　随着电力电子技术和计算机技术的快速发展及生产工艺要求的不断提高，电气控制技术也进入快速发展的通道，经历了从手动控制到自动控制、从简单控制到复杂控制、从有触点的硬接线控制到以计算机为中心的存储控制的不断变革。现在，电力电子技术和计算机技术已经融入电气控制技术中，使得电气控制技术更加精准、简单。各行业逐渐发现了电气控制技术的可靠、安全、反应快速、节能等优点，所以越来越多的行业开始引入电气控制系统，小至家用电器，大到航空航天，都广泛地应用了电气控制技术。因此，掌握电气控制技术尤为重要。

一、电器与电气

　　电器与电气是两个不同的概念，由于在使用中容易混淆，下面对其进行说明：

　　电器是所有电工器械的简称，是指能根据外界施加的信号和要求自动或手动接通和断开电路，断续或连续地改变电路参数，并能对电路或非电对象进行切换、控制、保护、检测、变换和调节的电工器械。电器单指设备，如继电器、接触器、互感器、开关、熔断器、变阻器等。电器的控制作用就是手动或自动地接通、断开电路，因此，"分断"和"闭合"是电器最基本、最典型的功能。简言之，电器就是一种能控制电的工具。

　　电气是电能的生产、传输、分配、使用和电工装备制造等学科或工程领域的统称。它可以理解为以电能、电气设备和电气技术为手段来创造、维持与改善限定空间和环境的一门科学，涵盖电能的转换、利用和研究三方面，包括基础理论、应用技术、设施设备等。电气是广义词，它可指一种行业、一种专业，也可指一种技术，而不是具体指某种产品。

二、电气控制技术概述

　　电气控制主要分为两大类：一种是传统的以继电器、接触器等为主搭接起来的逻辑电路，即继电-接触器控制；另一种是基于 PLC(Programmable Logic Controller，可编程序控制器)的弱电控制强电的系统——PLC 控制。

1. 基本概念

1) 继电-接触器控制

　　继电-接触器控制技术属于传统电气控制技术。继电-接触器控制系统是由接触器、继电器、主令电器和保护电器等元件用导线按一定的控制逻辑连接而成的系统。它主要采用硬接线逻辑，利用继电器触点的串联或并联，延时继电器的滞后动作等组成控制逻辑，从而实现对电动机或其他机械设备的启动、停止、反向、调速及多台设备的顺序控制和自动保护等功能。

继电-接触器控制系统具有结构简单、控制电路成本低廉、容易维护、抗干扰能力强等优点，但这种控制系统采用固定的接线方式，若改变控制方案，则需拆线，重新再接线，乃至更换元器件。其灵活性差，系统体积较大，工作频率低，触点易损坏，可靠性差，且控制装置是专用的，通用性差。

2) PLC 控制

PLC 控制技术属于现代电气控制技术，它是计算机技术与继电-接触器控制技术相结合的控制技术，同时 PLC 的输入、输出仍与低压电器密切相关。PLC 控制以微处理技术为核心，综合应用计算机技术、自动控制技术、电子技术以及通信技术等，以软件手段实现各种控制功能。

PLC 控制具有如下优点：

(1) 可靠性高，抗干扰能力强；

(2) 适用性强，当需要改变设备的控制功能时，只要修改程序，稍稍修改接线即可完成，应用灵活；

(3) 编程方便，易于应用；

(4) 功能强大，扩展能力强；

(5) 系统设计、安装、调试方便；

(6) 体积小，重量轻，易于实现机电一体化。

但是 PLC 的价格相对继电-接触器控制系统来讲还是比较高的，而且应用 PLC 控制技术还需要一定的电气专业知识和计算机知识，这在一定程度上限制了 PLC 的发展。

上述两种控制技术既有区别又有联系，在进行电气控制设计时，应充分考虑它们各自的优、缺点，选择相应的控制技术，使系统控制效果好、成本低，以达到最高的性价比。

继电-接触器控制系统主要用于动作简单、控制规模比较小的电气控制系统中，至今仍是机床和其他许多机械设备广泛采用的电气控制形式，而 PLC 控制系统则用于相对较复杂的控制电路，实现设备的简便连接，根据实际要求自动控制设备按程序运行。继电-接触器控制系统在简单控制系统中的经济性方面明显优于 PLC 控制系统，在不太重要的场合可以考虑使用，而可靠性方面 PLC 控制系统则明显优于继电-接触器控制系统。

2. 电气控制技术的发展历程

早在 1831 年，英国科学家法拉第发现了电磁感应现象，奠定了发电机的理论基础。科学家们根据这一发现，从 19 世纪六七十年代起对电作了深入的探索和研究，出现了一系列电气发明。

1866 年，西门子提出了发电机的工作原理，并由西门子公司的工程师成功研制出了人类第一台具有应用价值的发电机。19 世纪 70 年代，实际可用的发电机问世。这一时期，西门子发明了第一台直流电动机，使电能可以转化为机械能，电力开始用于带动机器，成为补充和取代蒸汽动力的新能源。随后，电灯、电车、电钻、电焊等电气产品如雨后春笋般地涌现出来。

但是，要把电力应用于生产，还必须解决远距离输送问题。1882 年，法国人德普勒发现了远距离送电的方法，美国科学家爱迪生建立了美国第一个火力发电站，把输电线连接成网络。电力是一种优良而价廉的新能源，它的广泛应用，推动了电力工业和电器制造业等一系列新兴工业的迅速发展。

19 世纪末到 20 世纪初为生产机械电力拖动的初期，常以一台电动机拖动多台设备，或者使一台电动机拖动一台机床的多个运动部件，称为集中拖动。集中拖动开始于瓦特的蒸汽机时代，一个车间使用一台蒸汽机提供动力，通过天轴、齿轮和传送带系统将动力分配到各个纺织机械。此拖动系统传动机构较为复杂，不能满足生产机械自动控制的需要。随后出现了单机拖动，至 20 世纪 30 年代发展成为分散拖动，即各运动部件分别用不同的电动机拖动，不仅简化了机械传动机构，提高了传动效率，而且也为生产机械各部分选择最合理的运行速度和自动控制创造了良好条件。因此，目前绝大多数生产机械都采用分散控制。

20 世纪 20～30 年代产生了继电-接触器控制，最初采用一些手动控制电器，通过人力操作实现对电动机的控制。后来发展为采用继电器、接触器、主令电器和保护电器等组成的自动控制方式，这种控制方式由操作者发出信号，通过主令电器接通继电器和接触器电路，控制电动机。生产企业为了提高生产效率，采用机械化流水作业的生产方式，对不同类型的产品分别组成生产线。但随着产品的更新换代，生产线承担的加工对象也随之改变，这时就需要改变控制程序，使生产线的机械设备按新的工艺过程运行。由于继电-接触器控制系统采用固定接线方式，若工艺流程改变，则需要重新设计生产线，开发周期长。特别是对于一些大型生产线的控制系统，使用的继电器、接触器等数量较多，降低了系统的可靠性，进行故障检测的难度较大。

20 世纪 60 年代出现了矩阵式顺序控制器和晶体管逻辑控制系统来代替继电-接触器控制系统，它们是以逻辑元件插接方式组成的控制系统，编程简单，系统成本也有所降低。对于复杂的自动控制系统，则采用计算机控制，但其系统复杂，抗干扰能力差，成本高。

1968 年，美国最大的汽车制造商通用汽车公司(GM)，为了适应汽车型号不断更新的要求，提出要研制一种新型的工业控制装置来取代继电-接触器控制装置，为此，特拟定了十项公开招标的技术要求，即

(1) 编程简单方便，可在现场修改程序。

(2) 硬件维护方便，最好是插件式结构。

(3) 可靠性要高于继电-接触器控制装置。

(4) 体积小于继电-接触器控制装置。

(5) 可将数据直接送入管理计算机。

(6) 成本上可以与继电器竞争。

(7) 输入可以是交流 115 V。

(8) 输出为交流 115 V，2 A 以上，能直接驱动电磁阀。

(9) 扩展时，原有系统只需做很小改动。

(10) 用户程序存储器容量至少可以扩展到 4 KB。

上述技术指标可归纳为四点：

(1) 用计算机代替继电器控制盘。

(2) 用程序代替硬接线。

(3) 输入/输出电平可与外部装置直接相接。

(4) 结构易扩展。

根据招标要求，1969 年美国数字设备公司(DEC)研制出世界上第一台可编程序控制器 (PDP-14 型)，并在通用汽车公司自动装配线上试用，获得了成功，从而开创了工业控制新时代。从此，可编程序控制器这一新的控制技术迅速发展起来。目前，PLC 已作为一种标准化通用设备应用于机械加工、自动机床、木材加工、冶金工业、建筑施工、交通运输、纺织、造纸、化工等行业，对传统的控制系统进行技术改造，使工厂自动控制技术产生了很大的飞跃。

20 世纪 50 年代，自动控制技术的另一分支——数控技术也获得了重要的发展，并随着计算机技术的发展而不断完善。数控技术不仅在机床控制中发挥了极大的作用，在坐标测量机、激光加工机、火焰切割机等设备上也得到了广泛的应用，取得了良好的效果。

随着社会生产规模的扩大以及工业生产的要求提高，控制手段及控制方式不断进步，控制理论也在不断发展，同时也对电气控制技术提出了更高的要求，如能够增加系统运行的可靠性、提高系统的控制性能和产品质量、降低能源及原材料的消耗等。电气控制技术将会在工业自动化中发挥更大的作用。

三、课程性质及任务

本课程是一门集电气技术、计算机技术、控制技术等为一体的专业课，具有很强的实践性。本课程的主要内容是以电动机或其他执行电器为控制对象，介绍电气控制的基本原理，讲解典型电气控制电路及其分析设计方法，同时着重介绍 PLC 的功能、硬件系统、指令系统、编程方法、程序结构与程序设计。此外，本课程还介绍系统故障诊断及 PLC 控制系统的设计方法，讲解 PLC 控制系统的工程实例，使读者能更好地理解 PLC 控制系统工程的设计思想和方法。

继电-接触器控制技术是学习和掌握 PLC 应用技术所必需的基础，学习 PLC 不能脱离继电-接触器控制。初次接触电气控制，需要先从低压电器入手，掌握它们的结构及工作原理，并学习经典电气控制电路的分析和设计方法，便能更加深刻地理解 PLC 控制系统。

通过系统、全面地学习本课程，读者应掌握电气控制与 PLC 技术的理论知识，锻炼并提高设计、管理和维护电气与 PLC 控制系统的工程技术能力。本课程的任务主要包括：

(1) 了解常用低压电器的使用场合，掌握它们的工作原理及其选型方法。

(2) 理解常用电气控制电路，掌握经典电气控制电路的分析及设计方法。

(3) 了解 PLC 在工业自动化中的地位及其应用。

(4) 掌握 PLC 的组成和工作原理。

(5) 掌握 PLC 指令系统和经典程序的设计方法。

(6) 掌握 PLC 控制系统的设计方法及其维护方法。

项目一　常用低压电器的认识和选用

任务一　电磁式电器的认识和选用

学习目标

(1) 了解低压电器的概念及分类；
(2) 掌握常用低压电器电磁机构的基本结构和工作原理。

一、任务导入

在工业、农业、交通运输等部门中，广泛使用着各种生产机械，它们大多以电动机为动力进行拖动。为了保证电动机运行的可靠性与安全性，需要有许多辅助电气设备为之服务，能够实现某项控制功能的若干个电器组件的组合，称为电气控制系统。无论是低压供电系统还是控制生产过程的电力拖动系统，均是由用途不同的各类低压电器组成的。而低压电器将电能转换为其他能量，其过程的控制、调节和保护都是依靠各类接触器和继电器等低压电器来完成的。

二、相关知识

(一) 低压电器的概念及分类

电器是指根据特定的信号(机械力、电动力及其他物理量)和控制要求，能通、断电路，改变电路参数，实现对电路或非电对象的切换、控制、保护、检测和调节等功能的电气元件或设备。

电器可分为高压电器和低压电器两大类。我国现行标准是将工作在交流 1200 V(50 Hz)以下、直流 1500 V 以下的电器设备称为低压电器。低压电器的种类繁多，按其用途可分为配电电器、保护电器、主令电器、控制电器和执行电器等，按其操作方式可分为自动电器和手动电器，也可以按其使用场合分为一般工业电器、特殊工矿电器、安全电器、农用电器及牵引电器等。常用低压电器具体分类及用途如表 1-1 所示。

表 1-1　常用低压电器的分类及用途

类　别	电器名称	主要品种	用　途
配电电器	刀开关	大电流刀开关	主要用于低压供电系统。对这类电器的主要技术要求是分断能力强，限流效果好，动稳定性和热稳定性好
		熔断器式刀开关	
		开关板用刀开关	
		封闭式负荷铁壳开关	
	熔断器	磁插式熔断器	
		螺旋式熔断器	
		密封式熔断器	
		快速熔断器	
		自复式熔断器	
	断路器		
保护电器	热继电器		主要用于对电路和电气设备安全保护的电器。对这类电器的主要技术要求是具有一定的通断能力，反应灵敏度高、可靠性高
	电流性电器	过电流继电器	
		欠电流继电器	
	电压继电器	过电压继电器	
		欠电压继电器	
	漏电保护断路器		
	固态保护继电器		
主令电器	行程开关	直动式行程开关	主要用于发送控制指令的电器。对这类电器的技术要求是操作频率要高、抗冲击，电气和机械寿命要长
		滚轮式行程开关	
		微动开关	
	凸轮控制器		
	晶闸管开关		
	接近开关		
控制电器	控制器	交流接触器	主要用于电力拖动系统的控制。对这类电器的主要技术要求是有一定的通断能力，操作频率要高，电气和机械寿命要长
		直流接触器	
	时间继电器	空气阻尼式时间继电器	
		晶体管式时间继电器	
	速度继电器		
	中间继电器		
	固态继电器		
	光电继电器		
执行电器	电磁铁		主要用于执行某种动作和实现传动功能
	电磁阀		
	电磁离合器		

(二) 电磁式电器的基本结构

常用的各类低压电器的工作原理和构造基本相同，由检测部分(电磁机构)和执行部分(触头系统)组成。另外，为了快速熄灭电弧，部分低压电器还具有灭弧系统。

1. 电磁机构

1) 交流电磁机构

电磁机构是低压电器的主要组成部分之一，它将电磁能转换成机械能，带动触点动作，使电路接通或断开。电磁机构由吸引线圈、铁芯和衔铁三个基本部分组成。电磁铁的结构形式大致有如下几种：

(1) 衔铁绕棱角转动的拍合式铁芯。此类电磁铁的结构如图 1-1(a)所示，其衔铁绕铁轭的棱角而转动磨损较小；铁芯用整块铸铁或铸钢制成。这种形式的电磁铁广泛应用于直流电器中。

(2) 衔铁绕轴转动的拍合式铁芯。此类电磁铁的结构如图 1-1(b)所示，其衔铁绕轴转动，铁芯用硅钢片叠成，其形状有 E 型和 U 型两种。此种结构多用于触点容量较大的交流电器中。

(3) 衔铁沿直线运动的双 E 型直动式铁芯。此类电磁铁的结构如图 1-1(c)所示，其衔铁在线圈内作直线运动。此类结构多用于交流接触器、继电器中。

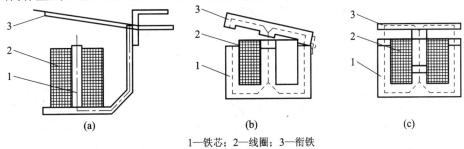

1—铁芯；2—线圈；3—衔铁

图 1-1　常用电磁铁的结构形式

对于单相交流电磁机构，由于磁通是交变的，当磁通过零时吸力也为零，此时的衔铁在反力弹簧的作用下将被拉开；磁通过零点后吸力又重新增大，当吸力大于反力时，衔铁又吸合。由于交流电源频率的变化，衔铁的吸力随之每个周期二次过零，致使衔铁产生强烈振动与噪声，甚至使铁芯松散。解决的办法是在铁芯端面安装一个铜制的短路环(或称分磁环)，如图 1-2(a)所示。

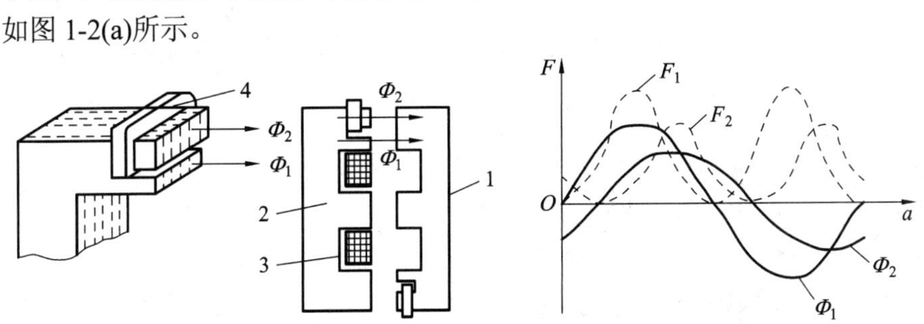

(a) 磁通示意图　　　　　　　　　　(b) 电磁吸力图

1—衔铁；2—铁芯；3—线圈；4—短路环

图 1-2　交流电磁铁的短路环

图 1-2(a)中，穿过短路环的交变磁通在环中产生感应电流，根据电磁感应定律，此感应电流产生的磁通 Φ_2 在相位上落后于主磁通 Φ_1 一定角度(如合理设计可达到 90°)，即短路环起到磁通分相的作用。由 Φ_1、Φ_2 产生的吸力 F_1、F_2 间也有一个相位差，如图 1-2(b)所示，作用在衔铁上的合力是 $F_1 + F_2$。这样，在一个周期内两部分吸力合成不会为零值，只要此合力在任一时刻都大于弹簧的反力，衔铁就始终吸合，消除了衔铁的振动和噪声。

此外，交流线圈除线圈发热外，铁芯中还有涡流和磁滞损耗，铁芯也要发热。为了改善线圈和铁芯的散热情况，铁芯与线圈之间留有散热间隙，并且把线圈做成有骨架的矮胖型。铁芯用硅钢片叠成，以减少涡流。

2) 直流电磁机构

与交流电磁机构相比，直流线圈匝数多，因而电感量大。在断电瞬间，由于磁通的急剧变化，会感应出很高的反电动势，容易使线圈击穿损坏，所以常在线圈的两端反向并联一个由电阻和回路二极管组成的放电回路，如图 1-3 所示。由于直流电流恒定，电磁机构中不存在涡流损失，铁芯不会发热，只有线圈发热，因此线圈做成无骨架、高而薄的瘦高型，以改善线圈自身的散热。铁芯和衔铁由软钢或者工程纯铁制造。

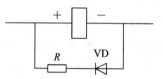

图 1-3　直流线圈的放电回路

3) 电磁机构的工作原理及特性

(1) 电磁机构的工作原理。

在电磁机构中，衔铁受到两个方向相反的力的作用：一个是线圈通电形成磁场产生的电磁吸力，它将衔铁吸向铁心；另一个是弹簧的反作用力，它使衔铁释放。线圈通电，只有当电磁吸力大于弹簧的反力时，衔铁才可靠地被铁心吸住。而当电磁线圈断电时，电磁吸力消失，衔铁在弹簧的反作用下与铁心脱离，即衔铁释放。电磁机构的工作特性是用吸力特性和反力特性来描述的，二者间的配合关系将直接影响电磁式电器工作的可靠性。

(2) 电磁机构的吸力特性。

所谓吸力特性，是指电磁机构的电磁吸力随衔铁与铁心间气隙宽度 δ 变化的关系曲线，它随励磁电流种类(交流或直流)、线圈的连接方式(串联或并联)的不同而有所差异。当线圈中通过电流时，磁路中产生磁通，该磁通产生使衔铁吸合的吸力。在电磁机构的气隙宽度 δ 较小、磁通分布比较均匀的条件下，电磁机构的吸力 F_{at} 可近似地按下式求得：

$$F_{at} = \frac{1}{2\mu_0} B^2 S \tag{1-1}$$

式中：$\mu_0 = \pi \times 10^{-7}$ H/m，空气磁导系数；

B——气隙磁感应强度，单位为 T；

S——极靴面积，即衔铁端面面积，单位为 m^2。

由式(1-1)可知，电磁机构的吸力 F_{at} 与 B^2 成正比。由于 $B = \Phi/S$，所以也可认为 F_{at} 与磁通 Φ^2 成正比，与 S 成反比，即

$$F \propto \frac{\Phi^2}{S} \tag{1-2}$$

式中：Φ——气隙磁通，单位为 Wb。

① 直流电磁机构的吸力特性。

直流电磁线圈通入的是恒定的直流电流，直流磁路对直流电路无影响，所以励磁电流不受磁路气隙宽度 δ 的影响，磁通势($I \cdot N$)也不受磁路气隙的影响，根据磁路欧姆定律，该直流磁通势在磁路中产生的磁通为

$$\Phi = \frac{I \cdot N}{R_{\mathrm{m}}} \propto \frac{1}{R_{\mathrm{m}}} \qquad (1\text{-}3)$$

式中：Φ——磁通，单位为 Wb；

$\quad I \cdot N$——磁通势，单位为安匝；

$\quad R_{\mathrm{m}} = \delta / \mu_0 S$——气隙磁阻；

$\quad \delta$——气隙宽度。

对于给定的直流电磁机构，线圈匝数 N 和线圈中的电流 I 都是常数，与磁路系统的气隙大小无关，具有恒磁通势特性，所以直流电磁机构中的磁通仅与磁路的磁阻成反比。

由式(1-1)～式(1-3)推导可得

$$F_{\mathrm{at}} \propto B^2 \propto \Phi^2 \propto \frac{1}{R_{\mathrm{m}}^2} \propto \frac{1}{\delta^2}$$

即直流电磁机构的吸力 F_{at} 与气隙 δ^2 成反比，故其吸力特性为二次曲线形状，如图 1-4 所示。可见，直流电磁机构的衔铁吸合前后吸力变化很大，气隙越小，吸力越大。而衔铁吸合前后吸引线圈励磁电流不变，故直流电磁机构适用于动作频繁的场合，且衔铁吸合后电磁吸力大，工作可靠。但应注意，当直流电磁机构吸引线圈断电时，由于电磁感应，将会在吸引线圈中产生很大的感应电动势，其值可达线圈额定电压的十多倍，使电器因过电压而损坏。为消除这种现象，常在吸引线圈两端并联一个放电回路，该回路由放电电

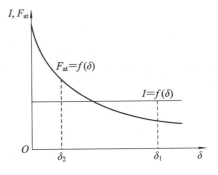

图 1-4　直流电磁机构吸力特性

阻与一个硅二极管组成，正常励磁时，因二极管处于截止状态，放电回路不起作用，而当线圈断电时，二极管导通，放电回路接通，将原先储存在线圈中的磁场能量释放出来消耗在电阻上，不致产生过电压。一般情况下，放电电阻的阻值取线圈直流电阻的 6～8 倍。

② 交流电磁机构的吸力特性。

对于具有电压线圈的交流电磁机构，其吸力特性与直流电磁机构有所不同。交流电磁机构吸引线圈的电阻远比其感抗值小，在忽略线圈电阻和漏磁的情况下，线圈电压与磁通的关系为

$$U \approx E = 4.44 f N \Phi$$

即

$$\Phi = \frac{U}{4.44 f N} \qquad (1\text{-}4)$$

式中：U——线圈电压有效值，单位为 V；

　　　　E——线圈感应电势，单位为 V；

　　　　f——线圈电压的频率，单位为 Hz；

　　　　N——线圈匝数；

　　　　$\varPhi$——气隙磁通平均值，单位为 Wb。

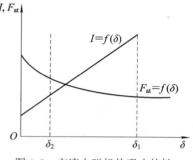

图 1-5　交流电磁机构吸力特性

由式(1-4)可见，当外加电源电压 U、频率 f 和线圈匝数 N 均为常数时，气隙磁通平均值 $\varPhi$ 亦为常数，即与 δ 无关，具有恒磁链特性。再由式(1-2)得，电磁吸力的平均值 F_{av} 亦为常数，说明交流电磁机构的 F_{av} 与 δ 的大小无关。实际应用中，由于漏磁的作用，吸力 F_{av} 随气隙 δ 的减小应略有增加，如图 1-5 所示。值得注意的是，在交流电磁机构中，磁通跟随线圈电压(或电流)变化，电磁吸力 F_{at} 也随之变化，但它们都与 δ 的大小无关。

对于交流并联电磁机构，当线圈的外加电压不变时，线圈的阻抗随着气隙的改变而改变，所以线圈中的电流也改变。气隙大时，线圈电感 L 小，线圈阻抗 $Z(=R+j\omega L)$ 也小，线圈电流就大；反之，当气隙宽度 δ 减小时，L 增大，Z 增大，线圈电流就要减小，电流 I 与气隙 δ 成线性关系。

由以上分析可以得出如下结论：直流电磁机构具有恒磁通势特性，吸力与气隙的平方成反比，电流与气隙大小无关；交流电磁机构具有恒磁链特性，吸力与气隙的大小无关，电流与气隙大小成正比。因此，直流电磁机构的吸力特性曲线比交流电磁机构的吸力特性曲线要陡。

4) 电磁机构的反力特性

所谓反力特性，是指作用在电磁机构转动部分上的反作用力随气隙宽度 δ 变化的关系曲线。电磁机构的反力是指阻碍衔铁吸合，使之释放的力。

(1) 反力 Fr 的构成和反力特性的形式。

在忽略电磁机构运动部件重力和摩擦阻力的情况下，电磁机构的反力主要由释放弹簧和触点弹簧的弹力构成，用 F_r 表示。根据胡克定理，弹簧的弹力与其形变的位移 x 成正比，即反力特性可表示为

$$F_r = Kx \tag{1-5}$$

因此，反力特性曲线都是直线段，如图 1-6 中的曲线 3 所示。

(2) 反力形成的机理。

气隙减小的过程就是触点闭合的过程。在图 1-6 中，δ_1 为气隙的最大值，此时电磁机构处于未通电的状态，衔铁处于释放状态，对应的动、静触点之间的距离称为触点开距，也叫触点行程。当线圈通电后，在吸力的作用下衔铁开始吸合，在衔铁吸合过程中，气隙由 δ_1 开始减小时，释放弹簧被拉伸(或压缩)，反力逐渐线性地增大，如曲线 3 中的 ab 段所示，这一段为释放弹簧的反力变化曲线。由于触点弹簧预先被压缩了一段，已有一定的压力(称为初压力)，所以当气隙宽度到达 δ_2 置位，即动、静触点刚刚接触时，初压力就加到

了衔铁上，使反力突增，曲线突变，如曲线 3 中的 *bc* 段所示，*bc* 段的高度为触点弹簧的初压力。此后在吸力的作用下衔铁进一步吸合，气隙由 δ_2 再减小时，释放弹簧与触点弹簧同时作用，使反力变化量明显增大，如曲线 3 的 *cd* 段所示，线段 *cd* 比线段 *ab* 陡峭。气隙越小，触点压得越紧，反力越大，直到吸力等于反力时，吸合过程结束，此时触点弹簧压缩的距离称为触点的超行程。触点完全闭合后，动触点已不再向前运动时的触点压力称为终压力。开距、超行程、初压力、终压力是触点系统的四个主要参数。开距是保证断开电弧和在规定的试验电压下不被击穿的安全距离；超行程保证了触点可靠地接触；初压力主要是限制并防止触点在刚接触时发生的机械振动；终压力保证了触点在闭合状态下具有较小的接触电阻。改变释放弹簧的松紧，可以改变反力特性曲线的位置，若将释放弹簧扭紧，则反力特性曲线上移；若将释放弹簧放松，则反力特性曲线平行下移。

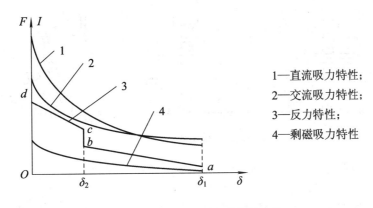

图 1-6　吸力特性与反力特性的配合

1—直流吸力特性；
2—交流吸力特性；
3—反力特性；
4—剩磁吸力特性

5) 吸力特性与反力特性的配合

为使电磁机构能正常工作，在衔铁吸合的过程中，电磁吸力都必须大于反力，即电磁吸力特性始终在反力特性的上方。但电磁吸力又不能过大，否则会使衔铁吸合时的运动速度过快，产生过大的冲击力，使衔铁与铁心柱端面形成严重的机械磨损，且过大的冲击力会使触点产生弹跳现象，导致触点熔焊或烧损，引起严重的电磨损，降低触点的使用寿命。因此，电磁吸力特性与反力特性配合适当的尺度是，在保证衔铁可靠吸合的前提下，尽量减少衔铁和铁心柱端面间的机械磨损与触点的电磨损。为此，反力特性曲线应在电磁吸力特性曲线的下方且彼此靠近，如图 1-6 所示。电磁吸力也不能过小，否则会使衔铁吸合时运动速度降低，难以保证高操作频率的要求。在实际应用中，可以通过改变释放弹簧的松紧来实现电磁吸力特性与反力特性的适当配合。同理，在衔铁释放时，其反力特性必须大于剩磁吸力特性，这样才能保证衔铁的可靠释放。这就要求电磁机构的反力特性必须介于电磁吸力特性和剩磁吸力特性之间。

2. 触头系统

触头也叫触点，是电器元件的执行部分，用于控制电路的接通与断开。触点工作性能的好坏将直接影响整个电路的工作性能。因此，为了提高触点的工作效果，触点通常用导电性能好的铜、银、镍及其合金材料制成。

(1) 触点的接触形式。

触点的接触形式有点接触(如球面对球面、球面对平面等)、面接触(如平面对平面)和线接触(如圆柱对平面、圆柱对圆柱)三种。三种接触形式中，点接触形式的触点接触面小，只用于小电流的电器中，如接触器的辅助触点和继电器的触点；面接触形式的触点接触面大，允许通过较大的电流，一般在接触表面镶有银合金，以减小触点接触电阻，提高耐磨性，其多用于较大容量电器，如接触器的主触点；线接触形式的触点接触区域是一条直线，其触点在通、断过程中有滚动动作，这种滚动接触多用于中等容量的触点，如直流接触器的主触点。

(2) 触头的结构形式。

常用的继电器和接触器中，触头的结构形式主要有单断点指形触头和双断点桥式触头两种，触点的接触形式有三种，即点接触、线接触和面接触，如图 1-7 所示。

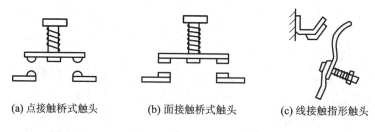

(a) 点接触桥式触头　　　　(b) 面接触桥式触头　　　　(c) 线接触指形触头

图 1-7　触头的结构形式

3．灭弧系统

1) 电弧的产生及危害

当触头分断电流时，由于电场的存在，触头间会产生电弧。电弧实际上是触头间气体在强电场作用下产生的放电现象。电弧的存在既烧蚀触头的金属表面，缩短电器使用寿命，又延长了切断电路的时间，还容易形成飞弧造成电源短路事故，所以必须迅速将电弧熄灭。

2) 常用的灭弧方法

灭弧的方法有多种，常用的有以下几种：

(1) 电动力灭弧(双断口灭弧)。图 1-8(a)所示是桥式双断口触头系统，这种系统在触点分断时，将电弧分成两段以提高电弧的起弧电压；同时利用两段电弧相互间产生的电动力将电弧向外侧拉长，以增大电弧与冷空气的接触面，从而迅速散热而灭弧。

(2) 栅片灭弧。灭弧栅片是一组镀铜的薄铜片，它们彼此间相互绝缘，如图 1-8(b)所示。电弧在电动力的作用下被推入栅片中分割成数段，而栅片就是这些电弧的电极。每两片栅片间都有 150～250 V 的绝缘强度，使整个灭弧栅片的绝缘强度大大提高，以致外加电压无法维持，电弧迅速熄灭。此外，栅片还能吸收电弧热量，使电弧冷却。

(3) 磁吹灭弧。如图 1-8(c)所示，在触头电路中串入一个磁吹线圈，该线圈产生的磁场由导磁板引向触头周围，其方向由右手定则确定。触头间的电弧所产生的磁场，其方向为 ⊙+所示。这两个磁场在电弧下方方向相同(叠加)，在电弧上方方向相反(相减)，所以电弧下方的磁场强于上方的磁场。在下方磁场作用下，电弧受力的方向为 F 所指的方向。在 F 的作用下，电弧被吹离触头，经熄弧角引进灭弧罩，使电弧熄灭。

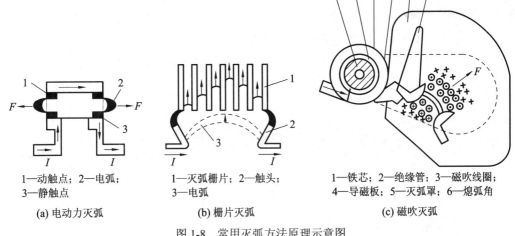

1—动触点；2—电弧；　　　　1—灭弧栅片；2—触头；　　　1—铁芯；2—绝缘管；3—磁吹线圈；
3—静触点　　　　　　　　　3—电弧　　　　　　　　　　4—导磁板；5—灭弧罩；6—熄弧角

(a) 电动力灭弧　　　　　　　(b) 栅片灭弧　　　　　　　　(c) 磁吹灭弧

图 1-8　常用灭弧方法原理示意图

(4) 灭弧罩灭弧。在电弧所形成的磁场电动力的作用下，可使电弧拉长并进入灭弧罩的窄(纵)缝中。几条纵缝可将电弧分割成数段，并且与固体介质相接触时，还能吸收电弧热量使电弧冷却，从而使电弧迅速熄灭。

三、拓展知识：电磁机构的继电特性

1. 电磁机构继电特性的概念

由电磁机构的工作原理知，在反力特性恒定的情况下，衔铁是否吸合，取决于吸引线圈上电压(或通入电流)的大小，即衔铁状态是吸引线圈电压 (或电流)的函数。这种衔铁状态(吸合与释放)与吸引线圈电压 (或电流)的关系曲线称为电磁机构的输入/输出特性，通常称为"继电特性"。

2. 电磁机构的继电特性分析

将线圈电压(或电流)作为输入量 x，而将衔铁状态作为输出量 y，并设衔铁处于吸合位置，记作 $y = 1$，释放位置记作 $y = 0$，则电磁机构的继电特性如图 1-9 所示。从图中可见，当电磁机构的输入量 x 从零增至 x_0 前，衔铁不吸合，其输出量 $y = 0$；只有当 x 增至 x_0 时，衔铁才吸合，输出量 y 从"0"跃变为"1"；若 x 再增大，则衔铁保持吸合状态，输出量仍为 $y = 1$。相反，当电磁机构的输入量从大向小变化，减小到 x_0 时，衔铁并不释放，$y = 1$；只有输入量 x 继续减小到 x_r 时，衔铁才释放，输出量 y 由"1"变为"0"；此后再减小输入量，输出量仍为 $y = 0$。显然，这个 x_0 是保证衔铁吸合的

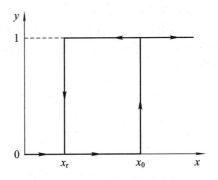

图 1-9　电磁机构的电磁特性

最小输入量，称为电磁机构的动作值(或吸合值)；而 x_r 是使衔铁释放的最大输入量，称为电磁机构的复归值(或释放值)。电磁机构的继电特性是电磁式继电器的重要特性，动作值与复归值均为继电器的动作参数。

习题与思考题

1．什么是低压电器? 低压电器的分类有哪些?

2．简述电磁机构的吸力特性和反力特性, 两者之间应满足怎样的配合关系?

3．常用的灭弧方法有哪些?

任务二　接触器的认识和选用

学习目标

(1) 了解接触器的概念及分类;

(2) 掌握接触器的工作原理、符号及技术参数;

(3) 能够根据工程实际需要选择合适的接触器。

一、任务导入

接触器主要用于电力拖动控制系统, 用来控制电路的通断。对这类电器的技术要求是: 有一定的通断能力, 操作频率要高, 电器和机械寿命长。它不同于低压断路器, 虽有一定的过载能力, 但却不能切断短路电流, 也不具备过载保护的功能。由于接触器结构紧凑、价格低廉、工作可靠、维护方便, 因而用途十分广泛。在 PLC 控制系统中, 接触器常作为输出执行元件, 用于控制电动机、电热设备、电焊机、电容器等负载。

二、相关知识

(一) 接触器的概念及分类

接触器是一种用于频繁地接通或分断带有负载的交、直流电路或大容量控制电路的自动控制电器。在功能上, 接触器除能实现自动切换外, 还具有手动开关所不能实现的远距离操作功能和失电压(或欠电压)保护功能。接触器的图形符号如图 1-10 所示, 文字符号为 KM。

(a) 吸引线圈　　　(b) 常开触点　　　(c) 常闭触点

图 1-10　接触器图形符号

接触器按灭弧介质分, 有空气式接触器、油浸式接触器和真空接触器等; 按主触头控制的电流的种类分, 可分为交流接触器和直流接触器。其中应用最广泛的是空气电磁式交流接触器和空气电磁式直流接触器, 简称为交流接触器和直流接触器。

（二）交流接触器的结构和工作原理

交流接触器用于控制电压为 380 V 以下、电流为 600 A 以下的交流电路，频繁地启动和控制交流电动机等电气设备。图 1-11 为 CJ10-20 型交流接触器的外形与结构示意图。交流接触器由以下四部分组成：

(1) 电磁机构。电磁机构由吸引线圈、动铁芯(衔铁)和静铁芯组成，其作用是将电磁能转换成机械能，产生电磁吸力带动触点动作。

(2) 触头系统。触头系统包括主触点和辅助触点。主触点用于通断主电路，通常有三对常开触点。辅助触点用于控制电路，一般有两对常开和两对常闭触点；辅助触点容量小，不设灭弧装置，主要用于控制电路。

(3) 灭弧装置。容量在 10 A 以上的接触器都有灭弧装置。对于小容量的接触器，常采用双断口触点灭弧、电动力灭弧及陶土灭弧罩灭弧；对于大容量的接触器(200 A 以上)，采用纵缝灭弧罩及灭弧栅片灭弧。

(4) 其他部件。其他部件包括反作用弹簧、缓冲弹簧、触点压力弹簧、传动机构及外壳等。

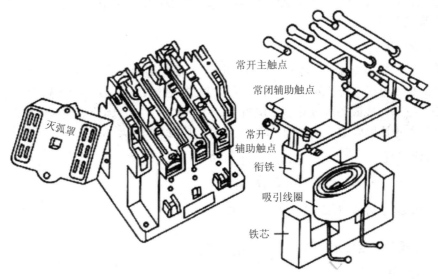

图 1-11　CJ10-20 型交流接触器

交流接触器的工作原理如下：线圈通电后，在铁芯中产生磁通及电磁吸力。电磁吸力克服弹簧反作用力使得衔铁吸合，衔铁带动触点机构动作，常闭触点断开，常开触点闭合。当线圈失电或电压显著降低时，电磁吸力小于弹簧反作用力，使得衔铁释放，触点机构复位。这样通过接触器线圈的得电与失电，带动触头的分与合，从而实现主电路与控制电路的通与断。

（三）直流接触器

直流接触器的工作原理与交流接触器相同，结构组成也基本相似，也是由触点系统、电磁机构和灭弧装置等部分组成的。图 1-12 为直流接触器的结构原理。

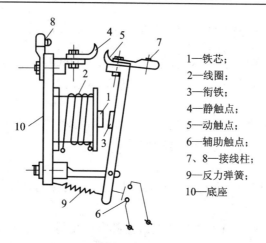

1—铁芯；

2—线圈；

3—衔铁；

4—静触点；

5—动触点；

6—辅助触点；

7、8—接线柱；

9—反力弹簧；

10—底座

图 1-12　直流接触器的结构原理

1．触点系统

直流接触器也有主触点和辅助触点。主触点一般做成单极或双极，由于主触点接通或断开的电流较大，故采用滚动接触的指形触点；辅助触点的通断电流较小，常采用点接触的双断点桥式触点。

2．电磁机构

直流接触器采用直流并联型电磁机构，因为线圈中通的是直流电，铁心中不会产生涡流，所以铁心可用整块铸铁或铸钢制成，且不需要安装短路环。铁心中无磁滞和涡流损耗，因而铁心不发热。线圈的匝数较多，电阻大，线圈本身发热，因此吸引线圈做成长而薄的圆筒状，且不设线圈骨架，使线圈与铁心直接接触，以便散热。

3．灭弧装置

直流接触器一般采用磁吹式灭弧装置。

（四）接触器的主要技术参数及型号

1．接触器的主要技术参数

1）额定电压

额定电压指主触点之间额定工作电压值，也就是主触头所在电路的电源电压。直流接触器额定电压有 110 V、220 V、440 V、660 V，交流接触器额定电压有 127 V、220 V、380 V、660 V 等几种。

2）额定电流

额定电流指接触器主触点在额定工作电压下的允许额定电流值。直流接触器额定电流有 5 A、10 A、20 A、40 A、60 A、100 A、150 A、250 A、400 A 及 600 A；交流接触器额定电流有 5 A、10 A、20 A、40 A、60 A、100 A、150 A、250 A、400 A、600 A 等几种。

3）通断能力

通断能力可分为最大接通电流和最大分断电流。最大接通电流是指触点闭合时不会造成触点熔焊时的最大电流值；最大分断电流是指触点断开时能可靠灭弧的最大电流。一般通断能力是额定电流的 5～10 倍。当然，这一数值与开断电路的电压等级有关，电压越高，通断能力越小。

根据控制对象的不同，常将接触器分为若干个使用类别。接触器的使用类别不同，对接触器主触点的接通和分断能力的要求也不一样。在电力拖动控制系统中，常见的接触器使用类别及其典型用途如表 1-2 所列。

表 1-2　常见的接触器的使用类别、典型用途及主触点要求

电流种类	使用类别	主触点接通和分断能力	典 型 用 途
交流	AC1	允许接通和分断额定电流	无感和微感负载、电阻炉
	AC2	允许接通和分断 4 倍额定电流	绕线转于电动机的启动和制动
	AC3	允许接通 8～10 倍额定电流和分断 6～8 倍额定电流	笼式感应电动机的启动和分断
	AC4	允许接通 10～12 倍额定电流和分断 8～10 倍额定电流	笼式电动机的启动、反转、反接制动
直流	DC1	允许接通和分断额定电流	无感和微感负载、电阻炉
	DC3	允许接通和分断 1 倍额定电流	并励电动机的启动、反转、反接制动
	DC5	允许接通和分断 1 倍额定电流	串励电动机的启动、反转、反接制动

4) 动作值

交流接触器的动作值主要指其吸合电压值和释放电压值。吸合电压值是指接触器吸合时，缓慢增加吸合线圈两端的电压，接触器可以吸合时的最小电压；释放电压值是指接触器吸合后，缓慢降低吸合线圈的电压，接触器释放时的最大电压。一般规定，吸合电压值不低于线圈额定电压的 85%，释放电压值不高于线圈额定电压的 70%。

5) 吸引线圈额定电压

吸引线圈额定电压指接触器正常工作时，吸引线圈上所加的电压值。一般线圈额定电压值、线圈匝数、线径等数据均标于线包上，而不是标于接触器铭牌上，使用时应加以注意。直流接触器线圈电压等级有 24 V、48 V、110 V、220 V、440 V，交流接触器线圈电压等级有 36 V、110 V、220 V、380 V。

6) 操作频率

接触器在吸合瞬间，吸引线圈需消耗比额定电流大 5～7 倍的电流，如果操作频率过高，则会使线圈严重发热，直接影响接触器的正常使用。为此，规定了接触器的允许操作频率，一般为每小时允许操作次数的最大值。交、直流接触器操作频率分别为 600 次/h、1200 次/h。

2. 接触器的型号及其含义

在接触器中，交流接触器应用最为广泛，产品系列、品种最多，其结构和工作原理基本相同。典型产品有 CJ10、CJ20、CJ26、CJ40 等系列。近年来，我国也从国外引进一些交流接触器产品，如德国 BBC 公司的 B 系列、西门子公司的 3TB 系列、法国 TE 公司的 LC1-D 和 LC2-D 系列等。国产交流接触器型号含义如图 1-13 所示，进口 B 系列和 LC1-D

系列接触器型号的含义如图 1-14 所示。

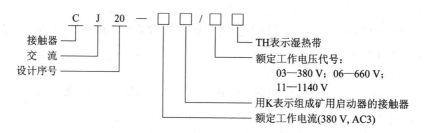

图 1-13　国产交流接触器型号含义

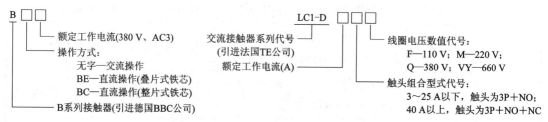

图 1-14　B 系列和 LC1-D 系列接触器型号的含义

直流接触器的结构和工作原理基本上与交流接触器相同，在结构上也是由电磁机构、触头系统和灭弧装置等部分组成。常用的直流接触器有 CZ18、CZ21、CZ22 和 CZ0 系列等。CZ18 系列接触器型号含义如图 1-15 所示。

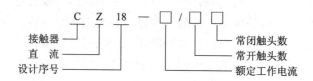

图 1-15　CZ18 系列接触器型号含义

3. 接触器的选用

为了保证系统正常工作，必须根据以下原则正确地选择接触器，使接触器的技术参数满足控制电路的要求。

1) 接触器类型的选择

接触器的类型应根据电路中负载电流的种类来选择，即交流负载应选用交流接触器，直流负载应选用直流接触器。同时，还应根据接触器负担的工作任务来正确地选择电动机的使用类别。

2) 接触器主触点额定电压的选择

接触器主触点的额定电压应大于或等于负载的额定电压。

3) 接触器主触点额定电流的选择

主触点的额定电流应大于负载电路的额定电流。对于电动机负载，接触器主触点额定电流按下式计算：

$$I_N = \frac{P_N \times 10^3}{\sqrt{3}U_N \cos\varphi \cdot \eta}(A) \tag{1-6}$$

式中：P_N——电动机功率(kW)；

　　　U_N——电动机额定线电压(V)；

　　　$\cos\varphi$——电动机功率因数，其值在 0.85～0.9 之间；

　　　η——电动机的效率，其值一般在 0.8～0.9 之间。

4) 接触器吸引线圈电压的选择

交流接触器采用交流电磁机构时，吸引线圈的额定电压一般直接选用 380 V 或 220 V。如遇特殊情况，也可选用 127 V、36 V，这时接触器线圈额定电压与主电路电压不同，需要附加一个控制变压器。直流接触器线圈的额定电压应与控制回路的电压一致。应该清楚，接触器的吸引线圈加什么电压，取决于电磁机构的性质，交流电磁机构加交流电压，直流电磁机构要加直流电压。若交流电磁机构加了直流电压，则因电阻小电流大，有可能烧坏线圈；若直流电磁机构加了交流电压，则因电阻大电流小，接触器可能吸合不上。直流接触器采用直流电磁机构，交流接触器一般采用交流电磁机构。有时为了提高接触器的最大操作频率，交流接触器也有采用直流电磁机构的。

5) 交流接触器节电器的选用

我国现生产的额定电流在 100 A 以上的大中容量交流接触器，电磁系统消耗有功功率在数十瓦至一百多瓦之间，为了节约电能，可采用无声节电器。交流接触器加装无声节电器后，即将电磁系统由原设计的交流吸持改为直流吸持，则可节省铁心和短路环中绝大部分的损耗功率，从而取得较高的节电效益，同时还可降低电磁铁的噪声和线圈温升，故应该大力推广应用。

三、拓展知识：接触器的使用和维护

1. 安装前的检查

安装前的检查主要包括如下内容：接触器铭牌与线圈的技术数据是否符合控制电路的要求；接触器的外观应无机械损伤；用手推动接触器的活动部分时要动作灵活，无卡住现象；必要时，对新购进或搁置已久的接触器作解体检查；检查接触器在 85%额定电压时能否正常动作，有无卡住现象；在失压或电压过低时能否释放；检测产品的绝缘电阻；安装时，应将铁心端面的防锈油擦净，安装螺钉要加弹簧垫圈并拧紧，避免异物落入接触器内。

2. 日常维护

日常维护对接触器的正常运行、使用寿命的延长有着重要的作用。日常维护主要包含以下内容：

(1) 定期检查接触器，观察螺丝是否松动，可动部分是否灵活。对有故障的元件应及时处理。

(2) 当触点表面因电弧烧蚀而有金属小粒时，应及时清除。因为氧化银的导电能力很好，当银和银基合金触点表面因电弧而烧成黑色时，也不要挫去银和银基合金，否则会缩短触点的寿命。当触点磨损到只剩 1/3 时，则应更换。

(3) 灭弧罩材质较脆，拆装时应注意不要损坏。

习题与思考题

1．接触器在控制电路中的作用是什么？根据结构特征如何区分交、直流接触器？

2．交流接触器在铁芯上安装短路环的目的是什么？为什么？

3．交流接触器在衔铁吸合瞬间，为什么在线圈中会产生很大的冲击电流?直流接触器会不会产生同样的现象?为什么?

4．接触器的主要技术参数有哪些？

任务三　继电器的认识和选用

学习目标

(1) 了解继电器的作用及分类；

(2) 掌握常用继电器的工作原理和符号。

一、任务导入

继电器是一种根据输入信息的变化，接通或断开小电流控制电路，实现自动控制和保护作用的控制电器。继电器由感测机构、中间机构和执行机构三个基本部分组成。感测机构把感测到的信息(电量或非电量)传递给中间机构，中间机构将这一信息与预定值(整定值)进行比较，当达到整定值时，中间机构发出指令使执行机构动作，以实现对电路的通、断控制。

二、相关知识

(一) 继电器的概念及分类

继电器(Relay)是根据某些信号的变化来接通或断开小电流控制电路，实现远距离控制和保护的自动控制电器。其输入量可以是电流、电压等电量，也可以是湿度、时间、速度、压力等非电量，而输出则是触头的动作或者是电路参数的变化。

继电器的种类很多，其分类方法也很多，常用的分类方法如下：

(1) 按输入信号的性质分为电压继电器、电流继电器、时间继电器、热继电器、速度继电器、压力继电器等。

(2) 按输出形式可分为有触点和无触点两类。

(3) 按用途可分为电力拖动用控制继电器和电力系统用保护继电器。

下面介绍几种常用的继电器。

(二) 电压继电器

电压继电器用于电力拖动系统的电压保护和控制。其线圈并联接入主电路，感测主电路的线路电压；触点接于控制电路，为执行元件。由于电压继电器是并联在回路中的，因此为防止其分流过大，一般线圈要求导线细、匝数多、阻抗大。按吸合电压的大小，电压继电器可分为过电压继电器和欠电压继电器。

过电压继电器用于线路的过电压保护，其吸合整定值为被保护线路额定电压的110%～120%。在电压正常时，衔铁不动作；当电压高于额定值，达到过电压继电器的整定值时，衔铁吸合，触点机构动作，切断控制电路，使接触器线圈失电，及时分断电路，起到保护电路的作用。

欠电压继电器用于线路的欠电压保护，其释放整定值为线路额定电压的40%～70%。当电压正常时，衔铁可靠吸合；当电压降至欠电压继电器的释放整定值时，衔铁释放，触点机构复位，控制接触器及时分断被保护电路。还有一种零电压继电器，它是当电路电压降低到额定电压的5%～25%时释放，对电路实现失压保护。电压继电器的图形符号如图1-16(a)所示。

(三) 电流继电器

电流继电器用于电力拖动系统的电流保护和控制。电流继电器的线圈串联接入主电路(或通过电流互感器接入)，用来感测主电路中线路电流的变化，通过与电流设定值的比较自动判断工作电流是否超限。为减小电流继电器对回路分压的影响，其线圈需阻抗小、导线粗、匝数少。触点接于控制电路，为执行元件。常用的电流继电器有欠电流继电器和过电流继电器两种。欠电流继电器用于电路欠电流保护，吸引电流为线圈额定电流的30%～65%，释放电流为额定电流的10%～20%，因此在电路正常工作时，衔铁是吸合的；只有当电流降低到某一整定值时，继电器释放，控制电路失电，从而控制接触器及时分断电路。过电流继电器在电路正常工作时不动作，整定范围通常为额定电流的110%～350%。当被保护线路的电流高于额定值，达到过电流继电器的整定值时，衔铁吸合，触点机构动作，控制电路失电，从而控制接触器及时分断电路，对电路起过流保护作用。电流继电器的图形符号如图1-16(b)所示。

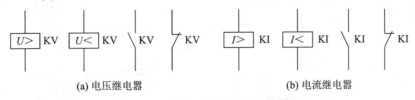

(a) 电压继电器   (b) 电流继电器

图1-16 电压、电流继电器图形符号

(四) 中间继电器

中间继电器触点数量较多，在电路中主要是扩展触点的数量和起中间放大作用，其触头的额定电流较小，一般为5 A。它可以分为交流和直流继电器，结构原理与接触器相似。中间继电器实物及图形符号如图1-17所示。

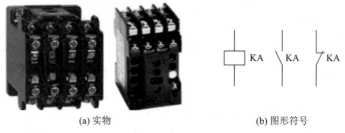

(a) 实物　　　　　　　　　　　　　(b) 图形符号

图 1-17　中间继电器实物及图形符号

（五）时间继电器

在生产中，经常需要按一定的时间间隔来对生产机械进行控制。例如，电动机的降压启动需要一定的时间；在一条自动化生产线中的多台电动机，常需要分批启动，在第一批电动机启动后，需经过一定时间，才能启动第二批等。这类自动控制称为时间控制。时间控制通常是利用时间继电器来实现的。

传统的时间继电器是利用电磁原理或机械动作原理实现触点延时接通或断开的自动控制电器。其种类很多，常用的有空气阻尼式、晶体管式、电动机式和电磁式时间继电器等。

1. 空气阻尼式时间继电器

空气阻尼式时间继电器是利用空气阻尼原理获得延时的，它由电磁系统、延时机构和触头三部分组成。

空气阻尼式时间继电器的延时方式有通电延时型和断电延时型两种。其外观区别在于：当衔铁位于铁芯和延时机构之间时，为通电延时型；当铁芯位于衔铁和延时机构之间时，为断电延时型。

以 JS7 2A 系列时间继电器为例来分析其工作原理，如图 1-18 所示。

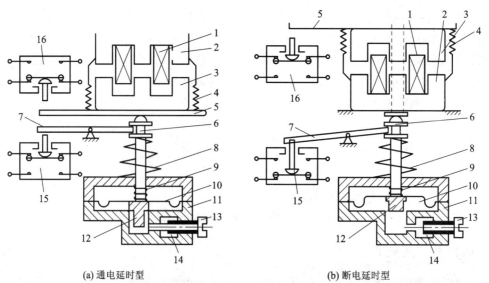

(a) 通电延时型　　　　　　　　　　　　　(b) 断电延时型

1—线圈；2—铁芯；3—衔铁；4—复位弹簧；5—推板；6—活塞杆；7—杠杆；8—塔形弹簧；9—弱弹簧；
10—橡皮膜；11—空气室壁；12—活塞；13—调节螺钉；14—进气孔；15、16—微动开关

图 1-18　JS7 2A 系列空气阻尼式时间继电器结构原理图

当线圈1通电后，衔铁3连同推板5被铁芯2吸引向上吸合，上方微动开关16压下，使上方微动开关触头迅速转换。同时在空气室11内与橡皮膜10相连的活塞杆6在弹簧8作用下也向上移动，由于橡皮膜下方的空气稀薄形成负压，起到空气阻尼的作用，因此活塞杆只能缓慢向上移动，移动速度由进气孔14的大小来决定，并可通过调节螺杆13调整。经过一段延时后，活塞12才能移到最上端，并通过杠杆7压动开关15，使其常开触点闭合，常闭触点断开。而另一个开关16是在衔铁吸合时，通过推板5的作用立即动作，故称开关16为瞬动触头。当线圈断电时，衔铁在反力弹簧4作用下，将活塞推向下端，这时橡皮膜下方气室内的空气通过橡皮膜10、弹簧9和活塞12的肩部所形成的单向阀，迅速将空气排掉，使开关15、16触头复位。空气阻尼式时间继电器的延时时间为0.4～180 s，但精度不高。

2. 晶体管式时间继电器

晶体管式时间继电器也称为半导体式时间继电器，其外形如图1-19(a)所示。它主要利用电容对电压变化的阻尼作用来实现延时。晶体管式时间继电器具有延时范围广、精度高、体积小、耐冲击和耐震动、调节方便及寿命长等优点，所以发展很快，应用广泛。图1-19(b)是采用非对称双稳态触发器的晶体管时间继电器原理图，其工作原理在此不详述。

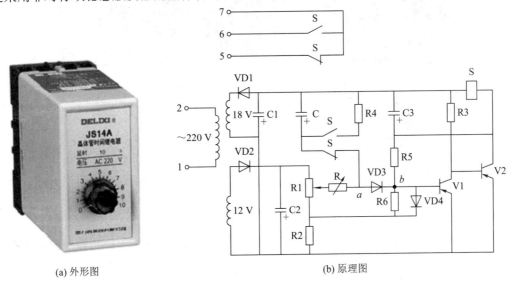

(a) 外形图　　　　　　　　　　　　(b) 原理图

图1-19　晶体管式时间继电器

空气阻尼式时间继电器具有结构简单、易构成通电延时型和断电延时型、调整简便、价格较低等优点，被广泛应用于电动机控制电路中。空气阻尼式时间继电器的延时精度不高，定时时间短；晶体管式时间继电器在精度和定时时间长度上均优于空气阻尼式时间继电器，但也受到模拟电路本身的限制。

时间继电器分通电延时型和断电延时型两种。通电延时型是线圈通电吸合后触点延时动作，断电延时型是线圈断电释放后触点延时动作。时间继电器常开、常闭触点可以通电延时或断电延时，因此延时动作触点共有四种类型。时间继电器也有瞬时动作触点，其图形符号及文字符号如图1-20所示。

另外，随着微电子技术的发展，目前出现了很多高精度的电子式、数字式定时器产品，如各个系列的电子式超级时间继电器、数字式时间继电器、数显时间继电器。定时时间可以以秒、分、小时为单位，具有数值预置、复位、启动控制、状态显示等多种功能。图 1-21 为几种新型时间继电器的外形图。

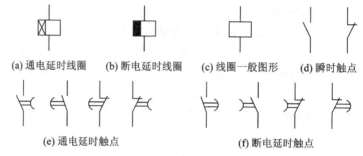

(a) 通电延时线圈　　(b) 断电延时线圈　　(c) 线圈一般图形　　(d) 瞬时触点

(e) 通电延时触点　　　　　　　　(f) 断电延时触点

图 1-20　时间继电器图形符号及文字符号

图 1-21　几种新型时间继电器的外形图

(六) 热继电器

电动机在实际运行中常会遇到过载情况，若过载不严重、时间较短，只要电动机绕组不超过允许的温升，这种过载是允许的。但如果长时间过载，绕组超过允许温升时，将会加剧电动机绕组绝缘的老化，缩短电动机的使用年限，严重时会将电动机烧毁，因此必须对电动机进行过载保护。

热继电器主要用作电动机的过载保护，以及电动机的断相保护。按相数来分，热继电器有单相、两相和三相式三种类型(三相式热继电器常用于三相交流电动机的过载保护)；按功能来分，三相式热继电器又有不带断相保护和带断相保护两种类型。

热继电器的图形符号及文字符号如图 1-22 所示。

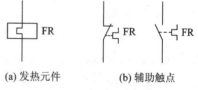

(a) 发热元件　　　　(b) 辅助触点

图 1-22　热继电器的图形符号及文字符号

1. 热继电器结构与工作原理

热继电器主要由热元件、双金属片和触点组成，如图 1-23 所示。热元件由发热电阻丝做成，双金属片由两种热膨胀系数不同的金属辗压而成。当双金属片受热时，会出现弯曲变形。使用时，把热元件(主触点)串接于电动机的主电路中，而辅助常闭触点串接于电动机的控制电路中。

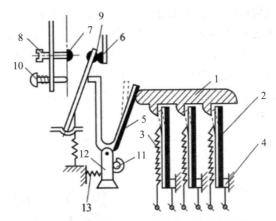

1—接线端子；2—主双金属片；3—热元件；4—导板触点；5—补偿双金属片；6—常闭触头；7—常开触头；
8—复位调节螺钉；9—动触头；10—复位按钮；11—电流调节偏心轮；12—支撑件；13—弹簧

图1-23　热继电器实物及原理示意图

当电动机正常运行时，热元件产生的热量虽能使双金属片弯曲，但还不足以使热继电器的触点动作。当电动机过载时，双金属片弯曲位移增大，推动导板使常闭触点断开，从而切断电动机控制电路以起保护作用。为防止回路中故障未排除，而热继电器自行恢复引起事故，所以热继电器动作后一般不能自动复位，要等双金属片冷却后按下复位按钮来复位。热继电器动作电流的调节可以借助旋转凸轮于不同位置来实现。

必须指出，热继电器是利用电流的热效应原理以及发热元件热膨胀原理设计的，用于实现对三相交流异步电动机的保护。但由于热继电器中发热元件有热惯性，在电路中不能作瞬时过载保护，更不能作短路保护，因此它不能替代电路中的熔断器和过电流继电器进行过载保护，更不能作短路保护，因此它不能替代电路中的熔断器和过电流继电器。

2. 具有断相保护的热继电器

决定电动机发热量的是绕组的相电流，热继电器的热元件最好串接在相线上。但在实际应用中，为了接线方便，常将热元件串接于三相交流电的进线端，即通过热元件的电流是电动机的线电流，并按额定线电流整定。如果线路没有发生断相故障，则不论电动机是星形接法还是三角形接法，不带断相保护的三相式热继电器都能起到保护作用。但是，如果出现断相故障，情况就不一样了。若热继电器所保护的电动机是星形接法的，当线路发生某相断相时，另外两相发生过载，由于相电流等于线电流，所以普通的热继电器可以对此作出反应，起到保护作用。

若三相异步电动机为三角形接线，正常运行时，流过电动机绕组的相电流是流过热继电器热元件电流的 1/3，而当发生断相时，流过电动机中全压绕组的相电流就是线电流的2/3，如图1-24所示。如果热继电器的整定的动作电流是 I，则

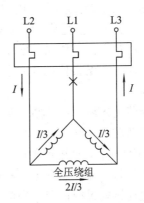

图1-24　电动机三角形接线一相断路时的
电流分配

电动机绕组中允许通过的最大相电流为 $I/3$，当发生断相时，只有当电动机一相绕组中的电流达到 $2I/3$ 时，通过热继电器的电流才能达到动作电流 I，热继电器才能动作，这时电动机存在烧毁绕组的危险。所以三角形接线的电动机必须采用带有断相保护的热继电器。带有断相保护的热继电器与不带断相保护的三相式热继电器的区别在于采用了差动机构的导板，如图 1-25 所示。差动机构由上导板 1、下导板 2 及杠杆 5 等组成，它们之间均用转轴连接。

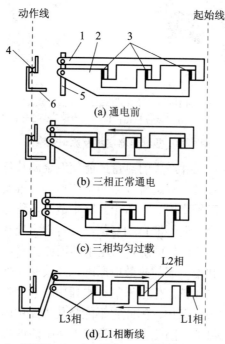

1—上导板；2—下导板；3—双金属片；4—动断触点；5—杠杆；6—顶头

图 1-25　带有断相保护的热继电器的工作原理

图 1-25(a)为未通电前导板的位置，图 1-25(b)为在不大于整定电流时，上、下导板在双金属片 3 的推动下向左移动，但由于双金属片的弯曲度不够，杠杆 5 尚未碰到顶头 6，触点不动作。图 1-25(c)为电动机三相均匀过载，此时三相双金属片同时向左弯曲，杠杆 5 顶到顶头 6，使其向左运动，继电器动作。图 1-25(d)为 L1 相断路时的情况，这时 L1 相的双金属片将冷却而向右移动，推动上导板 1 向右移，而另外两相双金属片在电流加热下仍使下导板向左移。结果使杠杆在上、下导板推动下，顺时针方向偏转，迅速推动顶头，使继电器动作。

根据前述内容，可总结出热继电器接入电动机定子电路的方式，当电动机的定子绕组为星形接法时，带断相保护和不带断相保护的热继电器均可串接于三相交流电的进线端，如图 1-26(a)所示。采用这种接入电路方式，在发生三相均匀过载、不均匀过载乃至发生一相断线事故时，流过热继电器的电流即为流过电动机绕组的电流，所以热继电器可以如实地反映电动机的过载情况。当电动机定子绕组为三角形接法时，若采用不带断相保护的热继电器，为了能进行断相保护，则须将三个发热元件串接在电动机的每相绕组上，如图 1-26(c)所示。若采用断相式热继电器，则可采用图 1-26(b)的接线形式。

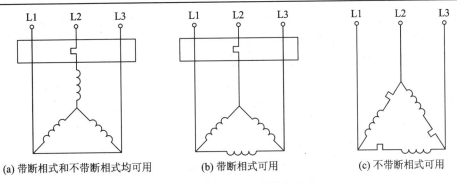

(a) 带断相式和不带断相式均可用　　(b) 带断相式可用　　(c) 不带断相式可用

图 1-26　热继电器接入电路的方式

3．热继电器的主要参数及常用型号

热继电器的主要参数有热继电器额定电流、相数、热元件额定电流、整定电流及调整范围等。热继电器的整定电流是指热继电器的热元件允许长期而不致引起热继电器动作的最大电流值。通常热继电器的整定电流是根据电动机的额定电流整定的。可通过调节电流旋钮，在一定范围内调节其整定电流。

常用的热继电器有 JR16、JR20、JRS1 等系列。引进产品有 T(德国 BBC 公司)、3UA(西门子公司)、LR1-D(法国 TE 公司)等系列。

常用的 JRS1 系列和 JR20 系列热继电器的型号含义如图 1-27 所示。

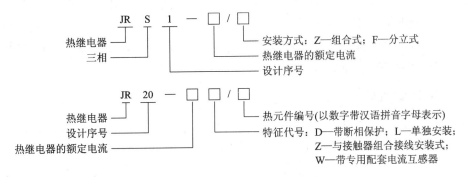

图 1-27　JRS1 和 JR20 系列热继电器的型号含义

4．热继电器的选用与维修

1) 热继电器的选用

热继电器有两相式、三相式和三相带断相保护等形式。对于星形接法的电动机及电源对称性较好的情况，可选用两相结构的热继电器；对于电网均衡性差的电动机，宜选用三相结构的热继电器；对于三角形接法的电动机，应选用带断相保护装置的三相结构热继电器。

热元件的额定电流等级一般应等于 0.95～1.05 倍电动机的额定电流。热元件选定后，再根据电动机的额定电流调整热继电器的整定电流，使整定电流与电动机的额定电流相等。

对于工作时间短、间歇时间长的电动机，以及虽长期工作，但过载可能性小的电动机(如风机电动机)，可不装设过载保护。双金属片式热继电器一般用于轻载、不频繁启动电动机的过载保护。对于重载、频繁启动的电动机，则可用过电流继电器(延时动作型的)作它的过载保护和短路保护。因为热元件受热变形需要时间，故热继电器不能作短路保护用。

热继电器有手动复位和自动复位两种方式。对于重要设备，宜采用手动复位方式；如果热继电器和接触器的安装地点远离操作地点，且从工艺上又易于看清过载情况，宜采用自动复位方式。另外，热继电器必须按照产品说明书规定的方式安装。当与其他电器安装在一起时，应将热继电器安装在其他电器的下方，以免其动作受其他电器发热的影响。

2) 热继电器的故障及维修

热继电器的故障主要有热元件烧断、误动作、不动作及接触不良四种情况。

(1) 热元件烧断。当热继电器负荷侧出现短路或电流过大时，会使热元件烧断。这时应切断电源检查线路，排除电路故障，重新选用合适的热继电器。更换后，应重新调整整定电流值。

(2) 误动作。误动作的原因有：整定值偏小，以致未出现过载就动作；电动机启动时间过长，引起热继电器在启动过程中动作；设备操作频率过高，使热继电器经常受到启动电流的冲击而动作；使用场合有强烈的冲击及振动，使热继电器操作机构松动而使常闭触点断开；环境温度过高或过低，使热继电器出现未过载而误动作，或出现过载而不动作，这时应改善使用环境的条件，使环境温度不高于 40℃，不低于 −30℃。

(3) 不动作。由于整定值调整得过大或动作机构卡死、推杆脱出等原因均会导致过载，使热继电器不动作。

(4) 接触不良。热继电器常闭触点接触不良，将会使整个电路不工作。使用中，应定期除去尘埃和污垢。若双金属片出现锈斑，则可用棉布蘸上汽油轻轻揩拭，切忌用砂纸打磨。当主电路发生短路事故后，应检查发热元件和双金属片是否已经发生永久性变形。在调整时，绝不允许弯折双金属片。

(七) 速度继电器

速度继电器主要用于笼型异步电动机的反接制动控制，所以也称为反接制动继电器。感应式速度继电器是靠电磁感应原理实现触点动作的，其结构原理如图 1-28 所示。

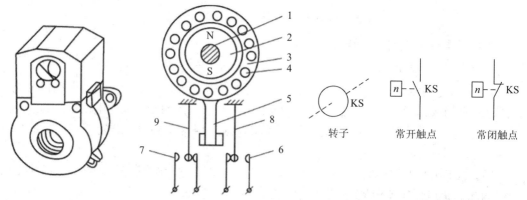

1—电动机轴；2—转子；3—定子；4—定子绕组；5—定子柄；6、7—静触点；8、9—簧片

图 1-28　速度继电器结构原理、图形和文字符号

速度继电器主要由定子、转子和触点三部分组成。定子的结构与笼型异步电动机的转

子相似，是一个笼型空心圆环，由硅钢片冲压叠成，并嵌有笼型绕组；转子是一个圆柱形永久磁铁。

　　速度继电器的工作原理：速度继电器转子的轴与电动机的轴相连接，转子固定在轴上，定子与轴同心空套在转子上。当电动机转动时，速度继电器的转子随之转动，绕组切割磁力线产生感应电动势和感生电流，此电流和永久磁铁的磁场作用产生转矩，使定子向轴的转动方向偏摆，通过定子柄拨动触点，使常闭触点断开、常开触点闭合。当电动机转速下降到接近零时，转矩减小，定子柄在弹簧力的作用下恢复原位，触点也复原。速度继电器根据电动机的额定转速进行选择。

　　常用的感应式速度继电器有 JY1 和 JFZ0 系列。JY1 系列能在 3000 r/min 的转速下可靠地工作。JFZ0 型触点动作速度不受定子柄偏转快慢的影响，触点改用微动开关。JFZ0 系列和 JFZ0-1 型适用的转速为 300～1000 r/min，JFZ0-2 型适用的转速为 1000～3000 r/min。速度继电器有两对常开、常闭触点，分别对应于被控电动机的正、反转运行。一般情况下，速度继电器的触点在转速达 120 r/min 时能动作，在 100 r/min 左右时能恢复正常位置。

三、拓展知识：两种继电器

1. 干簧继电器

　　干簧继电器又称舌簧继电器，是一种具有密封触点的电磁式继电器。干簧继电器可以反映电压、电流、功率以及电流极性等信号，在检测、自动控制和计算机控制技术等领域应用广泛。干簧继电器主要由干式舌簧片与励磁线圈组成。干式舌簧片(触点)是密封的，由铁镍合金做成，舌片的接触部分通常镀有贵重金属(如金、铑、钯等)，接触良好，具有优良的导电性能。触点密封在充有氮气等惰性气体的玻璃管中，因而有效地防尘，减少触点的腐蚀，提高工作可靠性。干簧继电器实物及结构原理如图 1-29 所示。当线圈通电后，管中两舌簧片的自由端分别被磁化成 N 极和 S 极而相互吸引，因而接通被控电路。线圈断电后，干簧片在本身的弹力作用下分开，将线路切断。干簧继电器具有结构简单、体积小、吸合功率小、灵敏度高等特点，一般吸合与释放时间均在 0.5～2 ms 以内。触点密封，不受尘埃、潮气及有害气体污染，动片质量小，动程小，触点电气寿命长，一般可达 107 次左右。

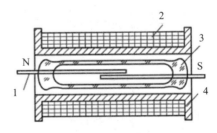

1—舌簧片；2—线圈；3—玻璃管；4—骨架

图 1-29　干簧继电器实物及结构原理

　　干簧继电器还可以用永磁体来驱动，反映非电信号，用作限位及行程控制以及非电量检测等。如干簧继电器的干簧水位信号器，适用于工业与民用建筑中的水箱、水塔及水池等开口容器的水位控制和水位报警。

2．固态继电器

固态继电器(Solid State Relays，SSR)，是一种无触点通、断电子开关，为四端有源器件，如图 1-29 所示。其中有两个输入控制端，两个输出受控端，中间采用光、电隔离，作为输入、输出之间的电气隔离(浮空)。在输入端加上直流或脉冲信号，输出端就能从关断状态转变成导通状态(无信号时呈阻断状态)，从而控制较大的负载。整个器件无可动部件及触点，可实现与机械式电磁继电器一样的功能。

与电磁继电器相比，固态继电器具有工作可靠、寿命长、对外界干扰小、能与逻辑电路兼容、抗干扰能力强、开关速度快和使用方便等优点，因而具有很广的应用领域，有逐步取代传统电磁继电器之势，并可进一步扩展到传统电磁继电器无法应用的计算机等领域。

固态继电器的控制信号所需的功率极低，因此可以用弱信号控制强电流。同时交流型的 SSR 采用过零触发技术，使 SSR 可以安全地用在计算机输出接口，不会像机械式电磁继电器(EMR)那样产生一系列对计算机的干扰，甚至会导致严重宕机。控制电压和负载电压按使用场合可以分成交流和直流两大类，因此会有 DC—AC、DC—DC、AC—AC、AC—DC 四种形式。SSR 广泛应用于各个领域，如用于对某些加热管、红外灯管、灯光、电机、磁阀等负载的控制。在追求效率和质量的科技时代，SSR 将是各企业解决许多控制方案的首选产品。

习题与思考题

1．热继电器在电路中起什么作用？它能否作短路保护？为什么？

2．电动机的启动电流较大，当电动机启动时，热继电器会不会动作？为什么？

3．中间继电器的作用是什么？

4．中间继电器和接触器有何异同？

5．当出现通风不良或环境温度过高而使电动机过热时，能否采用热继电器进行保护？为什么？

6．简述固态继电器的优、缺点。

7．普通的两相或三相结构的热继电器，为什么不能对三角形联结的电动机进行断相保护？

任务四　熔断器的认识与选用

学习目标

(1) 了解熔断器的作用及分类；

(2) 掌握熔断器的工作原理、符号及技术参数；

(3) 能够根据工作实际需要选择合适的熔断器。

一、任务导入

熔断器是电网和用电设备中最常用的安全保护电器，具有结构简单、价格低廉、使用方便等优点。熔断器是根据电流的热效应原理工作的，使用时将它串联在被保护的电路中，在正常情况下，熔体相当于一根导线；当发生短路或过载时，通过熔断器的电流很大，由于电流的热效应，使熔体的温度急剧上升，当熔体温度超过熔体的熔点时，熔体熔断而分断电路，从而保护了电路和设备。

二、相关知识

熔断器是一种当电流超过额定值一定时间后，以它本身产生的热量使熔体迅速熔化而分断电路的电器。它广泛应用于低压配电系统和控制系统，主要起电气设备的短路保护和过电流保护作用。

(一) 熔断器的结构及工作原理

熔断器主要由熔体和安装熔体的熔管(或熔座)两部分组成。熔体是熔断器的主要组成部分，它既是检测元件又是执行元件。熔体由易熔金属材料铅、锡、锌、银、铜及其合金制成，通常做成丝状、片状、带状或笼状，它串联于被保护电路。熔管一般由硬质纤维或瓷质绝缘材料制成半封闭式或封闭式外壳，熔体装于其内。熔管的作用是便于安装熔体和有利于熔体熔断时熄灭电弧。熔断器工作时，熔体串接在电路中。

负载电流流经熔体，当电路发生短路或过电流时，通过熔体的电流使其发热，当达到熔体金属熔化温度时就自行熔断。期间伴随着燃弧和熄弧过程，随之切断故障电路，起到保护作用。当电路正常工作时，熔体在额定电流下不应熔断。所以其最小熔化电流必须大于额定电流。熔管中的填料一般使用石英砂，它分断电弧又吸收热量，可使电弧快速熄灭。

(二) 熔断器的保护特性

熔断器的保护特性是指流过熔体的电流与熔体熔断时间的关系，称为"时间-电流特性"或称"安-秒特性"，如图 1-30 所示。

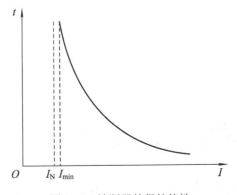

图 1-30　熔断器的保护特性

熔断器的时间-电流特性曲线是反时限性的，即流过熔体的电流越大，熔化(或熔断)时间越短，因为熔体在熔化和汽化过程中，所需热量是一定的。在一定的过载电流范围内，熔断器不会立即熔断，可继续使用。

(三) 常用熔断器

常用的熔断器可分为瓷插式、螺旋式、封闭式熔断器和快速熔断器以及自复熔断器等几种类型。

1. 瓷插式熔断器

瓷插式熔断器的结构如图 1-31(a)所示。它常用于 380 V 及以下的线路中,作为配电支线或不重要电气设备的短路保护用。

2. 螺旋式熔断器

螺旋式熔断器的结构如图 1-31(b)所示,熔体的上端盖有一熔断指示器,一旦熔体熔断,指示器马上弹出(可透过瓷帽上的玻璃孔观察到)。其分断电流较大,可用于电压等级 500 V 及其以下、电流等级 200 A 以下的电路中。由于有较好的抗震性能,螺旋式熔断器常用于机床电气控制设备中。

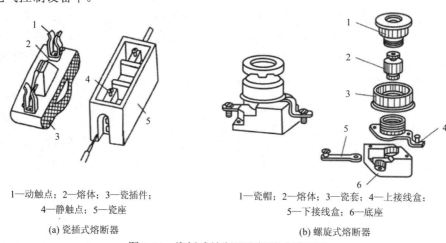

1—动触点;2—熔体;3—瓷插件;
4—静触点;5—瓷座

(a) 瓷插式熔断器

1—瓷帽;2—熔体;3—瓷套;4—上接线盒;
5—下接线盒;6—底座

(b) 螺旋式熔断器

图 1-31　瓷插式熔断器和螺旋式熔断器

3. 封闭式熔断器

封闭式熔断器分有填料熔断器和无填料熔断器两种,如图 1-32 和图 1-33 所示。有填料熔断器一般用方形瓷管,内装石英砂及熔体,分断能力强,用于电压等级 500 V 以下、电流等级 1 kA 以下的电路中。无填料密闭式熔断器将熔体装入密闭式圆筒中,分断能力稍小,用于 500 V 以下、600 A 以下电力网或配电设备中。

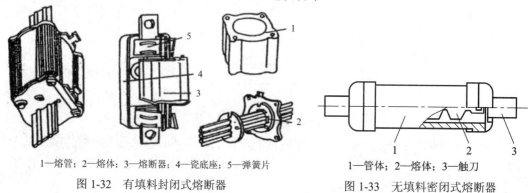

1—熔管;2—熔体;3—熔断器;4—瓷底座;5—弹簧片

图 1-32　有填料封闭式熔断器

1—管体;2—熔体;3—触刀

图 1-33　无填料密闭式熔断器

4．快速熔断器

快速熔断器的实物图如图 1-34 所示。它主要用于半导体整流元件或整流装置的短路保护。由于半导体元件的过载能力很低，只能在极短时间内承受较大的过载电流，因此要求具有快速短路保护的能力。快速熔断器的结构与有填料封闭式熔断器基本相同，但熔体材料和形状不同，它是以银片冲制的有 V 形深槽的变截面熔体。

图 1-34　RS0、RS3 系列快速熔断器

5．自复式熔断器

自复式熔断器采用金属钠作为熔体，在常温下具有高电导率。当电路发生短路故障时，短路电流产生高温使钠迅速汽化；汽态钠呈现高阻态，从而限制了短路电流；短路电流消失后，温度下降，金属钠恢复原来的良好导电性能。自复式熔断器只能限制短路电流，不能真正分断电路。其优点是不必更换熔体，能重复使用。

(四) 熔断器的型号和主要技术参数

1．熔断器的型号和电气符号

熔断器的典型产品有 RL6、RL7、RL96、RLS2 系列螺旋式熔断器，RL1B 系列带断相保护螺旋式熔断器，RT14 系列有填料封闭式熔断器。熔断器型号的含义及电气图形符号如图 1-35 所示。

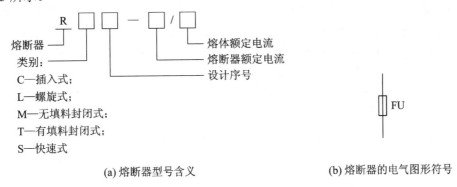

(a) 熔断器型号含义　　　　　　　　　　　　　(b) 熔断器的电气图形符号

图 1-35　熔断器型号的含义及图形和文字符号

2．主要技术参数

1) 额定电压

额定电压指熔断器长期工作时和熔断后所能承受的电压，其值一般要大于或等于所接电路的额定电压。熔断器的交流额定电压有 220 V、380 V、415 V、500 V、600 V、1140 V，直流额定电压有 110 V、220 V、440 V、800 V、1000 V、1500 V。

2) 额定电流

额定电流指熔断器长期工作，各部件温升不超过允许温升的最大工作电流。熔断器的额定电流有两种：一种是熔管额定电流，也称熔断器额定电流；另一种是熔体的额定电流。

厂家为减少熔管额定电流的规格，熔管额定电流等级较少，而熔体额定电流等级较多。在一种电流规格的熔管内可安装多种电流规格的熔体，但熔体的额定电流最大不能超过熔管的额定电流。熔体额定电流规定有 2 A、4 A、6 A、8 A、10 A、12 A、16 A、20 A、25 A、32 A、35 A(非常用值)、40 A、50 A、63 A、80 A、100 A、125 A、200 A、250 A、315 A、400 A、500 A、630 A、800 A、1000 A、1250 A。

3) 极限分断能力

熔断器在规定的额定电压和功率因数(或时间常数)条件下，能可靠分断的最大短路电流称为极限分断能力。

(五) 熔断器的选用

熔断器的选用主要是选择熔断器的类型、额定电压、额定电流和熔体额定电流。

1. 熔断器类型的选择

熔断器主要根据使用场合及负载的保护特性和短路电流的大小来选择不同的类型。例如：对于容量小的电动机和照明支线，作为过载及短路保护，通常选用铅锡合金熔体的 RQA 系列熔断器；对于较大容量的电动机和照明干线，则应着重考虑短路保护和分断能力，通常选用具有较高分断能力的 RM10 和 RL1 系列的熔断器；当短路电流很大时，宜采用具有限流作用的 RT0 和 RT12 系列的熔断器。

2. 熔体的额定电压和电流的选择

(1) 熔断器的额定电压选择必须等于或高于熔断器安装处的电路额定电压。

(2) 保护无启动过程的平稳负载(如照明线路、电阻、电炉等)时，熔体额定电流略大于或等于负荷电路中的额定电流。

(3) 保护单台长期工作的电机的熔体额定电流可按最大启动电流选取，也可按下式选取：

$$I_{RN} \geqslant (1.5 \sim 2.5)I_N \tag{1-7}$$

式中：I_{RN} 为熔体额定电流，I_N 为电动机额定电流。如果电动机频繁启动，式中系数 1.5～2.5 可适当加大至 3～3.5，具体应根据实际情况而定。

(4) 保护多台长期工作的电机(供电干线)的熔体额定电流可按下式选取：

$$I_{RN} \geqslant (1.5 \sim 2.5)I_{Nmax} + \sum I_N \tag{1-8}$$

式中：I_{Nmax} 为容量最大单台电机的额定电流，$\sum I_N$ 为其余电动机额定电流之和。

3. 校验熔断器的保护特性

熔断器的保护特性与被保护对象的过载特性要有良好的配合，同时熔断器的额定分断能力必须大于电路中可能出现的最大故障电流。

4. 熔断器的上、下级的配合

熔断器的选择还需要考虑电路中其他配电电器、控制电器之间的配合要求。为此，应使上一级(供电干线)熔断器的熔体额定电流与下一级(供电支线)熔断器熔体额定电流的比值不小于 1.6∶1(即大 1～2 个级差)，或对于同一个过载或短路电流，上一级熔断器的熔断时间至少是下一级的 3 倍。

三、拓展知识：熔断器的运行与维修

熔断器在使用中应注意以下几点：

(1) 熔断器的安装、检修和更换应由专职人员负责。

(2) 安装前，检查熔断器的型号、额定电流、额定电压、额定分断能力等参数是否符合规定要求。

(3) 安装时，应注意检查熔管有无破损变形现象，有无放电的痕迹，有熔断信号指示器的熔断器，其指示是否保持正常状态。熔断器与底座触刀接触应良好，以避免因接触不良造成温升过高，引起熔断器误动作和周围电器元件损坏。

(4) 熔断器熔断时，应首先查明原因，排除故障。一般过载保护动作，熔断器的响声不大，熔丝熔断部位较短，熔管内壁没有烧焦的痕迹，也没有大量的熔体蒸发物附在管壁上。变截面熔体在大、小截面过渡部位的倾斜处熔断，是因为过负荷引起的。反之，熔丝爆熔或熔断部位很长，变截面熔体小截面部位熔断，而中段熔片熔断后跌落或蒸发物附在管壁上，则一般为短路引起。

(5) 更换熔体时，必须将电源断开，防止触电。更换的熔体的规格应和原来的相同，安装熔丝时，不要把它碰伤，也不要拧得太紧，把熔丝轧伤。

(6) 使用时，应经常清除熔断器表面积有的尘埃，在定期检修设备时，如发现熔断器有损坏，应及时更换。

习题与思考题

1. 在电动机的主电路中装有熔断器，为什么还要装热继电器？

2. 低压断路器有哪些基本组成部分？它在电路中的作用是什么？

3. 熔断器的技术参数有哪些？

4. 如何正确选择熔断器？

任务五　开关电器及主令电器的认识和选用

学习目标

(1) 了解开关电器和主令电器的概念、分类等；

(2) 掌握常用开关电器和主令电器的工作原理及其适用场合；

(3) 掌握常用开关的安装与选用方法。

一、任务导入

开关电器主要用于电气线路的电源隔离，也可作为不频繁地接通和分断空载电路或小电流电路之用。常用的有刀开关、负荷开关、隔离开关、转换开关(组合开关)、自动空气开关(空气断路器)等。

主令电器主要用来控制其他自动电器的动作，发出控制"指令"。常用的主令电器有按钮开关、行程开关、接近开关、万能转换开关和主令控制器等，其他主令电器包括脚踏开关、倒顺开关、紧急开关和钮子开关等。对这类电器的技术要求是操作频率高，抗冲击，电器和机械寿命长。下面主要介绍常用开关电器和主令电器的工作原理及其适用场合。

二、相关知识

(一) 刀开关

刀开关按极数分，有单极式、双极式和三极式；按结构分，有平板式和条架式；按操作方式分，有直接手柄操作、正面旋转手柄操作、杠杆操作和电动操作；按转换方式分，有单投式和双投式。另外，还有一种采用叠装式触点元件实现旋转操作的开关，称为组合开关或转换开关。

1．刀开关的结构

刀开关又称闸刀开关，是手动电器中结构最简单的一种，主要由静插座、触刀、操作手柄和绝缘底板等组成，典型结构及外形如图 1-36 所示。静插座由导电材料和弹性材料制成，固定在绝缘材料制成的底版上。动触刀与下支座铰链连接，连接处依靠弹簧保证必要的接触压力，绝缘手柄直接与触刀固定。能分断额定电流的刀开关装有灭弧罩，保证分断电路时安全可靠。在低压电路中，刀开关主要用作电源隔离，也可用来非频繁地接通和分断容量较小的低压配电线路。

图 1-36　刀开关典型结构及实物图

刀开关的图形符号和文字符号如图 1-37 所示。

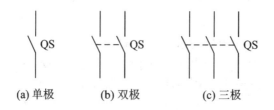

(a) 单极　　　　(b) 双极　　　　(c) 三极

图 1-37　刀开关的图形、文字符号

图 1-38 为 HZ10 系列组合开关的结构图及电气符号。它是一种凸轮式的作旋转运动的刀开关(又称转换开关)，由分别装在多层绝缘件内的动、静触片组成。动触片装在附有手柄的绝缘方轴上，手柄每转动 90°，触片便轮流接通或断开。顶盖部分是滑板，由凸轮、

弹簧(扭簧)及手柄等零件构成操作机构。由于采用了扭簧储能结构，开关动作速度与手动操作速度无关，从而使开关能实现快速的通断。组合开关也有单极、双极、三极和多极结构，主要用于电源的引入或 5.5 kW 以下电动机的直接启动、停止、反转、调速等场合。

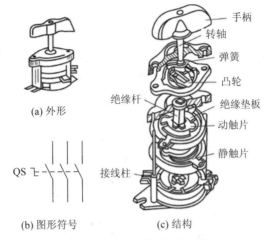

图 1-38　HZ10 系列组合开关

2. 刀开关的型号及主要技术参数

(1) 刀开关的型号。刀开关的型号及含义如图 1-39 所示。

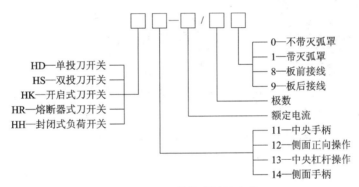

图 1-39　刀开关的型号及含义

(2) 主要技术参数。刀开关的主要技术参数有下述四个：

① 额定电压。刀开关在长期工作中能承受的最大电压称为额定电压。目前生产的刀开关的额定电压一般为交流 500 V 以下，直流 440 V 以下。

② 额定电流。刀开关在合闸位置允许长期通过的最大工作电流称为额定电流。小电流刀开关的额定电流有 10 A、15 A、20 A、30 A、60 A 五级。大电流刀开关的额定电流一般分 100 A、200 A、400 A、600 A、1000 A 及 1500 A 六级。

③ 操作次数。刀开关的使用寿命分为机械寿命和电气寿命两种。机械寿命是指刀开关在不带电的情况下所能达到的操作次数；电气寿命指刀开关在额定电压下能可靠地分断额定电流的总次数。

④ 电稳定性电流。发生短路事故时，刀开关不产生变形、破坏或触刀自动弹出的现象时的最大短路峰值电流，就是刀开关的电稳定性电流。通常，刀开关的电稳定性电流为其

额定电流的数十倍。

3．刀开关的选用与安装

选用安装刀开关时必须注意以下几点：

(1) 按刀开关的用途和安装位置选择合适的型号和操作方式。

(2) 刀开关的额定电流和额定电压必须符合电路要求。刀开关的额定电流应大于或等于所分断电路中各个负载额定电流的总和。对于电动机负载，应考虑其启动电流，所以开启式刀开关额定电流可取电机额定电流的 3 倍；封闭式刀开关额定电流可取负载额定电流的 1.5 倍。

(二) 负荷开关

负荷开关可用于手动非频繁接通和断开带负载的电路以及作为线路末端的短路保护，也可用于控制 15 kW 以下的交流电动机非频繁地启动和停止。负荷开关如图 1-40 所示。

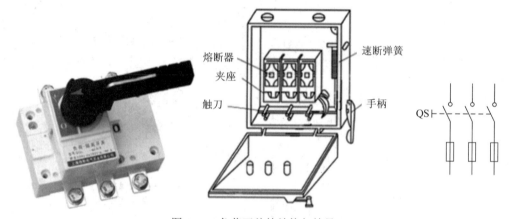

图 1-40　负荷开关的结构与符号

常用的负荷开关有西门子和 ABB 公司生产的 HH3、HH4 系列，其中 HH4 系列为全国统一设计产品，其结构如图 1-40 所示。负荷开关主要由灭弧系统、熔断器及操作机构三部分组成。三把触刀固定在一根绝缘方轴上，由手柄完成分、合闸的操作。在操作机构中，手柄转轴与底座之间装有速断弹簧。

封闭式负荷开关的操作有两个特点：一是采用了储能合闸方式，利用一根弹簧，使开关接通与断开速度与手柄操作速度无关，这既改善了开关的灭弧性能，又能防止触点停留在中间位置，从而提高开关的通断能力，延长其使用寿命；二是操作机构上装有机械联锁，它可以保证开关合闸时不能打开防护铁盖，而当打开防护铁盖时，不能将开关合闸。另外，负荷开关中还有 HK 系列的开启式负荷开关，目前在生产和企业中已不多见，故不作介绍。

(三) 按钮开关

1．按钮开关的结构及其工作原理

按钮开关是一种结构简单、使用广泛的手动电器。它可以配合继电器、接触器，对电动机实现远距离的自动控制。按钮开关由按钮帽、复位弹簧、桥式触点和外壳等部分组成，按钮开关通常做成复合式，即具有常闭触点和常开触点，如图 1-41 所示。按下按钮时，常闭触点先断开，常开触点后闭合；释放按钮时，在复位弹簧的作用下，按钮触点按相反顺

序自动复位。

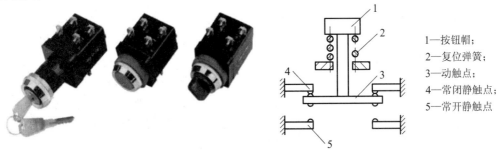

1—按钮帽；
2—复位弹簧；
3—动触点；
4—常闭静触点；
5—常开静触点

图 1-41　按钮开关实物及结构示意图

2. 按钮开关的分类及型号含义

按钮开关的种类很多，按结构分，有揿钮式、紧急式、钥匙式、旋钮式、带指示灯式按钮等。

常用的按钮开关有 LA2、LA18、LA20、LAY1、LAY3、LAY6 等系列。LA2 系列为老产品，有一对常开和一对常闭触头，具有结构简单、动作可靠、坚固耐用的优点。新产品有 LA18、LA19、LA20 等系列。其中，LA18 系列采用积木式结构，触点数目可按需要拼装至六常开六常闭，一般装成二常开二常闭。LA19、LA20 系列有带指示灯和不带指示灯两种，前者按钮帽用透明塑料制成，兼作指示灯罩。

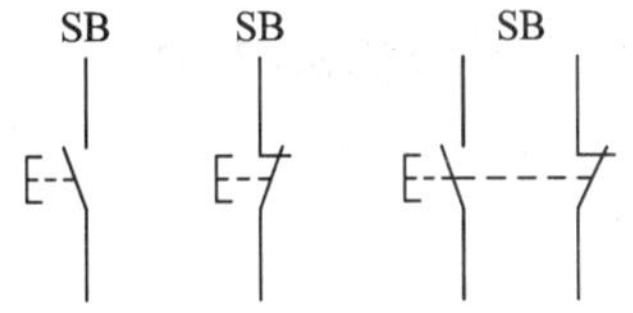

图 1-42　按钮开关的图形和文字符号

按钮开关的图形符号及文字符号如图 1-42 所示。

按钮开关的型号含义如图 1-43 所示。

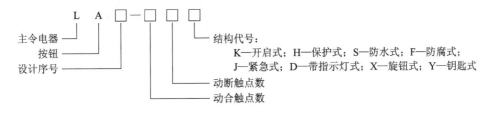

图 1-43　按钮开关的型号含义

3. 按钮开关的选用

在选择按钮开关时主要从使用场合考虑。一般主要考虑使用点数和按钮帽的颜色等因素，如一般绿色表示启动，红色表示停止，黄色表示干预。

(四) 低压断路器

低压断路器也称为自动空气开关，可用来接通和分断负载电路，也可用来控制不频繁启动的电动机。其功能相当于刀开关、过电流继电器、失压继电器和热继电器等多种电器的组合，能实现过载、短路、失压、欠压等多种保护，是低压配电网中应用非常广泛的一种保护电器。

低压断路器有多种分类方法：按极数可分为单极、双极、三极和四极；按灭弧介质可分为空气式和真空式；按结构形式可分为塑料外壳式和框架式。

1. 低压断路器的结构

低压断路器主要由主触头及灭弧装置、各种脱扣器、自由脱扣机构和操作机构等部分组成。主触头是断路器的执行元件，用来接通和分断主电路。脱扣器是断路器的感受元件，当电路出现故障时，脱扣器感测到故障信号后，经自由脱扣器使断路器主触头分断，从而起到保护作用。脱扣器主要有过电流脱扣器、热脱扣器、分励脱扣器、欠电压和失电压脱扣器等。自由脱扣机构是用来联系操作机构和主触头的机构。操作机构是实现断路器闭合、断开的机构。典型低压断路器的外形图如图 1-44 所示。

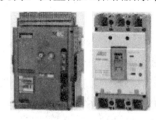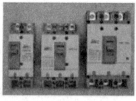

图 1-44　低压断路器外形图

2. 低压断路器的工作原理

低压断路器的工作原理如图 1-45 所示，其主触点是靠手动操作或电动合闸的，主触点闭合后，自由脱扣机构将主触点锁在合闸位置上。过电流脱扣器的线圈和热脱扣器的热元件与主电路串联，欠电压脱扣器的线圈和电源并联。当电路发生短路或严重过载时，过电流脱扣器的衔铁吸合，使脱扣机构动作，主触点断开主电路。当电路过载时，热脱扣器的热元件发热使双金属片向上弯曲，推动自由脱扣机构动作。当电路欠电压时，欠电压脱扣器的衔铁释放，也使自由脱扣机构动作。分励脱扣器则作为远距离控制用，在正常工作时，其线圈是断电的；在需要远距离控制时，按下按钮，使线圈通电，衔铁带动自由脱扣机构动作，使主触点断开。

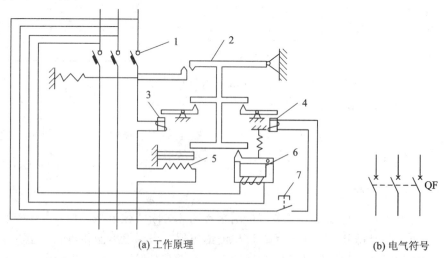

(a) 工作原理　　　　　　(b) 电气符号

1—主触头；2—自由脱扣机构；3—过电流脱扣器；4—分励脱扣器；
5—热脱扣器；6—欠电压脱扣器；7—停止按钮

图 1-45　低压断路器工作原理图和电气符号

3. 低压断路器典型产品及型号

1) 塑料外壳式断路器

塑料外壳式断路器又称为装置式断路器，内装触头系统、灭弧室及脱扣器等，可手动或电动(对大容量断路器而言)合闸；有较高的分断能力和动稳定性，有较完善的选择性保护功能，广泛用于配电线路。

2) 框架式断路器

框架式断路器又称为开启式或万能式断路器，主要由触头系统、操作机构、过电流脱扣器、分励脱扣器及欠电压脱扣器、附件及框架等部分组成，全部组件进行绝缘后装于框架底座中。框架式断路器一般容量较大，具有较高的短路分断能力和较高的动稳定性。其适用于额定电压为 380 V 的配电网络，作为配电干线的主保护开关。

(五) 接近开关

接近式位置开关是一种非接触式的位置开关，简称接近开关。它由感应头、高频振荡器、放大器和外壳等组成。当运动部件与接近开关的感应头接近时，就使其输出一个电信号。常用的接近开关有电感式和电容式两种，其实物及原理框图如图 1-46 所示。

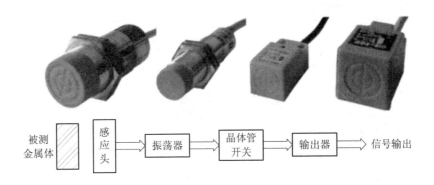

图 1-46 接近开关实物及原理框图

电感式接近开关的感应头是一个具有铁氧体磁芯的电感线圈，只能用于检测金属体。振荡器在感应头表面产生一个交变磁场，当金属块接近感应头时，金属中产生的涡流吸收了振荡的能量，使振荡减弱以至停振，因而产生振荡和停振两种信号，经整形放大器转换成二进制的开关信号，从而起到"开"、"关"的控制作用。电容式接近开关的感应头是一个圆形平板电极，与振荡电路的地线形成一个分布电容，当有导体或其他介质接近感应头时，电容量增大而使振荡器停振，经整形放大后输出电信号。电容式接近开关既能检测金属，又能检测非金属及液体。常用的电感式接近开关有 LJ1、LJ2 等系列产品，电容式接近开关有 LXJ15、TC 等系列产品。

(六) 晶闸管开关

晶闸管开关又叫可控硅。自从 20 世纪 50 年代问世以来已经发展成了一个大的家族，它的主要成员有单向晶闸管、双向晶闸管、光控晶闸管、逆导晶闸管、可关断晶闸管、快速晶闸管等。

1. 晶闸管的概念

日常使用的是单向晶闸管。它是由 4 层半导体材料组成的，有 3 个 PN 结，对外有 3 个电极。第 1 层 P 型半导体引出的电极叫阳极 A，第 3 层 P 型半导体引出的电极叫控制极 G，第 4 层 N 型半导体引出的电极叫阴极 K，如图 1-47(a)所示。它和二极管一样，是一种单方向导电的器件，关键是多了一个控制极 G，这就使它具有与二极管完全不同的工作特性。它有 J1、J2、J3 三个 PN 结，可以把它中间的 NP 分成两部分，构成一个 PNP 型晶体管和一个 NPN 型晶体管的复合管。当晶闸管承受正向阳极电压时，为使晶闸管导通，必须使承受反向电压的 PN 结 J2 失去阻挡作用。图 1-47(b)中每个晶体管的集电极电流同时就是另一个晶体管的基极电流。因此，两个互相复合的晶体管电路，当有足够的门极电流 I_g 流入时，就会形成强烈的正反馈，使两晶体管饱和导通，晶闸管饱和导通。

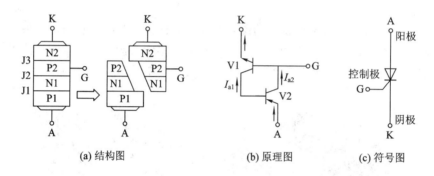

(a) 结构图　　　　　　(b) 原理图　　　　　(c) 符号图

图 1-47　晶闸管的结构原理图

2. 晶闸管开关的特点

由于晶体管的导通与否可以通过在门极上加适当的触发信号进行控制，使得它与传统有触头开关一样，具有"开"与"关"两种状态，因此同样可以实现电路中控制与切换功能。由于晶闸管开关没有触头的机械运动，所以也叫静态开关或无触点开关。晶闸管开关具有动作快、寿命长、控制功率小、无电弧、无噪声等优点，特别适用于操作频繁和有爆炸、腐蚀性气流体的环境中。其缺点是导通时管压降较大(约 1 V)，功耗较大，关断时存在一定的漏电电流，不能实现电路隔离，以及过载能力低、价格高和体积大(有散热器)等。

(七) 行 程 开 关

行程开关又称位置开关或限位开关。行程开关是一种根据行程位置而切换电路的电器，广泛用于各类机床和起重机械，用以控制其行程或进行终端限位保护。例如在电梯控制电路中，利用行程开关来控制楼层、控制速度转换以及轿厢的上、下限位保护。行程开关按其结构可分为直动式、滚轮式、微动式和组合式。

1. 直动式行程开关

直动式行程开关的结构原理如图 1-48 所示。其动作原理与按钮开关相似，触点的分合速度取决于生产机械的运行速度，不宜用于速度低于 0.4 m/min 的场所。

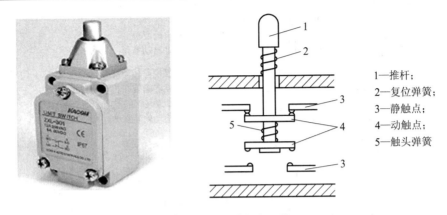

图 1-48　直动式行程开关

1—推杆；
2—复位弹簧；
3—静触点；
4—动触点；
5—触头弹簧

2．滚轮式行程开关

滚轮式行程开关的结构原理如图 1-49 所示。当运动机械撞击带有滚轮的撞杆时，转臂带动推杆顶下，使微动开关触点迅速动作。当运动机械离开时，在复位弹簧的作用下，行程开关自动复位。

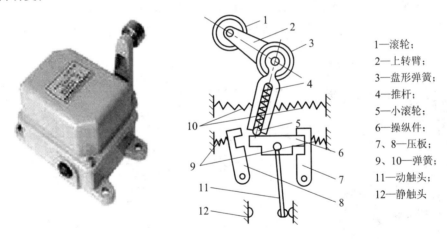

图 1-49　滚轮式行程开关

1—滚轮；
2—上转臂；
3—盘形弹簧；
4—推杆；
5—小滚轮；
6—操纵件；
7、8—压板；
9、10—弹簧；
11—动触头；
12—静触头

滚轮式行程开关又分为单滚轮自动复位和双滚轮(羊角式)非自动复位式。双滚轮行程开关具有两个稳态位置，有"记忆"作用，常应用在一些动作过后需要保持信号的场合，还可以简化线路。行程开关的电气图形符号及文字符号如图 1-50 所示，型号含义如图 1-51所示。

(a) 常开触点　　　　(b) 常闭触点　　　　(c) 复合触点

图 1-50　行程开关的符号

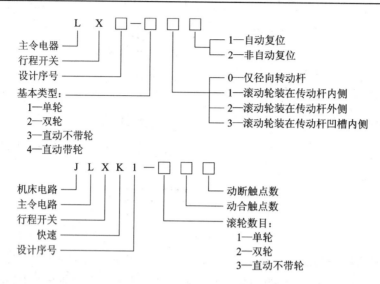

图 1-51　行程开关的型号含义

3. 微动式行程开关

微动式行程开关是一种施压促动的快速转换开关。因为其开关的触点间距比较小，故名微动开关，又叫灵敏开关，其结构如图 1-52 所示。常用的产品有 LXW 11 系列。

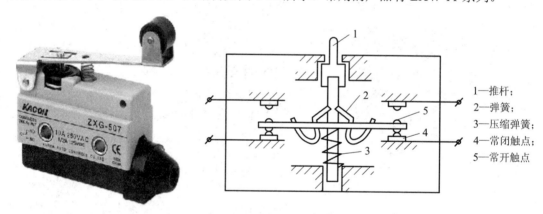

1—推杆;
2—弹簧;
3—压缩弹簧;
4—常闭触点;
5—常开触点

图 1-52　微动式行程开关

(八) 万能转换开关

万能转换开关是一种多挡式、能控制多回路的主令电器。万能转换开关主要用于各种控制电路的转换和控制，以及电压表、电流表的换相测量等。万能转换开关还可用于控制小容量电动机的启动、调速和换向。图 1-53 为万能转换开关外形和单层的结构示意图。常用的产品有 LW5 和 LW6 系列。LW5 系列可控制 5.5 kW 及以下的小容量电动机，LW6 系列只能控制 2.2 kW 及以下的小容量电动机。其用于可逆运行控制时，只有在电动机停车后才允许反向启动。LW5 系列万能转换开关按手柄的操作方式可分为自复式和定位式两种：自复式是指用手转动到某一挡位后，手一松开，开关就自动返回原位；定位式是指开关手柄置于某挡位时即停止在该挡位，而不会自动返回原位。

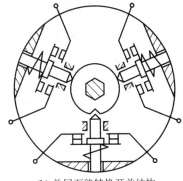

(a) 万能转换开关实物　　　　　　(b) 单层万能转换开关结构

图 1-53　万能转换开关

　　万能转换开关手柄的操作角度，依开关型号的不同而不同，其触点的数量也不同。由于其触点的数量多，且触点分合状态与操作手柄的位置有关，所以，在电路图中触点的闭合或断开是采用展开图来表示的，即操作手柄的位置用虚线表示，虚线上的黑圆点表示操作手柄转到此位置时，该对触点闭合；如无黑圆点，表示该对触点断开。此外，还应表示出操作手柄与触点分合状态的关系，即需要列出"触点闭合表"，表中用"×"表示触头闭合，无此标记的表示触头断开。其图形符号和触点闭合情况如图 1-54 所示，当万能转换开关打向左 45°时，触点 1-2、3-4、5-6 闭合，触点 7-8 打开；打向 0°时，只有触点 5-6 闭合；打向右 45°时，触点 7-8 闭合，其余打开。

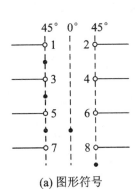

LW5-15D0403/2			
触头编号	45°	0°	45°
1-2	×		
3-4	×		
5-6	×	×	
7-8			×

(a) 图形符号　　　　　　　　　　(b) 触点闭合表

图 1-54　万能转换开关的图形符号与触点闭合表

(九) 主令控制器

　　主令控制器又称为凸轮控制器，是一种可以频繁操作的电器，可以对控制电路发布命令、与其他电路发生联锁或进行切换，常配合磁力启动器对绕线式异步电动机的启动、制动、调速及换向实行远距离控制，广泛用于各类起重机械的控制系统中。

　　主令控制器一般由外壳、触点、凸轮、转轴等组成，动作过程与万能转换开关相类似，也是由一块可转动的凸轮带动触点动作。但它的触点容量较大，操纵挡位也较多。常用的主令控制器有 LK5 和 LK6 系列两种。其中 LK5 系列分为直接手动操作、带减速器的机械操作与电动机驱动三种型式。LK6 系列的操作是由同步电动机和齿轮减速器组成定时元件，按规定的时间顺序，周期性地分合电路。在控制电路中，主令控制器触点也与操作手柄位置有关，其图形符号及触点分合状态的表示方法与万能转换开关相似。从结构上讲，主令控制器分为两类：一类是凸轮可调式主令控制器；另一类是凸轮固定式主令控制器。图 1-55 为凸轮可调式主令控制器。其原理为：凸轮 1 和 7 固定于方轴上，动触头 2 固定于能绕轴 6 转动的支杆 5 上。当操作主令控制器手柄转动时，带动凸轮块 1 和 7 转动；当凸轮块 7 达到推压小轮 8 的位置时，为使小轮带动支杆 5 绕轴 6 转动，使支杆张开，从而使触头断开。其他情况下，由于凸轮块离开小轮，触头是闭合的。这样只要安装一串不同形状的凸轮块，就可以按照一定顺序动作；若这些触头用来控制电路，便可获得一定顺序动作的电路。

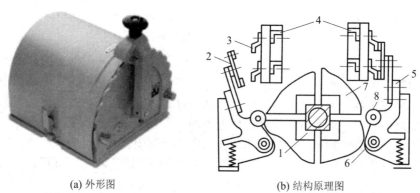

(a) 外形图　　　　　　　　　　(b) 结构原理图

1、7—凸轮块；2—动触点；3—静触点；4—接线端子；5—支杆；6—转动轴；8—小轮

图 1-55　凸轮可调式主令控制器

图 1-56 为凸轮固定式主令控制器及图形、文字符号，其工作原理读者可以自行分析。

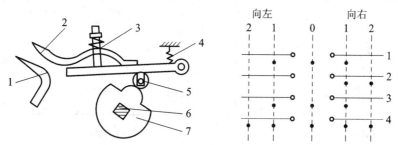

1—静触点；2—动触点；3—触点弹簧；4—复位弹簧；5—滚子；6—绝缘方轴；7—凸轮

图 1-56　凸轮固定式主令控制器及图形、文字符号

三、拓展知识：几种常用低压电器

在电气控制系统中，还有一些其他常用的低压电器，如起保护作用的漏电保护断路器；用于执行某种动作和实现传动功能的电器，如电磁铁和电磁阀等。

1. 漏电保护断路器

漏电保护断路器是最常用的一种漏电保护电器。当低压电网发生人身触电或设备漏电时，漏电保护器能迅速自动切断电源，从而避免造成事故。漏电保护断路器按其检测故障信号的不同可分为电压型和电流型。下面介绍电磁式电流型漏电保护断路器。电磁式电流型漏电保护断路器由开关装置、试验回路、电磁式漏电脱扣器和零序电流互感器组成，其工作原理如图 1-57 所示。当电网正常运行时，不论三相负载是否平衡，通过零序电流互感器主电路的三相电流的相量和等于零，因此，其二次绕组中无感应电动势，漏电保护器也工作于闭合状态。一旦电网中发生漏电或触电事故，上述三相电流的相量和不再等于零，因为有漏电或触电电流通过人体和大地而返回变压器中性点，于是，互感器二次绕组中便产生感应电压加到漏电脱扣器上。当达到额定漏电动作电流时，漏电脱扣器就动作，推动开关装置的锁扣，使开关打开，分断主电路。

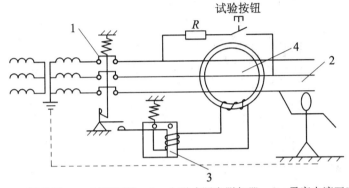

1—开关装置；2—试验回路；3—电磁式漏电脱扣器；4—零序电流互感器

图 1-57　电磁式电流型漏电保护断路器工作原理

2. 电磁铁

电磁铁是利用载流铁芯线圈产生的电磁吸力来操纵机械装置，以完成预期动作的一种电器。它是将电能转换为机械能的一种电磁元件。电磁铁主要由线圈、铁芯及衔铁三部分组成。铁芯和衔铁一般用软磁材料制成。铁芯一般是静止的，线圈总是装在铁芯上。开关电器的电磁铁的衔铁上还装有弹簧，如图 1-58 所示。

电磁铁的工作原理：当线圈通电后，铁芯和衔铁被磁化，成为极性相反的两块磁铁，它们之间产生电磁吸力。当吸力大于弹簧的反作用力时，衔铁开始向着铁芯方向运动。当线圈中的电流小于某一定值或中断供电时，电磁吸力小于弹簧的反作用力，衔铁将在反作用力的作用下返回原来的释放位置。

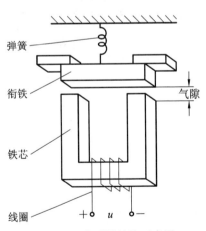

图 1-58　电磁铁结构示意图

3. 电磁阀

电磁阀的结构如图 1-59 所示。电磁线圈中如果没有电流，则无磁场存在，电枢不受磁力但受压力弹簧的推送。活塞中心杆是和电枢接在一起的，所以中心杆向下推，活塞锥即套进锥座，这样从进口到出口之间的通路即被堵塞。如果线圈中有电流通过，产生磁场，磁力将电枢向上推。电枢必须克服弹簧下推的力量，才能使中心杆和活塞锥离开锥座，从进口到出口的通道即可畅通。电磁阀都是双位置装置，即不是全开就是全关。

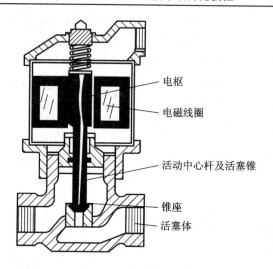

图 1-59　电磁阀结构示意图

电枢

电磁线圈

活动中心杆及活塞锥

锥座

活塞体

 习题与思考题

1. 什么是主令电器? 常用的主令电器主要有哪些? 控制按钮和行程开关有何异同?

2. 行程开关、万能转换开关及主令控制器在电路中各起什么作用?

3. 低压断路器有哪些功能? 它与熔断器有什么区别?

4. 刀开关的作用是什么? 刀开关在安装和接线时应注意什么?

5. 电磁铁和电磁阀的各自工作原理是什么?

项目二　基本电气控制电路的分析与接线

任务一　电气控制系统图的识读与设计

学习目标

(1) 了解电气控制系统图的定义、种类及用途；

(2) 熟悉电气图形符号和文字符号的国家标准及规定原则；

(3) 能正确识读电气原理图，并了解设计时的注意事项。

一、任务导入

电气控制系统是由许多电器元件按一定要求连接而成的。为了表达电气控制系统的结构、组成、原理等设计意图，同时也为了便于系统的安装、调试、使用和维修，将电气控制系统中的各电器元件的连接用一定的图形表达出来，这种图就称为电气控制系统图。常用的电气控制系统图有三种，即电气原理图、电器元件布置图和电气安装接线图。

二、相关知识

(一) 电气图形符号和文字符号

电气图示符号有图形符号、文字符号及回路标号等。电器元件的图形符号、文字符号必须采用最新国家标准，即 GB/T4728—1996～2000《电气图用图形符号》、GB6988—1993～2002《电气制图》、GB7159—1987《电气技术中的文字符号制定通则》及 GB4026—1992《电器设备接线端子和特定导线线端的识别及应用字母数字系统的通则》。

1. 图形符号

图形符号通常指用图样或其他文件表示一个设备或概念的图形、标记或字符。它由一般符号、符号要素、限定符号等组成：

(1) 一般符号。一般符号是用以表示某类产品或产品特征的一种简单符号。它们是各类元器件的基本符号，如一般电阻器、电容器的符号。

(2) 符号要素。符号要素是一种具有确定意义的简单图形，必须同其他图形组合以构成一个设备或概念的完整符号。如三相绕线式异步电动机是由定子、转子及各自的引线等几个符号要素构成的，这些符号要求有确切的含义，但一般不能单独使用，其布置也不一定与符号所表示的设备的实际结构相一致。

(3) 限定符号。限定符号是用以提供附加信息的一种加在其他符号上的符号。限定符号一般不能单独使用，但它可使图形符号更具多样性。如在电阻器一般符号的基础上分别加上不同的限定符号，则可得到可变电阻器、压敏电阻器、热敏电阻器等。

2．文字符号

文字符号适用于电气技术领域中文件的编制，也可表示在电气设备、装置和元器件上或其近旁，以标明电气设备、装置和元器件的名称、功能和特征。文字符号分为基本文字符号和辅助文字符号，要求用大写正体拉丁字母表示。

1) 基本文字符号

基本文字符号有单字母与双字母符号两种：单字母符号是用拉丁字母将各种电气设备、装置和元器件划分为 23 个大类，每一大类用一个专用单字母符号表示。如"C"代表电容器类，"M"代表电动机类。双字母符号是由一个表示种类的单字母符号与另一个字母组成的。组合形式要求单字母符号在前，另一个字母在后。如"M"代表电动机类，"MD"代表直流电动机。

2) 辅助文字符号

辅助文字符号是用以表示电气设备、装置和元器件以及线路的功能、状态和特征的符号。如"RD"表示红色，"L"表示限制等。辅助文字符号也可放在表示种类的单字母符号后边组成双字母符号，如"YB"表示电磁制动器，"SP"表示压力传感器等。辅助文字符号还可以单独使用，如"ON"表示接通，"N"表示中性线等。

3．主电路和控制电路各接点标记

1) 主电路各接点标记

三相交流电源引入线采用 L1、L2、L3 标记，中性线采用 N 标记。电源开关之后的三相交流电源主电路分别按 U、V、W 顺序标记。分级三相交流电源主电路采用三相文字代号 U、V、W 后加上阿拉伯数字 1、2、3 等来标记，如 U1、V1、W1，U2、V2、W2 等。

各电动机分支电路各接点标记，采用三相文字代号后面加数字来表示。数字中的个位数表示电动机代号，十位数表示该支路各接点的代号，从上到下按数字大小顺序标记。如 U11 表示 M1 电动机的第一相的第一个接点代号，U21 为第一相的第二个接点代号，依次类推。电动机绕组的首端分别用 U、V、W 标记，尾端分别用 U′、V′、W′ 标记，双绕组的中点则用 U″、V″、W″ 标记。

2) 控制电路接点标记

控制电路采用阿拉伯数字编号，一般由三位或三位以下的数字组成。标记方法按"等电位"原则进行。在垂直绘制的电路中，标号顺序一般由上而下编号，凡是被线圈、绕组、触点或电阻、电容等元件所间隔的线段，都应标以不同的电路标号。

(二) 电气原理图

电气原理图是用来表示电路中各电器元件的导电部件的连接关系和工作原理的，应根据简单、清晰的原则，采用电器元件展开的形式来绘制，而不按电器元件的实际位置来画，也不反映电器元件的大小。其作用是为了分析电路的工作原理，指导系统或设备的安装、调试与维修。下面以图 2-1 所示的电气原理图为例，介绍电气原理图的绘制原则、方法及注意事项。

1．电气原理图的绘制原则

(1) 电气原理图一般分主电路和辅助电路两部分。主电路是指从电源到电动机大电流通过的电路。辅助电路包括控制电路、照明电路、信号电路及保护电路等，它们由接触器和继电器的线圈、接触器的辅助触点、继电器触点、按钮、控制变压器、熔断器、照明灯、信号灯及控制开关等电器元件组成。

(2) 控制系统内的全部电机、电器和其他器械的带电部件，都应在原理图中表示出来。

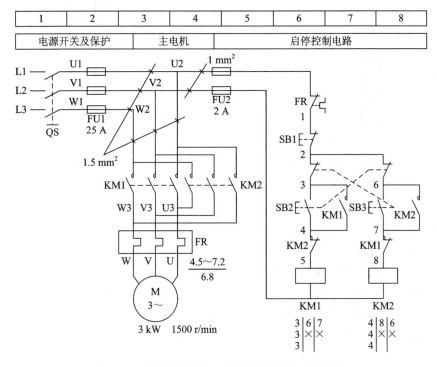

图 2-1　三相笼型异步电动机可逆运行电气原理图

(3) 原理图中各电器元件不画实际的外形图，而采用国家规定的统一标准，图形符号、文字符号也要符合国家标准规定。

(4) 原理图中各电器元件和部件在控制电路中的位置，应根据便于阅读的原则安排。同一电器元件的各个部件可以不画在一起，但必须采用相同的文字符号标明。

(5) 图中各元器件和设备的可动部分，都按没有通电和没受外力作用时的自然状态画出。例如，接触器、继电器的触点，按吸引线圈不通电状态画；控制器按手柄处于零位时的状态画；按钮、行程开关等触点按不受外力作用时的状态画。

(6) 原理图应布局合理、排列均匀，便于阅读；原理图可以水平布置，也可以垂直布置。

(7) 电器元件应按功能布置，具有同一功能的电器元件应集中在一起，并按动作顺序从上到下，从左到右依次排列。

(8) 原理图中有直接电联系的导线连接点，用黑圆点表示；无直接电联系的导线交叉点不画黑圆点，但应尽量避免线条的交叉。

2．图幅分区及符号位置索引

为了便于确定原理图内容和各组成部分的位置，方便阅读，往往需要将图面划分为若干区域。图幅分区的方法：在图的边框处，竖边方向用大写拉丁字母编号，横边方向用阿拉伯数字编号，编号顺序应从左上角开始。图幅分区示例如图 2-2 所示。

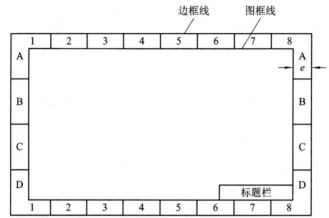

注：e 表示图框线与边框线的距离，A0、A1 号图纸为 20 mm，A2~A4 号图纸为 10 mm。

图 2-2　图幅分区示例

在具体使用时，对水平布置的电路，一般只需标明行的标记；对垂直布置的电路，一般只需标明列的标记；复杂的电路才采用组合标记。如图 2-1 中，只标明了行的标记。

另外，在图区编号的下侧一般还设有用途栏，该栏用文字注明对应的下方电路或元件的功能，以利于理解全电路的工作原理。

由于接触器、继电器的线圈和触点在电气原理图中不是画在一起的，为了便于阅读，在接触器、继电器线圈的下方画出其触点的索引表，阅读时可以通过索引表方便地在相应的图区找到其触点。如图 2-1 中的 KM1、KM2。对于接触器，索引表有 3 栏，有主触点、辅助常开和常闭触点图区号。各栏的含义如表 2-1 所示。

表 2-1　接触器索引表

左　栏	中　栏	右　栏
主触点所在图区号	辅助常开触点所在图区号	辅助常闭触点所在图区号

对于继电器，索引表只有两栏，有常开、常闭触点图区号。各栏的含义如表 2-2 所示。

表 2-2　继电器索引表

左　栏	右　栏
常开触点所在图区号	常闭触点所在图区号

3．电气原理图中技术数据的标注

电气原理图中各电器元件的相关数据及型号，一般在电器元件文字符号的下方标注出来。如图 2-1 中热继电器 FR 下方标注的数据，表示热继电器的动作电流值为 4.5~7.2 A 和整定电流值为 6.8 A；图中连接导线上的 1 mm² 、1.5 mm² 字样表示该导线的截面积。

(三) 电器元件布置图

电器元件布置图主要是用来表明电气设备上所有电器元件的实际位置，为设备的安装及维修提供必要的资料。布置图可根据系统的复杂程度集中绘制或分别绘制。常用的有电气控制箱中的电器元件布置图和控制面板布置图等。

(四) 电气安装接线图

电气安装接线图主要用于电器的安装接线、线路检查、维修和故障处理。通常接线图与电气原理图及元件布置图一起使用。接线图中需表示出各电器项目的相对位置、项目代号、端子号、导线号和导线型号等内容。图中的各个项目(如元件、部件、组件、成套设备等)可采用其简化外形(如正方形、矩形、圆形)表示，简化外形旁应标注项目代号，并与电气原理图中的标注一致。

(五) 阅读和分析电气原理图的方法

在阅读和分析电气控制原理图之前，必须先了解设备的主要结构、运动形式、电力拖动形式、控制要求、电机和电器元件的分布状况等内容。常用的分析方法有查线读图法和逻辑代数法两种。

1．查线读图法

(1) 了解电气图的名称及用途栏中的有关内容。凭借有关的电路基础知识，对该电气图的类型、性质和作用等内容有大致了解。

(2) 从主电路入手，通常从下往上看，即从电动机和电磁阀等执行元件开始，经控制元件，顺次往电源看。要搞清执行元件是怎样从电源取电的，电源是经过哪些元件到达负载的。

(3) 通过主电路中控制元件的文字符号，在控制电路中找到有关的控制环节及环节间的联系。

(4) 在控制电路中从左到右看各条回路，分析各回路元器件的工作情况及对主电路的控制，搞清回路功能，各元件间的联系(如顺序、互锁等)，控制关系和回路通断的条件等。

(5) 检查各个辅助电路，看是否有遗漏，包括电源显示、工作状态显示、照明和故障报警等部分，从整体上理解各控制环节之间的联系，理解电路中每个元件所起的作用。

2．逻辑代数法

由接触器、继电器组成的控制电路中，电器元件只有两种状态，线圈通电或断电，触点闭合或断开。在逻辑代数中，变量只有"1"和"0"两种取值。因此，可以用逻辑代数来描述这些电器元件在电路中所处的状态和连接方法。

1) 电器元件的逻辑表示

电器元件的逻辑表示一般规定如下：继电器、接触器线圈通电状态为"1"、断电状态为"0"，继电器、接触器、按钮、行程开关等电器元件触点闭合时状态为"1"，断开时状态为"0"。元件线圈、常开触点用原变量表示，如接触器用 KM、继电器用 K、行程开关用 SQ 等, 而常闭触点用反变量表示, 如 $\overline{KM}$、$\overline{K}$、$\overline{SQ}$ 等。若元件状态为"1", 则表示线圈通电、常开触点闭合或常闭触点断开; 若元件为"0"状态, 则相反。

2) 电路的逻辑表示

电路中, 触点的串联关系可用逻辑"与"表示, 即逻辑乘(·); 触点的并联关系用逻辑"或"表示, 即逻辑加(+)。图 2-3 所示是一个电动机启停控制电路。停止按钮为 SB1, 启动按钮为 SB2, 其接触器(KM)线圈的逻辑式为

$$f(KM) = \overline{SB1} \cdot (SB2 + KM)$$

按下 SB2 时, 则 SB2=1, 由于 SB1=1, 所以 $f(KM)=$ $1 \times (1+KM)=1$, 即线圈 KM 通电。当松开 SB2 后, 则 $f(KM)=1 \times (0+1)=1$, 线圈仍然处于通电状态。需要说明的是, 实际电路的逻辑关系往往比本例复杂得多, 但都是

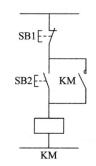

图 2-3　电动机启停控制电路

以"与"、"或"、"非"为基础的。有些复杂电路, 通过对其逻辑表达式的化简, 可使线路得到简化。

(六) 设计电路时的注意事项

(1) 设计电气原理图时, 要考虑工程施工的要求。例如, 图 2-4 所示的双控电路, 图 2-4(b)与图 2-4(a)相比, 具有节省连接导线、可靠性高的优点。

(2) 减少控制触点, 提高可靠性。例如图 2-5 所示的控制电路: 图 2-5(a)的电路中, 继电器线圈电流需要依次流过多个触点; 图 2-5(b)所示的控制电路每一个继电器线圈电流仅流过一个触点, 可靠性更高。

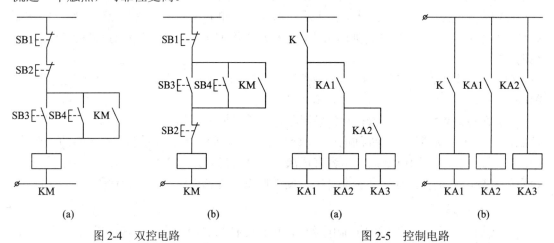

图 2-4　双控电路　　　　　　　　　　　图 2-5　控制电路

(3) 防止出现竞争现象。例如: 图 2-6(a)所示为反身自停电路, 存在电气导通的竞争现象。图 2-6(b)所示为无竞争的反身自停电路。

(4) 在控制电路中应该避免出现寄生电路。寄生电路是指在电路动作过程中意外接通的电路, 例如图 2-7 所示的具有指示灯 HL 和热保护的正反向电路, 电路正常工作时, 能完成正反向启动、停止和信号指示。当热继电器 FR 动作时, 电路就出现了寄生电路, 如图 2-7 中虚线所示, 使正向接触器 KM1 不能有效释放, 起不了保护作用。

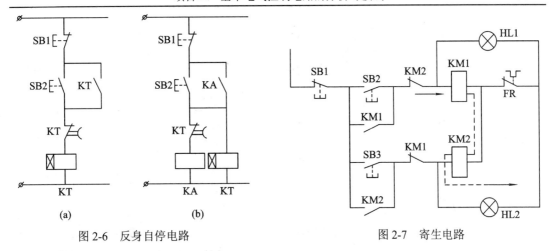

图 2-6　反身自停电路　　　　　　　　　　图 2-7　寄生电路

(5) 尽可能减少电器数量，采用标准件和相同型号的电器。

(6) 在频繁操作的可逆电路中，正反向接触器之间不仅要有电气联锁，而且还有机械联锁。

(7) 设计的线路应适用于所在电网的质量和要求。

(8) 在线路中采用小容量继电器触点来控制大容量接触器的线圈。

(9) 要有完善的保护措施。常用的保护措施有漏电流、短路、过载、过电流、过电压、失电压等保护环节，有时还应设有合闸、断开、事故、安全等必需的指示信号。

三、拓展知识：电气控制系统设计应用举例

通过下面的例子来说明如何用经验设计法来设计控制电路。

例题：某机床有左、右两个动力头，用以铣削加工，它们各由一台交流电动机拖动；另外有一个安装工件的滑台，由另一台交流电动机拖动。加工工艺是在开始工作时，要求滑台先快速移动到加工位置，然后自动变为原速度进给，进给到指定位置自动停止，再由操作者发出指令使滑台快速返回，回到原位后自动停车。要求两动力头电动机在滑台电动机正向启动后启动，而在滑台电动机正向停车时也停车。

1. 主电路设计

动力头拖动电动机只要求单方向旋转，为使两台电动机同步启动，可用一只接触器 KM3 控制。滑台拖动电动机需要正转、反转，可用两只接触器 KM1、KM2 控制。滑台的快速移动由电磁铁 YA 改变机械传动链来实现，由接触器 KM4 来控制(见图 2-8)。

2. 控制电路设计

滑台电动机的正转、反转分别用两个按钮 SB1 与 SB2 控制，停车则分别用 SB3 与 SB4 控制。由于动力头电动机在滑台电动机正转后启动，停车时也停车，故可用接触器 KM1 的常开辅助触点控制 KM3 的线圈，如图 2-8(a)所示。滑台的快速移动可采用电磁铁 YA 通电时，改变凸轮的变速比来实现。滑台的快速前进与返回分别用 KM1 与 KM2 的辅助触点控制 KM4，再由 KM4 触点去通、断电磁铁 YA。滑台快速前进到加工位置时，要求慢速进给，因而在 KM1 触点控制 KM4 的支路上串联限位开关 SQ3 的常闭触点。此部分的辅助电路如图 2-8(b)所示。

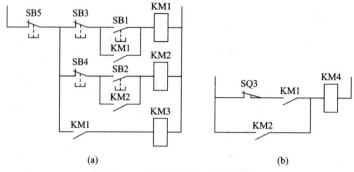

图 2-8　控制电路初步电路图

3．联锁与保护环节设计

用限位开关 SQ1 的常闭触点控制滑台慢速进给到位时的停车；用限位开关 SQ2 的常闭触点控制滑台快速返回至原位时的自动停车。接触器 KM1 与 KM2 之间应互相联锁，三台电动机均应用热继电器作过载保护(见图 2-9)。

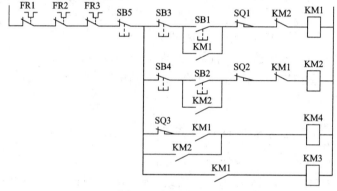

图 2-9　控制电路图

4．电路的完善

电路初步设计完后，可能还有不够合理的地方，因此需仔细校核。该电路一共用了三个 KM1 的常开辅助触点，而一般的接触器只有两个常开辅助触点。因此，必须进行修改。从电路的工作情况可以看出，KM3 的常开辅助触点完全可以代替 KM1 的常开辅助触点去控制电磁铁 YA，修改后的辅助电路如图 2-10 所示。

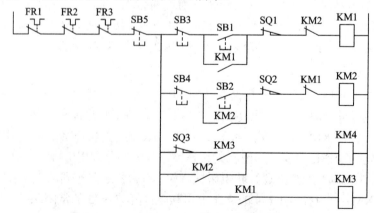

图 2-10　控制电路的辅助图

习题与思考题

1．什么是电气控制系统图?它有哪些种类?
2．简述电气图的图形文字符号的含义。
3．电气原理图绘制的基本原则是什么?
4．查线读图法是按什么步骤读图的?
5．电气控制电路图设计有哪些基本内容?
6．电气控制电路图设计有哪些注意事项?

任务二　三相笼型异步电动机直接启动控制

学习目标

(1) 掌握点动、连续运转控制电路的组成，并能讲述线路的工作原理;
(2) 掌握多地控制、顺序控制电路的组成，并能讲述线路的工作原理;
(3) 能根据电路图正确安装与调试三相笼型异步电动机直接启动控制电路。

一、任务导入

某三相笼型异步电动机控制要求：按下启动按钮，电动机连续工作，按下停止按钮，电动机停转。控制系统要求有短路保护、过载保护、失电压及欠电压等保护措施。

二、相关知识

在电力拖动系统中，启、停控制是最基本的、最主要的一种控制方式。三相笼型异步电动机的启动有直接启动和减压启动。直接启动就是通过开关或接触器将额定电压直接加在电动机的定子绕组上，因此又称全压启动。直接启动所用电气设备少、电路简单;但启动电流为额定值的 4～7 倍。过大的启动电流易使电机过热，加速老化，缩短使用寿命，并且会使电网产生很大电压降而影响其他设备的稳定运行。因此功率较大的电动机，需采用降压启动，以减小启动电流。一般功率小于 10 kW 的电动机常采用直接启动。功率大于 10 kW 的三相笼型异步电动机是否可以采用直接启动，可按经验公式判断。若满足下式，即可直接启动：

$$\frac{I_{ST}}{I_N} \leq \frac{3}{4} + \frac{电源容量(kV \cdot A)}{4 \times 电动机额定功率(kW)}$$

式中：I_{ST}——电动机直接启动电流(A);

I_N——电动机额定电流(A)。

(一) 电动机单相点动控制电路

1. 电路组成

图 2-11 为三向笼型异步电动机单相点动控制电路。主电路由隔离开关 QS、熔断器

FU1、接触器 KM 的常开主触点与电动机 M 构成。FU1 作电动机 M 的短路保护。控制电路由按钮 SB、熔断器 FU2、接触器 KM 的线圈构成。FU2 作控制电路的短路保护。

2. 工作原理

合上电源开关 QS，引入三相电源，按下点动按钮 SB，接触器 KM 线圈得电吸和，KM 的主触点闭合，电动机 M 因接通电源便启动运转。松开按钮 SB，按钮就在自身弹簧的作用下恢复到原来断开的位置，接触器 KM 的线圈失电释放，KM 的主触点断开，电动机失电停止运转。这种按下按钮，电动机转动，松开按钮，电动机停转的控制称为点动控制，相应的电路称为点动控制电路，它能实现电动机的短时转动，常用于机床的工位、刀具的调整和"电动葫芦"等。

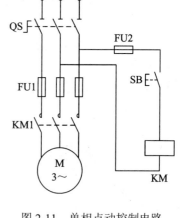

图 2-11　单相点动控制电路

(二) 单相自锁控制电路

如果要使上述点动控制电路中的电动机长期运行，就必须用手始终按住启动按钮 SB，这显然是不行的。为了实现电动机的连续运行，需要将接触器的一个辅助动合触点并联在启动按钮的两端，同时为了可以让电动机停止，在控制电路中再串联一个停止按钮，如图 2-12 所示，这就构成了电动机连续运行控制电路，又称具有自锁控制的电动机连续运行控制电路。

1. 电路组成

电路分为两部分：主电路由刀开关 QS、熔断器 FU1、接触器 KM 的主触点、热继电器 FR 的热元件组成；控制电路由按钮 SB1 和 SB2、热继电器 FR 常闭触点、熔断器 FU2 及接触器 KM 的线圈和常开辅助触点 KM 组成。

2. 工作原理

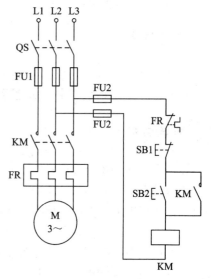

图 2-12　单相自锁控制电路

合上刀开关 QS 引入三相电源，按下启动按钮 SB2，交流接触器 KM 电磁线圈通电，KM 的主触点闭合，电动机因接通电源直接启动运转。同时，与 SB2 并联的 KM 辅助触点闭合，即使把手松开，SB2 自动复位时，接触器 KM 的线圈仍可通过接触器 KM 的常开辅助触点使接触器线圈继续通电，从而保证电动机的连续运行。这种依靠接触器自身辅助触点而使其线圈保持通电的现象称为自锁或自保持。这个起自锁作用的辅助触点称为自锁触点。要使电动机 M 停止运转，只要按下停止按钮 SB1，将控制电路断开即可。这时接触器 KM 线圈断电，KM 主触点和自锁触点均恢复到断开状态，电动机脱离电源停止运转。松开停止按钮 SB1 后，SB1 在复位弹簧的作用下恢复闭合状态，此时控制电路已经断开，只有再按下启动按钮 SB2，电动机才能重新启动运转。

3．电路的保护环节

(1) 短路保护：熔断器 FU1、FU2 分别实现对主电路和控制电路的短路保护。

(2) 过载保护：热继电器 FR 具有过载保护作用。使用时，将热继电器的热元件接在电动机的主电路中作检测元件，用以检测电动机的工作电流，而将热继电器的常闭触点接在控制电路中。当电动机出现长期过载或严重过载时，热继电器动作，其常闭触点断开，切断控制电路，接触器 KM 线圈断电释放，电动机停转，实现过载保护。

(3) 欠电压和失电压保护。自锁控制的另一个作用是能实现失电压和欠电压保护。在图 2-5 中，如果电网断电或电网电压低于接触器的释放电压，接触器将因吸力小于反力而使衔铁释放，主触点和自锁触点均断开，电动机断电的同时也断开了接触器线圈的供电电路。此后即使电网供电恢复正常，电动机及其拖动的机构也不会自行启动。这种保护一方面可防止在电源电压恢复时，电动机突然启动而造成设备和人身事故，实现了失电压保护；另一方面又可防止电动机在低压下运行，实现了欠电压保护。

(三) 连续运行与点动的联锁控制

在生产实际中，经常要求控制电路既能点动控制又能连续运行。图 2-6 所示是三种既能连续运行又能实现点动操作的控制电路，它们的主电路相同，控制电路不同。下面介绍电路的工作原理：

图 2-13(a)是在自锁电路中串联一个开关 S，控制过程：合上电源开关 QS，需要点动工作时，断开开关 S，通过按动 SB2，实现点动控制；需要连续运行时，合上开关 S，按一下 SB2，接触器 KM 得电并自锁，电动机得电连续运行，需要停车时，断开开关 S，断开自锁支路，KM 失电，电动机停车。

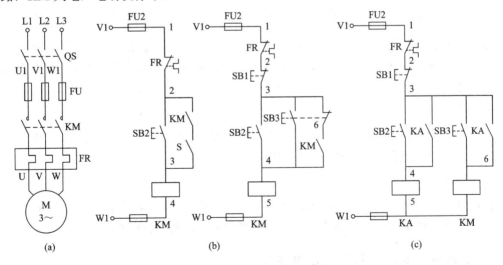

图 2-13　连续与点动控制电路

图 2-13(b)所示是采用复合按钮实现点动的线路，图中 SB1 为停车按钮，SB2 为连续运行启动按钮，复合按钮 SB3 作点动按钮，将 SB3 的动断触点作为联锁触点串联在接触器 KM 的自锁触点支路中。当需要电动机连续运行时，启动按下 SB2，停车按下 SB1。当需

要点动运行时，按下 SB3，在按下 SB3 的过程中，SB3 的常闭触点先断开，切断接触器的自锁支路，然后 SB3 的常开触点才闭合，接触器 KM 得电，KM 主触点闭合，电动机得电运行；一松开 SB3，SB3 的常闭触点先断开，使接触器 KM 断电，电动机断电，而后 SB3 的常开触点才复位闭合，由于此时 KM 已断电复位，自锁触点已经断开，所以 SB3 的常闭触点闭合时，电动机不会得电，从而实现了点动控制。

图 2-13(c)是通过中间继电器实现点动的线路，图中控制电路中增加了一个点动按钮 SB3 和一个中间继电器 KA。连续运行用 SB2、KA 控制，点动运行用 SB3 控制，停车用 SB1 控制。

以上三种控制电路各有优、缺点，图 2-13(a)比较简单，由于连续与点动都是用同一按钮 SB2 控制的，所以如果疏忽了开关 S 的操作，就会引起混淆。图 2-13(b)虽然将连续与点动按钮分开了，但当接触器铁芯因剩磁而发生缓慢释放时，就会使点动控制变成连续控制。例如，在松开 SB3 时，它的常闭触点应该是在 KM 自锁触点断开后才闭合，如果接触器发生缓慢释放，KM 自锁触点还未断开，SB3 的常闭触点已经闭合，KM 线圈就不再断电，因而变成了连续控制。在某些应用中，这是十分危险的。所以这种控制电路虽然简单却并不可靠。图 2-13(c)多用了一个中间继电器 K，相比之下虽不够经济，然而可靠性却大大提高了。

三、任务实施(接线与调试)

1. 所需元件和工具

铁质网孔控制板(1 块)、交流接触器(1 个)、熔断器(5 个)、热继电器(1 个)、按钮(2 个)、接线端子排、塑料线槽、导线、号码管、三相电动机(1 台)、万用表(1 块)、电工常用工具(1 套)等。

2. 电气安装接线

查看各元器件质量情况，详细观察各电气元件外部结构，了解其使用方法，并进行安装。按图示 2-5 所示正确连接电路，按照从上到下，从左到右、先连接主电路、再连接控制电路的顺序进行接线。

3. 电路检查

对照电路图检查电路是否有掉线、错线，接线是否牢固。学生自行检查和互检，确认电路正确，无安全隐患，经老师检查后方可通电实验。

4. 调试试验

接通总电源，合上组合开关，分别压下点动按钮和长动按钮，观察电动机的动作情况，松开点动按钮，观察电动机的动作情况。断开组合开关，断开总电源。

四、拓展知识：多地控制与顺序控制

1. 多地控制

在大型生产设备上，为使操作人员在不同的方位均能进行操作，常常要求电路可进行多地控制。图 2-14 所示为三地控制电路，图中 SB2、SB4、SB6 为启动按钮，SB1、SB3、

SB5 为停止按钮，分别安装在三个不同的地方。在任一地点按下启动按钮，KM 线圈都能通电并自锁；而在任一地点按下停止按钮，KM 线圈都会断电。从图中可以看出，实现多地控制时，启动按钮应并联，停止按钮应串联。

2. 顺序控制

在生产实际中，有些设备常常要求多台电动机按一定的顺序实现启动和停止。例如，车床主轴转动时，要求油泵先给润滑油，主轴停止后，油泵方可停止润滑，即要求油泵电动机先启动，主轴电动机后启动，主轴电动机停止后，才允许油泵电动机停止。图 2-15 就是实现该过程的控制电路。

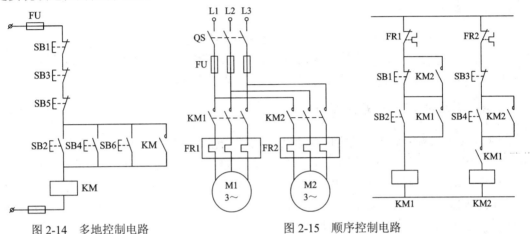

图 2-14　多地控制电路　　　　　　图 2-15　顺序控制电路

 习题与思考题

1．三相笼型异步电动机在什么条件下可以直接启动？

2．电气图中 QS、FU、KM、KA、KT、SB、SQ 分别表示什么电器元件？

3．说明自锁控制电路与点动控制电路的区别。

4．简述点动/连续运行控制电路的工作原理。

5．中间继电器和接触器有哪些区别？

6．试设计一个采取两地操作的既可点动又可连续运行的控制电路。

任务三　三相异步电动机的可逆运转控制

学习目标

(1) 了解三相异步电动机改变旋转方向的方法；

(2) 了解手动开关可逆运转控制电路的组成，并能讲述线路的工作原理；

(3) 掌握接触器互锁、双重互锁控制电路的组成，并能讲述线路的工作原理；

(4) 掌握行程控制电路的组成，并能讲述线路的工作原理；

(5) 学会电动机可逆运转控制电路的接线、调试及排除故障的方法。

一、任务导入

某三相笼型异步电动机控制要求：按下正转启动按钮，电动机连续正转工作；按下反转启动按钮，电动机连续反转工作，并且正反转可以直接转换；按下停止按钮，电动机停转。控制系统要求有完善的短路保护、过载保护、失电压及欠电压保护措施。试制作其控制电路。

二、相关知识

有许多生产机械要求具有上下、左右、前后等相反方向的运动，例如机床工作台的前进和后退，电梯的上升和下降等，这就要求电动机能够正、反向运转。对三相异步电动机来说，要实现正反转控制，只要改变接入电动机三相电源的相序即可。

（一）手动开关可逆运转控制电路

图 2-16 所示为用转换开关实现电动机的可逆运转控制电路。图中转换开关 SA 有 4 对触点、3 个工作位置。当 SA 置于上、下方不同位置时，通过其触点改变三相电源的相序，从而改变电动机的旋转方向。本控制电路是利用转换开关 SA 预选电动机的旋转方向，然后再由接触器 KM 控制电动机的启动与停止。由于采用接触器控制电动机，故可实现过载保护并具有欠电压与失电压保护功能。

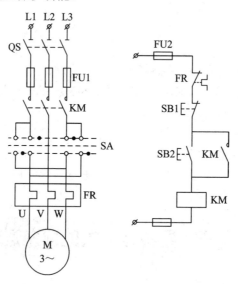

图 2-16　转换开关可逆运转控制电路

（二）接触器互锁控制电路

图 2-17 为实现三相异步电动机可逆运转的控制电路。图中 KM1 为正转接触器，KM2 为反转接触器。在图 2-17(a)所示线路中，当按下正转启动按钮 SB2，KM1 线圈通电并自锁，电动机正转；按下反转启动按钮 SB3，KM2 线圈通电并自锁，电动机反转。但若在电动机

正转运行时，又按下反转启动按钮 SB3，KM2 线圈也能通电并自锁，这时 KM1 与 KM2 主触点都闭合，将会使主电路发生两相电源短路事故。

图 2-17(b)所示线路能避免上述事故的发生。它将接触器 KM1 与 KM2 常闭触点分别串接在对方线圈电路中，形成相互制约的控制，称为互锁或联锁控制。这种利用接触器(或继电器)常闭触点的互锁称为电气互锁。当按下正转启动按钮 SB2 时，KM1 线圈通电，主触点闭合，电动机正转；同时其常闭辅助触点断开，切断反转接触器 KM2 线圈电路。这时即使按下反转启动按钮 SB3，KM2 线圈也不能通电。要使电动机反转，必须先按下停止按钮 SB1，使 KM1 线圈断电释放，再按下 SB3 才能实现。此线路保证了接触器不能同时通电，但也使正反转切换不够方便。

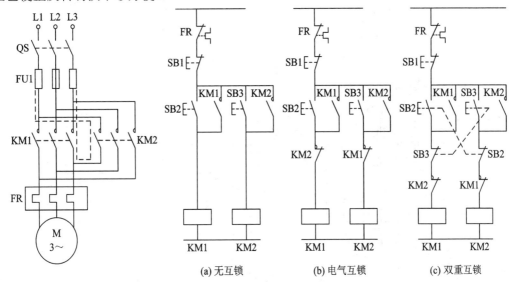

(a) 无互锁　　(b) 电气互锁　　(c) 双重互锁

图 2-17　三相异步电动机可逆运转控制电路

(三) 双重互锁控制电路

图 2-17(c)所示线路可实现电动机正反转的直接转换。它是将正、反转启动按钮的常闭触点串入对方接触器线圈电路中的一种互锁控制，这种互锁称为按钮互锁或机械互锁。这样，当电动机由正转变为反转时，只需按下反转启动按钮 SB3，便会通过 SB3 的常闭触点使 KM1 线圈断电，KM1 的电气互锁触点闭合，KM2 线圈通电，从而实现电动机反转。

图 2-17(c)线路中既有电气互锁，又有机械互锁，所以称为具有双重互锁的电动机正反转控制电路。如果线路中只采用机械互锁，也能实现电动机正反转的直接转换，但可能会发生电源短路事故。例如，正转接触器 KM1 主触点发生熔焊现象时，再按下反转按钮 SB3，主电路中就会发生电源短路。所以在电力拖动控制系统中普遍使用双重互锁的电动机正反转控制电路，以提高控制的可靠性。

(四) 行程控制电路

在生产中，某些机床的工作台需要自动往复运行。自动往复运行通常是利用行程开关来检测往复运动的相对位置，进而控制电动机的正反转(或电磁阀的通断)来实现的。

图 2-18 为机床工作台自动往复运动示意图。行程开关 SQ1、SQ2 分别安装在床身两端，用来反映加工的终点与起点。撞块 A 和 B 固定在工作台上，跟随工作台一起移动，分别压下 SQ1、SQ2，来改变控制电路的通断状态，由此实现电动机的正反向运转，从而实现工作台的自动往复运动。SQ3 为反向极限保护开关，SQ4 为正向极限保护开关。图 2-19 是自动往复行程控制电路。图中 SQ1 为反向转正向行程开关，SQ2 为正向转反向行程开关。

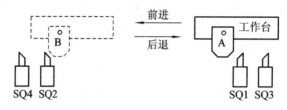

图 2-18　工作台自动往复运动示意图

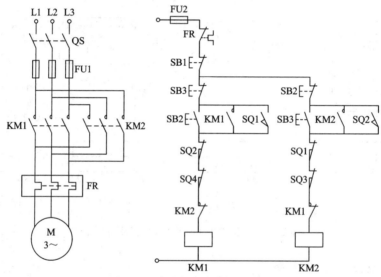

图 2-19　自动往复行程控制电路

电路工作原理如下：

合上电源开关 QS，按下正转启动按钮 SB2，KM1 线圈通电并自锁，电动机正转，工作台前进。当前进到位时，撞块 B 压下 SQ2，其常闭触点断开、常开触点闭合，使 KM1 线圈断电、KM2 线圈通电并自锁，电动机由正转变为反转，工作台后退。当后退到位时，撞块 A 压下 SQ1，使 KM2 断电、KM1 通电并自锁，电动机由反转变为正转，工作台又前进，如此周而复始自动往复工作。按下停止按钮 SB1，电动机停止，工作台停止运动。当行程开关 SQ1 或 SQ2 失灵时，则由极限保护开关 SQ3 或 SQ4 实现保护，避免工作台因超出极限位置而发生事故。

三、任务实施

1. 所需元件和工具

铁质网孔控制板(1 块)、交流接触器(2 个)、熔断器(5 个)、热继电器(1 个)、电源隔离开关(1 个)、按钮(3 个)、接线端子排、塑料线槽、导线、号码管、三相电动机(1 台)、万用表(1 块)、电工常用工具(1 套)等。

2. 电路安装接线图

根据三相异步电动机可逆运转控制电路原理图(见图 2-12)画出电路安装接线图，如图 2-20 所示。

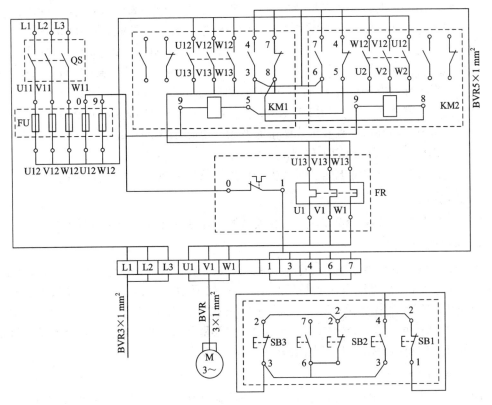

图 2-20　电动机可逆运转的安装接线图

3. 电路安装

电路安装的步骤如下：

(1) 安装电器与线槽。

(2) 电路接线。在按图 2-15 连接电路时，要注意主电路中 KM1 和 KM2 的相序连接。另外，两只接触器主触点端子之间的连线可以直接在主触点高度的平面内走线，不必向下贴近安装底板，以减少导线的弯折。控制电路中要注意 KM1、KM2 的辅助常开和辅助常闭触点的连接以及按钮互锁触点的连接。

4. 电路检查

1) 主电路的检查

在图 2-20 电路中，拔去控制电路的熔断器，用万用表表笔分别测量 U11—V11、V11—W11、U11—W11 之间的电阻，结果均应该为断路。分别按下 KM1、KM2 的触点架，均应测得电动机各相绕组的阻值。检查电源换相通路，两支表笔分别接 U11 端子和接线端子板上的

U1 端子，按下 KM1 的触点架时应测得短路；松开 KM1 而按下 KM2 触点架时，应测得电动机绕组的电阻值。用同样的方法测量 V11—V1、W11—W1 之间的通路。

2) 控制电路的检查

装上控制电路的熔断器，将万用表表笔接在 U3、W3 处应测得断路。按下 SB2，应测得 KM1 线圈的电阻值；同时再按下 SB1，万用表应显示线路由通变断。这样是检查正转停车控制电路，用同样的方法可以检查反转停车控制电路。按下 KM1 触点架，应测得 KM1 线圈的电阻值，说明自锁回路正常。用同样的方法检测 KM2 线圈的自锁回路。

检查电气互锁线路，按下 SB2 或 KM1 触点架，测得 KM1 线圈电阻值后，再同时按下 KM2 触点架使其常闭触点分断，万用表应显示线路由通变断，说明 KM2 的电气互锁触点工作正常。用同样的方法检查 KM1 对 KM2 的互锁作用。

检查按钮互锁线路，按下 SB2 或 KM1 触点架，测得 KM1 线圈电阻值后，再同时按下反转启动按钮 SB3，万用表应显示线路由通变断，说明 SB3 的互锁触点工作正常。用同样的方法检查 SB2 的互锁触点的工作情况。

按前述的方法检查热继电器的过载保护作用，然后使热继电器触点复位。

5. 通电试验

完成上述各项检查后，清理好工具和安装板，在指导教师的监护下试车。

1) 不带电动机试验

拆下电动机接线，合上刀开关 QS。检查正—反—停、反—正—停的操作。按一下 SB2，接触器 KM1 应立即得电动作并能保持吸合状态；按下 SB3，KM1 应立即释放，将 SB3 按到底后松开，KM2 动作并保持吸合状态；按下 SB2，KM2 应立即释放，将 SB2 按到底后松开，KM1 动作并保持吸合状态；按下 SB1，接触器释放，操作时注意听接触器动作的声音，检查互锁按钮的动作是否可靠，操作按钮时，速度放慢一些。

2) 带电动机试验

切断电源后，接好电动机，再合上刀开关试验。操作方法同不带电动机试验。注意观察电动机启动时的转向和运行声音，如有异常立即停车检查。

习题与思考题

1. 什么是欠电压与失电压保护？用接触器与按钮控制的电路是如何实现欠电压与失电压保护的？

2. 什么是自锁？什么是互锁？在正、反转控制电路中，为什么要采用双重互锁？

3. 实现电动机正、反转互锁控制的方法有哪两种？

任务四　三相笼型异步电动机的降压启动控制

学习目标

(1) 了解三相笼型异步电动机降压启动的方法、特点及使用条件；

(2) 了解定子串电阻降压启动控制电路的组成，并能讲述线路的工作原理；

(3) 掌握 Y-△降压启动控制电路的组成，并能讲述线路的工作原理；

(4) 掌握自耦变压器降压启动控制电路的组成，并能讲述线路的工作原理；

(5) 学会电动机 Y-△降压启动控制电路的接线、调试及故障的排除。

一、任务导入

某三相笼型异步电动机控制要求：按下启动按钮，电动机绕组接成星形降压启动运行，待转速接近额定转速时，自动将绕组换接成三角形全压正常运行；按下停止按钮，电动机停转。控制系统要求有完善的短路保护、过载保护、失电压及欠电压保护措施。试制作其控制电路。

二、相关知识

较大容量的三相笼型异步电动机因启动电流较大，一般都采用降压启动。所谓降压启动，是指启动时降低加在电动机定子绕组上的电压，待电动机启动后，再将电压恢复到额定值，并在额定电压下运行。常用的降压启动方法有定子串电阻降压启动、Y-△降压启动和自耦变压器降压启动。

(一) 定子串电阻降压启动控制电路

图 2-21 是定子串电阻降压启动控制电路。电动机启动时在定子绕组中串入电阻，使定子绕组上的电压降低，电流减小，启动结束后，再将电阻切除，使电动机在额定电压下运行。

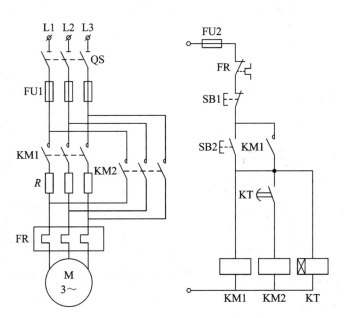

图 2-21　定子串电阻降压启动控制电路

电路工作原理如下:

当合上刀开关 QS, 按下启动按钮 SB2 时, KM1 通电并自锁, 电动机串入电阻 R 启动; 同时通电延时型时间继电器 KT 通电开始定时, 当达到 KT 的整定值时, 其延时闭合的动合触点闭合, 使 KM2 通电吸合; KM2 主触点闭合, 将启动电阻 R 短接, 电动机全压运行。该线路正常工作时, KM1、KM2、KT 均工作。启动结束后只需 KM2 工作, 而 KM1 和 KT 只在启动时短时工作, 这样既可减少能量损耗, 又能延长接触器和继电器的使用寿命。请读者自行设计满足此要求的控制电路。

定子串电阻降压启动方法由于不受电动机接线方式的限制, 设备简单, 因此常用于中小型生产机械中。对于大容量电动机, 由于所串电阻能量消耗大, 一般改用串接电抗器实现降压启动。另外, 由于串电阻(电抗器)启动时, 加到定子绕组上的电压一般只有直接启动时的一半, 因此其启动转矩只有直接启动时的 1/4。所以定子串电阻(电抗器)降压启动方法, 只适用于启动要求平稳、启动次数不频繁的空载或轻载启动。

(二) Y-△降压启动控制电路

对于正常运行时定子绕组接成三角形的笼型异步电动机, 均可采用 Y-△降压启动方法, 以达到限制启动电流的目的。启动时, 定子绕组先接成星形, 此时加在电动机定子绕组的电压是相电压, 待转速上升到接近额定转速时, 再将定子绕组换接成三角形, 电动机便进入全压正常运行。图 2-22 为 Y-△降压启动控制电路。当合上刀开关 QS, 按下启动按钮 SB2 时, KM1、KM3、KT 线圈同时通电并自锁, 电动机接成星形启动, 同时时间继电器开始定时。当电动机转速接近额定转速时, KT 动作, KT 的常闭触点断开, KM3 线圈断

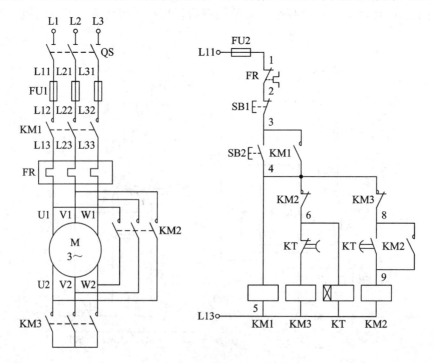

图 2-22　Y-△降压启动控制电路

电，其主触点断开；同时 KT 的常开触点闭合，KM2 线圈通电并自锁，其主触点闭合，使电动机接成三角形全压运行。当 KM2 通电吸合后，KM2 常闭触点断开，使 KT 线圈断电，避免时间继电器长期工作。KM2、KM3 常闭触点实现互锁控制，防止星形和三角形同时接通造成电源短路。

三相笼型异步电动机 Y-△降压启动具有投资少、线路简单的优点；但是在限制启动电流的同时，启动转矩只有直接启动时的 1/3，因此，它只适用于空载或轻载启动的场合。

(三) 自耦变压器降压启动控制电路

自耦变压器降压启动是将自耦变压器的一次侧接电源，二次侧低压接定子绕组。电动机启动时，定子绕组接到自耦变压器的二次侧，待电动机转速接近额定转速时，把自耦变压器切除，将额定电压直接加到电动机定子绕组，电动机进入全压正常运行状态。图 2-23 为自耦变压器降压启动控制电路。KM1、KM2 为降压启动接触器，KM3 为正常运行接触器，KT 为时间继电器，KA 为中间继电器。

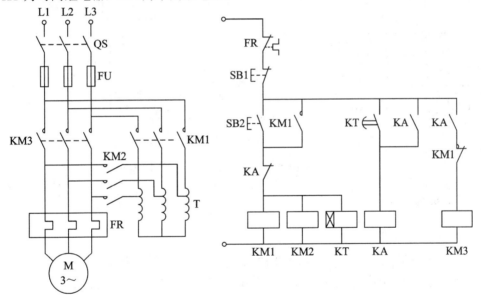

图 2-23　自耦变压器降压启动控制电路

电路工作原理如下：

当合上刀开关 QS，按下启动按钮 SB2 时，KM1、KM2、KT 线圈同时通电并自锁，接入自耦变压器，电动机降压启动，同时时间继电器 KT 开始定时。当电动机转速接近额定转速时，KT 动作，KT 常开触点闭合，中间继电器 KA 线圈通电并自锁。KA 的常闭触点断开，使 KM1、KM2、KT 线圈均断电，将自耦变压器切除；KA 的常开触点闭合，使 KM3 线圈通电，KM3 主触点闭合，电动机全压正常运行。

自耦变压器降压启动方法适用于电动机容量较大，且正常工作时接成星形或三角形的电动机。它的优点是启动转矩可以通过改变自耦变压器抽头的位置而改变；缺点是自耦变压器价格较高，而且不允许频繁启动。一般工厂常用的自耦变压器是采用成品的启动补偿器，它有手动和自动操作两种形式。XJ01 型自动补偿器适用于 14～28 kW 的电动机，其控制电路如图 2-24 所示。

电路工作原理如下：

合上电源开关 QS，HL3 灯亮，表明电源电压正常。按下启动按钮 SB2，KM1、KT 线圈同时通电并自锁，接入自耦变压器，电动机降压启动；同时指示灯 HL3 灭、HL2 亮，表明电动机正进行降压启动。当电动机转速接近额定转速时，KT 动作，KT 常开触点闭合，中间继电器 KA 线圈通电并自锁。KA 的常闭触点断开，使 KM1 线圈断电，将自耦变压器切除；KA 的另一对常闭触点断开，HL2 灯灭；KA 的常开触点闭合，使 KM2 线圈通电，主触点闭合，电动机全压正常运行，同时 HL1 灯亮，表明电动机正常运行。

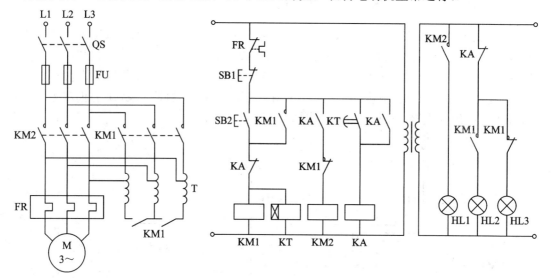

图 2-24　XJ01 型自动补偿器降压启动控制电路

三、任务实施

1. 所需元件和工具

铁质网孔控制板(1 块)、交流接触器(3 个)、熔断器(5 个)、热继电器(1 个)、电源隔离开关(1 个)、按钮(2 个)、接线端子排、塑料线槽、导线、号码管、三相电动机(1 台)、万用表(1 块)、电工常用工具(1 套)等。

2. 电气安装接线图

根据三相异步电动机 Y-△降压启动控制电路原理图(见图 2-17)画出电路安装接线图。此图由学生自行绘制。

3. 电路安装

电路安装的步骤如下：

(1) 安装电器与线槽。

(2) 电路接线。在连接电路时，要注意主电路中接触器主触点之间的接线，特别是要认真核对 KM2 主触点两端的线号，一定要保证电动机绕组首尾相接。主电路中的电流较大，连接时各接线端要压接可靠，否则会引起接线端过热。控制电路中时间继电器的接点不要接错。

4．电路检查

1) 主电路的检查

在图 2-17 电路中，拔去控制电路的熔断器，检查 KM1 的控制作用，将万用表表笔分别接 L11 和 U2 端子，应测得断路；而按下 KM1 触点架时，应测得电动机一相绕组的阻值。再用同样的方法检测 L21—V2、L31—W2 之间的电阻值。检查星形启动线路，将万用表表笔分别接 L11 和 L21 端子，同时按下 KM1 和 KM3 的触点架，应测得电动机两相绕组串联的电阻值。用同样的方法测量 L21—L31、L11—L31 之间的电阻值。检查三角形运行线路，将万用表表笔分别接 L11 和 L21 端子，同时按下 KM1 和 KM2 的触点架，应测得电动机两相绕组串联后再与第三相绕组并联的电阻值(小于一相绕组的电阻值)。用同样的方法测量 L21—L31、L11—L31 之间的电阻值。

2) 控制电路的检查

装上控制电路的熔断器，检查启动控制，将万用表表笔接在 L11、L31 处，按下 SB2 应测得 KM1、KM3、KT 三只线圈的并联电阻值；按下 KM1 的触点架，也应测得上述三只线圈的并联电阻值。

检查联锁线路，将万用表表笔接在 L11、L31 处，按下 KM1 的触点架，应测得线路中三只线圈的并联电阻值；再轻按 KM2 触点架使其常闭触点 KM2(4-6)分断(不要放开 KM1 的触点架)，切除了 KM3、KT 线圈，KM2(8-9)常开触点闭合，接通 KM2 线圈，此时应测得两只线圈的并联电阻值，测量的电阻值应增大。检查 KT 的控制作用，将万用表的表笔放在 KT(6-7)两端，此时应为接通，用手按下时间继电器的电磁机构不放，经过 5 s 的延时，将万用表断开。用同样的方法检查 KT(8-9)接点。

5．通电试验

完成上述各项检查后，清理好工具和安装板，在指导教师的监护下试车。

1) 不带电动机试验

拆下电动机接线，合上刀开关 QS，按下 SB2，KM1、KM3 和 KT 应立即得电动作，约经 5 s 后，KT 和 KM3 断电释放，同时 KM2 得电动作。按下 SB1，则 KM1 和 KM3 释放。反复操作几次，检查线路动作的可靠性和延时时间，调节 KT 的延时旋钮，使其延时更准确。

2) 带电动机试验

切断电源后，接好电动机，再合上刀开关 QS 试验。按下 SB2，电动机应得电启动，转速升高。此时应注意电动机运转的声音，约 5 s 后，线路转换，电动机转速再次升高，进入全压运行。

习题与思考题

1．三相笼形异步电动机常用的降压启动方法有几种？并简述各自的工作原理。

2．电气控制系统中的保护环节有哪些?并分别简述其原理。

3．分析图 2-25 中的各控制电路在正常操作时存在的问题，并加以改正。

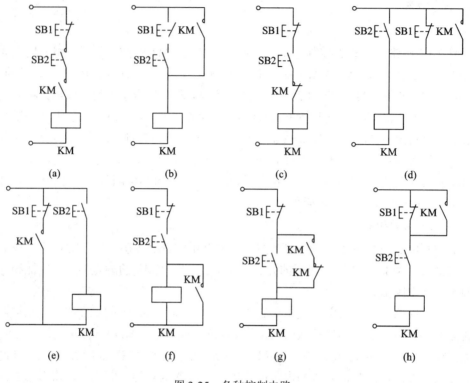

图 2-25　各种控制电路

任务五　三相绕线式异步电动机的启动控制

学习目标

(1) 了解三相绕线式异步电动机启动的方法、种类及特点；

(2) 掌握转子绕组串电阻启动控制电路的组成，并能讲述线路的工作原理；

(3) 掌握转子绕组串频敏变阻器启动控制电路的组成，并能讲述线路的工作原理。

一、任务导入

有些生产机械要求电动机具有较大的启动转矩和较小的启动电流，笼型异步电动机不能满足这种启动性能的要求，这时可采用绕线式异步电动机。它可以通过滑环在转子绕组中串接电阻或电抗，从而减小启动电流，提高启动转矩。按转子中串接装置的不同，有串电阻启动和串频敏变阻器启动两种启动方式。

二、相关知识

（一）转子绕组串电阻启动控制电路

绕线式异步电动机启动时，串接在转子绕组中的启动电阻，一般都按星形连接。刚启动时，将启动电阻全部接入；随着启动的进行、电动机转速的升高，启动电阻被逐段短接；启动结束时，转子外接电阻全部被短接。绕线式异步电动机的启动控制，根据转子电流变化及所需启动时间，有时间原则控制和电流原则控制两种线路。

1. 时间原则控制电路

图 2-26 为按时间原则控制的绕线式异步电动机转子串电阻启动控制电路。图中 KM 为电源接触器，KM1、KM2、KM3 为短接转子电阻接触器，KT1、KT2、KT3 为时间继电器。启动时，合上电源开关 QS，按下启动按钮 SB2。由于接触器 KM1、KM2、KM3 线圈均未通电，其常闭辅助触点都处于闭合状态，所以电源接触器 KM 线圈通电吸合并自锁，其主触点闭合，电动机接通三相交流电源，转子中串入全部电阻开始启动。同时 KM 的常开辅助触点闭合，使通电延时型时间继电器 KT1 开始延时。当达到 KT1 的整定值时，其延时动合触点闭合，使 KM1 线圈通电，其主触点闭合切除电阻 R1，同时 KM1 的常开辅助触点闭合，KT2 开始延时。如此继续，直到 KM3 通电，切除全部启动电阻，启动过程结束，电动机全速运转。

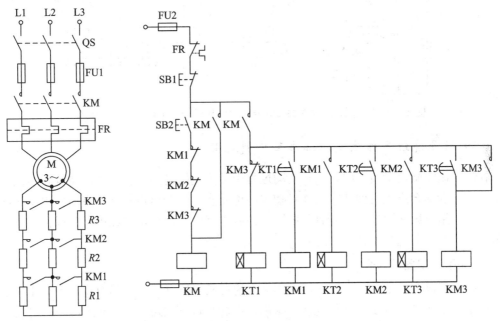

图 2-26 时间原则控制的绕线式异步电动机转子串电阻启动控制电路

2. 电流原则控制电路

图 2-27 为按电流原则控制的绕线式异步电动机转子串电阻启动控制电路。图中 KM 为电源接触器；KM1、KM2、KM3 为短接转子电阻接触器；KA 为中间继电器；KI1、KI2、KI3 为电流继电器，其线圈串联在电动机转子电路中，3 个电流继电器的吸合电流相同，但释放电流不同，从大到小依次为 KI1、KI2、KI3。

当合上电源开关 QS，按下启动按钮 SB2 时，接触器 KM 通电吸合，电动机开始启动。此时由于转子电流最大，3 个电流继电器同时吸合，3 个接触器 KM1、KM2、KM3 线圈支路均被切断，电动机串入全部电阻启动。随着转子转速逐渐升高，转子电流逐渐减小，KI1 首先释放，KM1 线圈通电吸合，切除电阻 R1。之后随着转速的升高，KM2 线圈吸合切除

R2，KM3 吸合切除 R3，电动机全速运行。

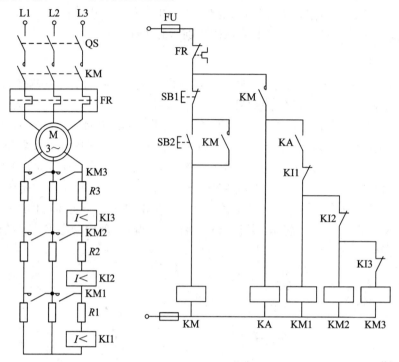

图 2-27 电流原则控制的绕线式异步电动机转子串电阻启动控制电路

(二) 转子绕组串频敏变阻器启动控制电路

在转子串电阻启动线路中，由于启动过程中转子电阻是逐段切除的，电流和转矩都会产生突变，因而会产生机械冲击，并且使用的电器多、控制电路复杂、启动电阻发热消耗能量大。采用频敏变阻器来代替启动电阻，控制电路简单，能量损耗小，所以转子串频敏变阻器启动的控制电路得到了广泛应用。

1. 频敏变阻器的简介

频敏变阻器实质上是一个铁芯损耗非常大的三相电抗器。其铁芯由几片或十几片较厚的钢板或铁板叠成，将 3 个绕组连接成星形，串联在转子回路中。启动过程中，电动机转子中的感应电流频率是变化的。刚启动时，转子电流频率最高，$f_2=f_1$。此时，频敏变阻器的 R、X 最大，即等效阻抗最大，转子电流受到抑制，定子电流也就不致很大；随着电动机转速不断升高，$f_2=sf_1(s$ 为转差率)便逐渐减小，其等效阻抗逐渐减小，电流也逐渐减小；当电动机正常运行时，f_2 很小，因此阻抗也变得很小。所以绕线式异步电动机串频敏变阻器启动时，随着启动过程中转子电流频率的降低，其阻抗值自动减小，实现了平滑无级的启动。

2. 转子串频敏变阻器启动控制电路

图 2-28 为绕线式异步电动机转子串频敏变阻器启动控制电路。图中 KM 为电源接触器，KM1 为短接频敏变阻器接触器，KT 为启动时间继电器。

电路工作原理如下：

合上电源开关 QS，按下启动按钮 SB2，电源接触器 KM、通电延时型时间继电器 KT

线圈通电并自锁，KM 主触点闭合，电动机接通三相交流电源，转子串频敏变阻器启动；同时，时间继电器 KT 开始定时。随着转速升高，频敏变阻器阻抗逐渐减小，当转速升高到接近额定转速时，KT 整定时间到，其延时动合触点闭合，使 KM1 线圈通电并自锁，主触点闭合，将频敏变阻器短接，电动机开始正常运行。该电路 KM 线圈通电需在 KT、KM1 触点正常工作条件下进行。若发生 KM1 触点粘连、KT 触点粘连、KT 线圈断线等故障时，KM 线圈将无法得电，从而避免了电动机直接启动和转子长期串接频敏变阻器的不正常现象发生。

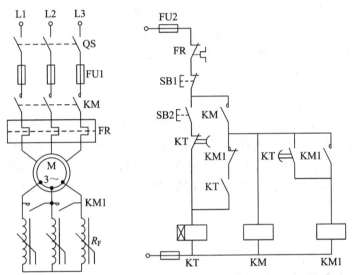

图 2-28 绕线式异步电动机转子串频敏变阻器启动控制电路

习题与思考题

1．三相绕线式异步电动机启动的方法有哪些？

2．简述转子绕组串电阻启动控制电路的工作原理。

3．简述转子绕组串频敏变阻器启动控制电路的工作原理。

4．图 2-29 是供、配电系统中常用的闪光电源控制电路，KA 是事故继电器的常开触点。当发生故障时，常开触点 KA 闭合，信号灯 HL 发出闪光信号。试分析闪光信号控制的工作原理。

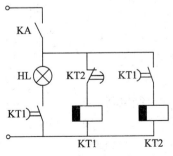

图 2-29 闪光电源控制电路

任务六　三相异步电动机的制动控制

学习目标

(1) 了解三相异步电动机制动的目的、方法及原理；

(2) 了解电磁抱闸制动控制电路的组成，并能讲述线路的工作原理；

(3) 掌握反接制动控制电路的组成，并能讲述线路的工作原理；

(4) 掌握能耗制动控制电路的组成，并能讲述线路的工作原理。

一、任务导入

切断三相异步电动机电源后，由于惯性的作用，总要经过一段时间才能完全停下来。而有些生产机械要求迅速、准确地停车，这就要求对电动机进行强迫制动。制动的方法有机械制动和电气制动两大类。机械制动是用电磁铁操纵机械进行制动，如电磁抱闸制动器；电气制动是产生一个与原来转动方向相反的制动转矩。常用的电气制动方法有反接制动和能耗制动。

二、相关知识

（一）电磁抱闸制动控制电路

1. 电磁抱闸制动原理

电磁抱闸主要由制动闸轮、摩擦闸瓦、杠杆、弹簧及电磁铁等组成，有通电制动型和断电制动型两种。电磁抱闸的制动闸轮与电动机同轴连接。以断电制动型为例，电磁抱闸的制动原理：电动机停机时，压力弹簧通过杠杆使摩擦闸瓦紧紧抱住制动闸轮实现制动；电动机启动时，抱闸电磁铁通电，克服弹簧的阻力，使摩擦闸瓦与制动闸轮分开，从而保证电动机正常启动。通电制动型与断电制动型正好相反。

2. 电磁抱闸控制电路

1) 断电制动控制电路

断电制动控制，由于其在断电情况下，仍能通过弹簧的压力，使摩擦闸瓦与制动闸轮紧紧抱住，而广泛用于电梯、起重机等设备中，使其不至于因电流中断或电气故障而降低制动的可靠性和安全性。

图 2-30 为电磁抱闸断电制动控制电路。当合上电源开关 QS，按下启动按钮 SB2 时，接触器 KM 线圈通电并自锁，电动机与电磁抱闸线圈 YB 同时通电，使得电动机在获得启动转

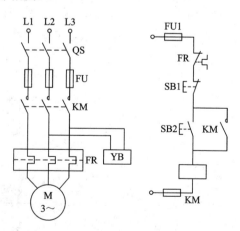

图 2-30　电磁抱闸断电制动控制电路

矩的同时，YB 通电使摩擦闸瓦与制动闸轮分开，电动机顺利启动。当需要制动时，按下停止按钮 SB1，电动机与 YB 同时断电，电磁抱闸的弹簧使摩擦闸瓦与制动闸轮抱紧实现制动。

　　2) 通电制动控制电路

　　有些设备需要在断电状态下调整，如机床等就不能采用断电制动控制，而应采用通电制动型控制电路，如图 2-31 所示。当合上电源开关 QS，按下启动按钮 SB2 时，接触器 KM 线圈通电并自锁，电动机接通电源启动运行，此时 YB 不通电。当按下停止按钮 SB1，KM 线圈断电释放，电动机断电的同时，停止按钮 SB1 使 KM1、KT 线圈通电并自锁，使电磁抱闸通电制动。制动时间到，时间继电器的延时断开动断触点 KT 使 KM1、KT 断电释放，YB 断电，制动过程结束。

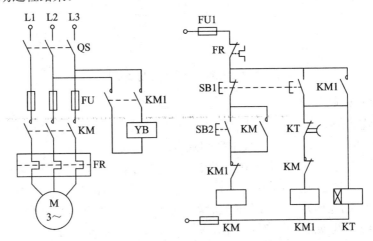

图 2-31　电磁抱闸通电制动控制电路

（二）电气制动控制电路

1. 反接制动控制

　　反接制动是通过改变定子绕组中的电源相序，使其产生一个与转子旋转方向相反的电磁转矩来实现的。反接制动时，电动机定子绕组电流很大，相当于直接启动时的两倍。为了限制制动电流，通常在定子电路中串入反接制动电阻。但在制动到转速接近零时，应迅速切断电动机电源，以防电动机反向再启动。通常采用速度继电器来检测电动机的转速，并控制电动机反相电源的断开。

　　反接制动的优点是制动转矩大、制动迅速；缺点是能量损耗大、制动时冲击大、制动准确度差。图 2-32 为三相笼型异步电动机反接制动控制电路。

　　合上电源开关 QS，按下启动按钮 SB2，接触器 KM1 线圈通电并自锁，电动机全压启动运行。当转速达到 120 r/min 以上时，速度继电器 KS 的常开触点闭合，为制动做好准备。停止时，按下停止按钮 SB1，KM1 断电释放，其主触点断开，KM2 通电并自锁，电动机定子串入制动电阻并接通反相序电源进行反接制动，电动机转速迅速下降。当转速下降至 100 r/min 以下时，KS 的常开触点复位，KM2 线圈断电释放，制动过程结束，电动机自然停车至零。

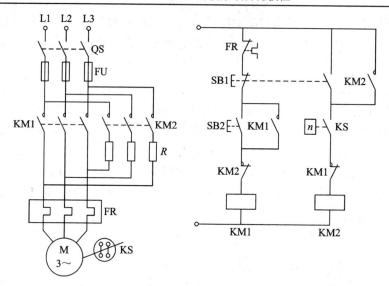

图 2-32　三相笼型异步电动机反接制动控制电路

2. 能耗制动控制

能耗制动就是在电动机脱离三相电源后，向定子绕组内通入直流电流，产生一个静止磁场，使仍在惯性转动的转子在磁场中切割磁力线，产生与惯性转动方向相反的电磁转矩，达到制动目的。能耗制动没有反接制动强烈，制动平稳，制动电流比反接制动小得多，所消耗的能量小，通常适用于电动机容量较大，启动、制动操作频繁的场合。

图 2-33 为三相笼型异步电动机能耗制动控制电路。合上电源开关 QS，按下启动按钮 SB2，接触器 KM1 线圈通电并自锁，电动机全压启动运行。停止时，按下停止按钮 SB1，其常闭触点断开使 KM1 线圈断电，切断电动机电源，SB1 的常开触点闭合，KM2、KT 线圈通电并自锁，KM2 主触点闭合，给电动机两相定子绕组通入直流电流，进行能耗制动。当达到 KT 整定值时，其延时触点 KT 断开，使 KM2 线圈断电释放，切断直流电源，能耗制动结束。

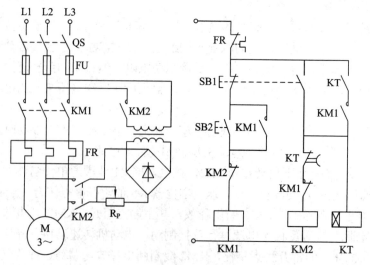

图 2-33　三相笼型异步电动机能耗制动控制电路

线路中时间继电器 KT 的整定值即为制动过程的时间。可调电阻 R_P 用来调节制动电流。制动电流越大，制动转矩就越大；但电流太大会对定子绕组造成损坏，一般根据要求可调节为电动机空载电流的 3～5 倍。KM1 和 KM2 的常闭触点进行互锁，目的是将交流电和直流电隔离，防止同时通电。

三、拓展知识：无变压器单管能耗制动控制

对于 10 kW 以下电动机，在制动要求不高时，可采用无变压器单管能耗制动。无变压器单管能耗制动的电气原理如图 2-34 所示。在图 2-34 中，KM1 为电路接触器，KM2 为制动接触器，KT 为能耗制动时间继电器。该电路整流电源电压为 220V，由 KM2 主触头接至电动机定子绕组，经整流二极管 VD 接至电源中性线 N 构成闭合电路。制动时，电动机 U、V 相由 KM2 主触头短接，因此只有单方向制动转矩。

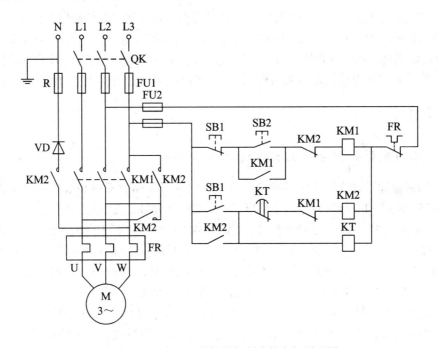

图 2-34　无变压器单管能耗制动的电气原理图

习题与思考题

1．三相异步电动机的制动方式有哪些？

2．什么叫反接制动？什么叫能耗制动？各有什么特点？

3．某一升降装置，由一台笼型电动机拖动，直接启动，采用电磁抱闸制动。控制要求：按下启动按钮后，先松闸，经 3 s 后，电动机开始正向启动，工作台升起；上升 5 s 后，电动机停止并自动反向，工作台下降；经 5 s 后，电动机停止，电磁抱闸抱紧。试设计其主电路与控制电路。

任务七　三相异步电动机的调速控制

学习目标

(1) 了解三相异步电动机调速的方法、特点及使用条件；

(2) 了解三相笼型异步电动机变极调速控制电路的组成，并能讲述线路的工作原理；

(3) 掌握三相绕线式异步电动机转子串电阻调速控制电路的组成，并能讲述线路的工作原理。

一、任务导入

在电力拖动控制系统中，根据控制设备的工艺要求，经常需要调整电动机的转速。由三相异步电动机的转速公式 $n = 60f(1-s)/p$ 可知，改变电动机的磁极对数 p、转差率 s 及电源频率 f 都可以实现调速。对笼型异步电动机可采用改变磁极对数、定子电压和电源频率的方法；而对绕线式异步电动机除可采用变频外，常用的方法是转子串电阻调速或串级调速。

二、相关知识

(一) 三相笼型异步电动机变极调速控制电路

变极调速是通过改变定子绕组的接线方式，以获得不同的极对数来实现调速的。

图 2-35 所示为 4/2 极的双速电动机定子绕组接线示意图。三相定子绕组有六个接线端，图 2-35(a)所示是将电动机定子绕组的 U1、V1、W1 三个端接三相交流电源，将 U2、V2、W2 三个接线端悬空，三相定子绕组接成三角形。此时每相绕组中的①、②线圈串联，电流方向如图 2-35(a)所示，电动机的极数为 4 极，同步转速为 1500 r/min。当把 U1、V1、W1 三个端子短接，U2、V2、W2 接到三相电源上，如图 2-35(b)所示，则定子绕组由三角形接线变成双星形接线。此时每相绕组中的①、②线圈并联，电流方向如图 2-35(b)所示，电动机的极数变为 2 极，同步转速为 3000 r/min。需注意的是，改变极对数后，其相序方向与原来相序相反。所以，变极时必须把电动机任意两个出线端对调，从而保证变极后转动方向不变。

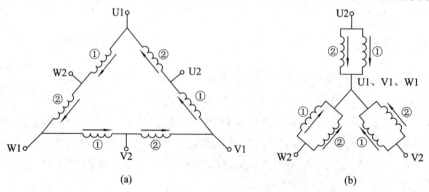

图 2-35　4/2 极双速异步电动机三相定子绕组接线示意图

图 2-36 为 4/2 极双速异步电动机控制电路。合上电源开关 QS，按下低速启动按钮 SB3，接触器 KM1 线圈通电并自锁，定子绕组接线方式如图 2-36(a)所示，磁极数为 4，电动机低速运行；若按下高速启动按钮 SB2，接触器 KM2、KM3 线圈通电并自锁，定子绕组接线方式如图 2-36(b)所示，磁极数为 2，电动机高速运行。

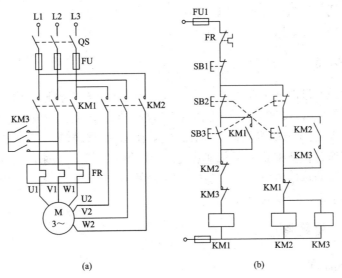

图 2-36　4/2 极双速异步电动机控制电路

（二）三相绕线式异步电动机转子串电阻调速控制电路

三相绕线式异步电动机转子串电阻调速方法，实际上是通过调节串接在转子上的电阻，改变电动机机械特性的斜率(改变转差率 s)来实现调速的一种方法。在负载转矩一定的情况下，串入的电阻越大，电动机机械特性越软，转速越低。

图 2-37 所示为绕线式异步电动机转子串电阻调速控制电路。

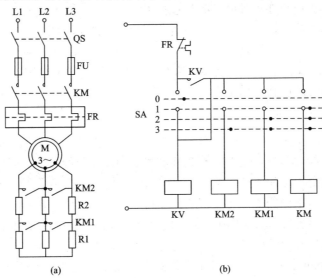

图 2-37　绕线式异步电动机转子串电阻调速控制电路

当主令控制器 SA 在 "0" 位时，零位继电器 KV 线圈通电并自锁。需要低速、中速、高速运行时，分别将 SA 推至 "1"、"2"、"3" 位，电动机将分别在转子串入 R1、R2 和不串电阻 3 种状态下运行，获得低、中、高 3 个转速。SA 在 "0" 位时，电动机停机。KV 在线路中起失电压保护作用。每次断电后再启动，都需要将 SA 扳回 "0" 位。

转子串电阻调速的缺点是所串电阻要消耗大量电能，但由于其方法简单、便于操作，所以在起重机、吊车类短时工作的生产机械上得到了广泛应用。

(三) 调压调速

调压调速就是通过改变电动机的定子电压来调节电动机的转速。由电动机基本原理可知，在相同转速下，电磁转矩与定子电压的平方成正比。因此，改变定子外加电压(最高为其额定电压)就可以改变电动机的机械特性，使其在相同负载转矩下，工作在不同的速度点上，实现调压调速。目前主要采用晶闸管交流调压器实现变压调速，通过调整晶闸管的触发角来改变调压器的输出电压，使电动机的转速随电压不同而变化。这种调速过程中的转差功率损耗在转子里，所以效率较低。

三、拓展知识：变频调速

1. 变频调速原理

当三相异步电动机磁极对数不变时，电动机的转速与电源频率成正比；如果能够连续地改变电源的频率，就可以连续平滑地调节电动机的转速，这就是变频调速的原理。变频调速具有调速范围宽、平滑性好、机械特性较硬等优点，能够获得较好的调速性能。随着交流变频技术的成熟并进入实用化，变频调速已成为异步电动机最主要的调速方式，得到了广泛应用。

由定子电压平衡方程式 $U_1 \approx E_1 = 4.44 f_1 N_1 \Phi_m$ 可知，当改变电源的频率 f_1 进行调速时，必须同时改变电源电压 U_1，否则将导致磁通 Φ_m 变化。如当 f_1 降低时，若 U_1 保持不变，则磁通 Φ_m 将增加。因为电机在设计时其磁通已接近饱和值，所以磁通的进一步加大会出现饱和，造成励磁电流和铁损增加。反之，磁通的减少将会造成电机欠励磁，影响电动机的输出转矩。所以在调节 f_1 时，需同步调节电压 U_1，即保持 U_1/f_1 为常数，以维持磁通恒定。

异步电动机变频调速的控制方式主要有保持 U/f 比恒定的变频调速、恒转矩变频调速、恒功率变频调速和矢量控制变频调速等。目前使用较多的是 U/f 比恒定的控制方式。

2. 变频器简介

变频器是用于改变交流电源的频率来实现变频调速的装置。变频器最早的形式是旋转变频发电机组，随着电力电子技术的发展，这种变频装置已经被静止式变频电源所取代。目前使用的静止式变频器有很多种类，中小容量的通用变频器多采用 U/f 比恒定控制。变频的基本原理是先将电网的交流电变成直流电(称为整流)，再将直流电变为频率和幅值均可调节的交流电(称为逆变)，即所谓"交—直—交"方式。变频过程用 32 位微处理器芯片控制，使用时可先在变频器数字操作器上进行基本功能的设定，如电动机的运行频率、转向、U/f 类型、加速和减速时间等。数字操作器上可以显示电动机的运行基本数据(如电压、电流、转速等)，并在发生故障时显示故障的种类、状态等。还可以使用智能端子进行数字或模拟设定，或配用可编程控制器进行控制。有的变频器还备有标准通信接口，用以连接计算机进行上位控制和运行监控，其可控制和可操作的物理量达上百个。因此可以说，一个变频器已构成一个完善的自动控制系统。使用变频器，不仅可以控制电动机按多级速度自动变速、恒速运行，还可以直接控制电动机的正、反转。另外，还能根据需要将外界的各种物理量(如压力、流量、温度等)作为设定频率的关联值，组成闭环控制系统，实现复杂的自动化控制。

　习题与思考题

1．试为某设备的两台电动机设计一个电气控制电路，其中一台为双速电动机。

2．两台三相笼型异步电动机 M1、M2，要求既可实现 M1、M2 的分别启动和停止，又可实现同时停止。试设计其主电路与控制电路。

控制要求如下：

(1) 两台电动机都能独立操作，可分别控制其启动与停止，互不影响；

(2) 能同时控制两台电动机的启动与停止；

(3) 双速电动机的控制是先低速启动，后自动转为高速运转。

项目三　　典型生产机械电气控制电路分析与故障诊断

任务一　　C650 卧式车床电气控制电路

学习目标

(1) 了解电气原理图阅读分析的方法与步骤;

(2) 能正确分析 C650 卧式车床电气原理;

(3) 了解车床电气故障检修的方法。

一、任务导入

本项目的任务是分析 C650 卧式车床电气原理,并了解车床电气故障检修的方法。

二、相关知识

(一) 电气控制电路分析的内容与步骤

1. 设备说明书

设备说明书由机械(包括液压部分)与电气两部分组成。在分析时首先要阅读这两部分说明书,了解以下内容:

(1) 设备的结构组成及工作原理、设备传动系统的类型及驱动方式、主要技术性能、规格和运动要求等。

(2) 电气传动方式,电动机、执行电器的数目、规格型号、安装位置、用途及控制要求等。

(3) 设备的使用方法,各操作手柄、开关、旋钮、指示装置的布置及其在控制电路中的作用。

(4) 与机械、液压部分直接关联的电器(行程开关、电磁阀、电磁离合器、传感器等)的位置,工作状态及其与机械、液压部分的关系,在控制中的作用等。

2. 电气控制原理图

电气控制原理图是控制电路分析的中心内容。它一般由主电路、控制电路、辅助电路、保护及联锁环节,以及特殊控制电路等部分组成。

在分析电气原理图时，必须与阅读其他技术资料结合起来。例如，各种电动机及执行元件的控制方式、位置及作用，各种与机械有关的位置开关、主令电器的状态等，只有通过阅读说明书才能了解。在原理图分析中，还可以通过所选用的电器元件的技术参数分析出控制电路的主要参数和技术指标，如可估计出各部分的电流、电压值，以便在调试或检修中合理地使用仪表。

3．电气设备的总装接线图

阅读分析总装接线图，可以了解系统的组成分布状况，各部分的连接方式，主要电气部件的布置、安装要求，导线和穿线管的规格型号等。这是安装设备不可缺少的资料。阅读分析总装接线图要与阅读分析说明书、电气原理图结合起来。

4．电器元件布置图与接线图

这是制造、安装、调试和维护电气设备必需的技术资料。在调试、检修中可通过布置图和接线图方便地找到各种电器元件和测试点，进行必要的调试、检测和维修保养。

(二) 电气原理图阅读分析的方法与步骤

在掌握了机械设备及电气控制系统的构成、运动方式、相互关系，以及掌握各电动机和执行电器的用途和控制方式等基本条件之后，即可对各控制电路进行具体的分析。通常分析电气控制系统时，要结合有关技术资料将控制电路"化整为零"，即以某一电动机或电器元件(如接触器或继电器线圈)为对象，从电源开始，自上而下，自左而右，逐一分析其接通及断开的关系(逻辑条件)，并区分出主令信号、联锁条件和保护要求等。根据图区坐标标注的检索可以方便地分析出各控制条件与输出的因果关系。

1．电气原理图的分析方法与步骤

1) 分析主电路

无论是线路设计还是线路分析都应从主电路入手，而主电路的作用是保证整机拖动要求的实现。从主电路的构成可分析出电动机或执行电器的类型、工作方式、启动、转向、调速和制动等基本控制要求。

2) 分析控制电路

主电路的控制要求是由控制电路来实现的。根据主电路中各电动机和执行电器的控制要求，逐一找出控制电路中的控制环节，用学过的基本控制环节的知识，将控制电路"化整为零"，按功能不同划分成若干个局部控制电路来进行分析。如果控制电路较复杂，则可先排除照明、显示等与控制关系不密切的电路，以便集中精力进行分析。控制电路的分析一定要透彻。分析控制电路的最基本的方法是"查线读图"法。

3) 分析辅助电路

辅助电路包括执行元件的工作状态显示、电源显示、参数测定、照明和故障报警等部分。辅助电路中很多部分是由控制电路中的元件来控制的，所以，在分析辅助电路时，还要回过头来对照控制电路进行分析。

4) 分析联锁与保护环节

生产机械对安全性和可靠性有很高的要求。实现这些要求，除了合理地选择拖动、控制方案以外，在控制电路中还应设置一系列电气保护装置和必要的电气联锁。在电气控制原理图的分析过程中，电气联锁与电气保护环节是一个重要内容，不能遗漏。

5) 分析特殊控制环节

在某些控制电路中，还设置了一些与主电路、控制电路关系不密切，相对独立的某些特殊环节。如产品计数装置、自动检测系统、晶闸管触发电路和自动调温装置等。这些部分往往自成一个小系统，其读图和分析方法可参照上述分析过程，灵活运用所学过的电子技术、变流技术、自控系统、检测与转换等知识逐一进行分析。

6) 总体检查

经过"化整为零"，逐步分析了每一局部电路的工作原理以及各部分之间的控制关系之后，还必须用"集零为整"的方法，检查整个控制电路，看是否有遗漏。特别要从整体角度去进一步检查和理解各控制环节之间的联系，以清楚地理解原理图中每一个电气元器件的作用、工作过程及主要参数。

三、任务实施

本任务对 C650 卧式车床的电气控制电路进行分析。

卧式车床是一种应用极为广泛的金属切削加工机床，主要用来加工各种回转表面、螺纹和端面，并可通过尾架进行钻孔、铰孔和攻螺纹等切削加工。

卧式车床通常由一台主电动机拖动，经由机械传动链，实现切削主运动和刀具进给运动的输出，其运动速度由变速齿轮箱通过手柄操作进行切换。刀具的快速移动、冷却泵和液压泵等常采用单独的电动机驱动。不同型号的卧式车床，其主电动机的工作要求不同，因而具有不同的控制电路。

(一) 机床的主要结构和运动形式

C650 卧式车床属于中型车床，可加工的最大工件回转直径为 1020 mm，最大工件长度为 3000 mm，机床的结构形式如图 3-1 所示。

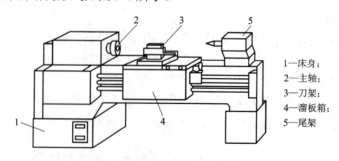

1—床身；
2—主轴；
3—刀架；
4—溜板箱；
5—尾架

图 3-1　C650 卧式车床结构简图

C650 卧式车床主要由床身、主轴、刀架、溜板箱和尾架等部分组成。该车床有两种主要运动，一种是安装在床身主轴箱中的主轴转动，称为主运动；另一种是溜板箱中的溜板带动刀架的直线运动，称为进给运动。刀具安装在刀架上，与滑板一起随溜板箱沿主轴轴线方向实现进给移动，主轴的转动和溜板箱的移动均由主电动机驱动。

由于加工的工件比较大，加工时其转动惯量也比较大，需停车时不易立即停止转动，因此必须有停车制动的功能，电气制动是较好的停车制动方法。为了加工螺纹等工件，主轴需要正、反转，主轴的转速应随工件的材料、尺寸、工艺要求及刀具的种类不同而变化，所以要求在相当宽的范围内可进行速度调节。在加工过程中，还需提供切削液，并且为减轻工人的劳动强度和节省辅助工作时间，而要求带动刀架移动的溜板能够快速移动。

(二) 电力拖动及控制要求

从车床的加工工艺出发，对拖动控制有以下要求：

(1) 主电动机 M1 完成主轴主运动和溜板箱进给运动的驱动，电动机采用直接启动的方式启动，可正反两个方向旋转，并可进行正反两个旋转方向的电气停车制动。为加工调整方便，还应具有点动功能。

(2) 电动机 M2 拖动冷却泵，在加工时提供切削液，采用直接启动及停止方式，并且为连续工作方式。

(3) 主电动机和冷却泵电动机应具有必要的短路和过载保护。

(4) 快速移动电动机 M3 拖动刀架快速移动，还可根据使用需要随时进行手动控制启停。

(5) 应具有安全的局部照明装置。

(三) 电气控制电路分析

C650 卧式车床的电气控制系统线路如图 3-2 所示。

1. 主电路分析

图 3-2 所示的主电路中有三台电动机，隔离开关 QS 将 380V 的三相电源引入。电动机 M1 的电路接线分为三部分：

第一部分由正转控制交流接触器 KM1 和反转控制交流接触器 KM2 的两组主触点构成电动机的正、反转接线。

第二部分为电流表 PG 经电流互感器 BE 接在主电动机 M1 的主回路上，以监视电动机绕组工作时的电流变化。为防止电流表被启动电流冲击损坏，利用时间继电器的延时动断触点(3 区)，在启动的短时间内将电流表暂时短接掉。

第三部分为串联电阻控制部分，交流接触器 KM3 的主触点(2 区)控制限流电阻 RA(3 区)的接入和切除。在进行点动调整时，为防止连续的启动电流造成电动机过载，串入 3 个限流电阻 RA，保证电路设备正常工作。

速度继电器 KS 的速度检测部分与电动机的主轴同轴相连，在停车制动过程中，当主电动机转速低于 KS 的动作值时，其常开触点可将控制电路中反接制动的相应电路切断，完成制动停车。

电动机 M2 由交流接触器 KM4 控制其主电路的接通和断开。

电动机 M3 由交流接触器 KM5 控制。

为保证主电路的正常运行，主电路中还设置了熔断器的短路保护环节和热继电器的过载保护环节。

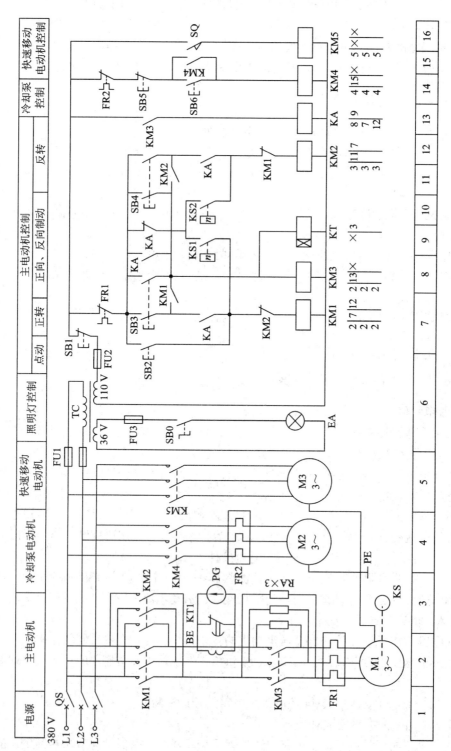

图 3-2 C650 车床控制线路

2．控制电路分析

(1) 电源：由控制变压器 TC(380 V/110 V)的接线和参数标注可知，各接触器、继电器线圈电压等级为 AC110V，照明 AC36V 安全电压由主令开关 SA 控制。

(2) 正向点动启动的工作过程如下：

合上 QS→按下 SB2→KM1 线圈得电→KM1 主触点闭合→M1 串 R 运行

正向启动的工作过程如下：

按下 SB3 ── KM3 线圈得电 ── KM3 主触点闭合 ── 短接 R ──
KM3 辅助触点动作　　KA 线圈得电，辅助触点闭合

KM1 线圈得电 ── KM1 主触点闭合 ── M1 全压正向启动 $\xrightarrow{n<120\ r/min}$
KM1 辅助触点动作(自锁)

KS1 常开触点闭合，转速上升至稳定转速

正向停车制动的工作过程如下：

按下 SB1 ── KM1 线圈失电，KM3 失电 ── KM1 主触点断开，常闭辅助触点闭合 ──
KM3 主触点断开，辅助触点断开

KA 线圈失电，触点动作 ── 松开 SB1 ── KM2 线圈通过触点 SB1、FR1、KA、KS2、KM1 得电

串 R 反接制动 ── 转速下降 $\xrightarrow{n<90\ r/min}$ KS2 常开触点断开 ── KM2 失电，触点动作 ── 电动机停机

反向启动与停车制动过程与正向类似。

(3) 冷却泵电动机 M2。

启动的工作过程如下：

按下 SB6 ── KM4 线圈得电 ── KM4 主触点闭合 ── M2 启动
KM4 辅助触点闭合(自锁)

(4) 快速电动机 M3。

启动的工作过程如下：

压动刀架手柄 SQ ── KM5 线圈得电 ── KM5 主触点闭合 ── M3 启动
KM5 辅助触点闭合(自锁)

采用控制流程来表达电路的自动工作过程具有简单、一目了然的优点。其基本步骤是：接通电源→发主令信号→写出得电的线圈→按逻辑关系，自上而下、自左而右写出各自受控触点动作后出现的控制结果

（三）整机线路联锁与保护

由 KM1 和 KM2 各自的常闭触点串接于对方工作电路以实现正、反转运行联锁；由 FU 及 FUI～FU6 实现短路保护；由 FR1 和 FR2 实现 M1 与 M2 的过载保护。KM1～KM4 等接触器采用按钮与自锁控制方式，使 M1 与 M2 具有欠电压与零电压保护。

（四）C650 卧式车床电气控制电路的特点

C650 卧式车床电气控制电路的特点如下：

(1) 主轴与进给电动机 M1 主电路具有正、反转控制和点动控制功能，并设置有监视电

动机组工作电流变化的电流表和电流互感器。

(2) 该机床采用反接制动的方法控制 M1 的正、反转制动。

(3) 能够进行刀架的快速移动。

（五）机床电气控制系统故障分析

1. 检修方法

熟悉电气控制电路的工作原理，配合电器元件的电气接线图，按照电气控制原理图的线号，先上后下，先左后右，进行故障分析，逐步缩小故障区域。在掌握低压电器的结构、工作原理及特性的基础上，确定电器、电路故障位置，采取正确的操作方法，排除故障。

2. 检修工具、仪表、器材

检修工具一般有验电笔、螺钉旋具、镊子、电工刀、尖嘴钳、剥线钳等。

检修仪表一般有万用表、钳形电流表、兆欧表。

检修器材一般有塑料软铜线、别径压端子、黑色绝缘胶布、透明胶布以及故障排除的其他材料。

3. 检修步骤

机床电气设备在运行中可能会发生各种大小故障，严重的还会引起事故。这些故障主要可分为两大类：一类是有明显的外表特征并容易被发现的，例如电器的绕组过热，冒烟甚至发出焦臭味或火花等；另一类故障是没有外表特征的，例如在控制电路中元件调整不当，动作失灵或小零件损坏，导线接头接触不好。这类故障在机床电路中经常碰到，由于没有外表特征，常需要用较多的时间去查找故障的原因，有时需运用各类测量仪表和工具才能找出故障点，方能进行调整和修复，使电气设备恢复正常运行，步骤如下：

1) 熟悉电气控制电路的工作原理

从主电路入手，了解各运动部件用了几台电动机传动，每台电动机使用接触器的主触头的连接方式是否有正、反转控制，制动控制等；再从接触器主触头的文字符号在控制电路中找到相应的控制环节和环节间的关系，了解各个环节电路组成、互相间连接等。对照电气控制箱内的电器，进一步熟悉每台电动机各自所有的控制电器和保护电器。

2) 确定故障发生的范围

了解故障前的工作情况及故障后的症状，对照电气原理图进行分析。如果电路比较复杂，则根据故障的现象分析故障可能发生在原理图中的哪个单元，以便进一步进行分析诊断，找出故障发生的确切部位。

3) 进行外表检查

判断故障的范围后，应对该范围内的电器进行外观检查。为了安全起见，外表检查一般要在切断电源的情况下进行。检查熔断器、继电器、接触器和行程开关等的固定螺钉和接线螺钉是否松动，有无断线的地方，有没有线圈烧坏或触点熔焊等现象，电器的活动机构是否灵活等。在外观无法检查出故障时，可用仪器、仪表进行检查。检查时，可以在断电情况下进行，也可以在通电情况下进行。

4) 断电检查

断开电源开关，一般用万用表的电阻挡检查故障区域的元件及电路是否有开路、短路或接地现象。还可借助其他装置进行检查。如断电检查找不到故障原因，可进行通电检查。

5）通电检查

通电检查是带电作业，一定要注意人身安全和设备安全。通电检查应在不带负载下进行，以免发生事故。有下列情况时不能通电检查：

(1) 发生飞车和打坏传动机构。

(2) 因短路烧坏熔断器熔丝，原因未查明。

(3) 通电会烧坏电动机和电器等。

(4) 尚未确定相序是否正确等。

根据动作顺序检查有故障的电路，操作某个开关或按钮时，观察有关继电器和接触器是否按要求顺序工作，如果发现某个电器不能工作，则说明该电器或有关的电路有故障，再通电检查故障的原因。一般用万用表的电压挡检查电路有无开路的地方。有时怀疑某触点接触不良，也可用导线短接该触点进行实验，此法称为短接法。也可用验电笔进行检查，但若有串电回路时，易造成假象。用验电笔进行检查时，一定要事先对验电笔的氖管进行检查，还可用灯泡检查故障所在，此方法简单，材料易取，检查指示明显。

4．注意事项

(1) 运用电笔测试、检查故障时，应注意电源的回路现象。

(2) 运用万用表测试检查故障时，应注意转换开关的挡位及量程。

(3) 使用电笔、万用表测试时，表笔与带电触点的角度应大于60°，防止发生相间短路现象。

(4) 总电源开关-漏电断路器的动作电流应为 30 mA、动作时间 0.1 s，确保出现误操作时的安全。

习题与思考题

1. 电气控制系统分析的任务是什么？分析哪些内容？应达到什么要求？掌握电气控制电路的分析方法，对电气技术人员有什么重要意义？

2. 在电气系统分析中，主要涉及哪些资料和技术文件？各有什么用途？

3. 说明电气原理图分析的一般步骤，在读图分析中采用最多的是哪种方法？

4. 机床电气控制系统故障分析步骤有哪些？

任务二　T68 型卧式镗床电气控制电路

学习目标

(1) 了解 T68 型卧式镗床电气控制电路的特点、工作原理及控制要求；

(2) 正确分析 T68 型卧式镗床电气原理；

(3) 能够初步诊断 T68 型卧式镗床电路的常见故障。

一、任务导入

本项目的任务是分析 T68 型卧式镗床电气原理,并诊断 T68 型卧式镗床常见的电气故障。

二、相关知识

镗床主要用于加工精确的孔和各孔间相互位置要求较高的零件,而这些工件的加工对于钻床来说是难以胜任的。图 3-3 是 T68 型卧式镗床结构示意图。

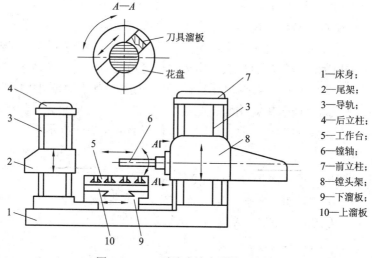

图 3-3　T68 型卧式镗床结构示意图

由上面的分析可知,T68 型卧式镗床的运动形式有以下三种:

(1) 主运动:镗轴的旋转与花盘的旋转运动。

(2) 进给运动:镗轴的轴向进给、花盘上刀具的径向进给、镗头的垂直进给、工作台的横向进给和纵向进给。

(3) 辅助运动:工作台的旋转、后立柱的水平移动、尾架的垂直移动及各部分的快速移动。

T68 型卧式镗床对电力拖动和控制系统有以下要求:

(1) 为了适应各种工件的加工工艺要求,主轴旋转和进给都应有较大的调速范围。本机床采用双速笼型异步电动机作为主拖动电动机,并采用机电联合调速,这样既扩大了调整范围,又使机床传动机构简化。

(2) 进给运动和主轴及花盘旋转采用同一台电动机拖动,由于进给运动有几个方向(主轴轴向、花盘径向、主轴垂直方向、工作台横向、工作台纵向),所以要求主电动机能正反转,并可调速。高速运转应先经低速启动,各方向的进给应有联锁。

(3) 进给部分应能快速移动,本机床采用一台快速电动机拖动。

(4) 为适应调整的需要,要求主拖动电动机应能正反向点动,并且有准确的制动。本机床采用电磁铁带动的机械制动装置。

三、任务实施

电气控制电路分析:T68 型卧式镗床的控制电路如图 3-4 所示。

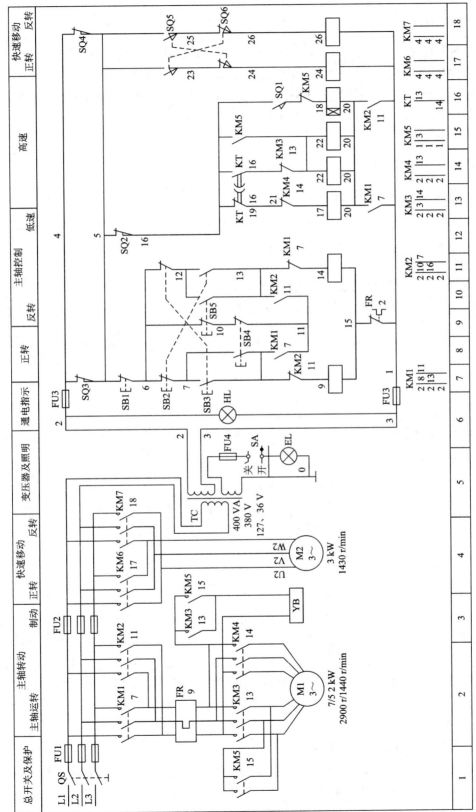

图 3-4 T68 型卧式镗床的控制电路

（一）主电路分析

主电路中有两台电动机，M1 为主拖动电动机，由 KM1 和 KM2 的主触点控制 M1 的正反转，KM3 的主触点控制 M1 的低速运转，KM4、KM5 的主触点控制 M1 的高速运转。YB 为主轴制动电磁铁的线圈，由 KM3 和 KM5 的触点控制。M2 为快速移动电动机，由 KM6、KM7 的主触点来控制其正反转。FR 是对 M1 进行过载保护的热继电器，M2 为短时间运行，故不需过载保护。

（二）控制电路分析

1. 主拖动电动机启动控制

(1) 低速启动控制。低速启动时，将变速手柄扳在低速位置，此时 SQ1(16 区)分断。在此之后，控制动过程为

按 SB3，$SB3^+ \rightarrow KM1^+$(自锁)$\rightarrow KM3^+ \rightarrow YB+ \rightarrow$ KM1 低速启动

(2) 高速启动控制。将变速手柄扳在高速位置，此时 SQ1(16 区)闭合。
在此之后，控制过程为

$$\text{按下SB3，} SB3^+ \rightarrow KM1\text{(自锁)} \rightarrow \begin{matrix} KT^+ \\ KM3 \end{matrix} \rightarrow \begin{matrix} YB^+ \\ M1 \end{matrix} \text{低速启动} \xrightarrow{KT\text{延时到}} KM3^- \rightarrow \left(\begin{matrix} KM4^+ \\ KM5^+ \end{matrix} \right)$$

$$\rightarrow \begin{matrix} KT^+ \\ M1 \end{matrix} \text{高速启动}$$

以上介绍的是正转的低速和高速启动的控制过程，反转启动只需按 SB2，其控制过程与正转相同，不再重复。

2. 主轴点动控制

主轴点动时变速手柄位于低速位置。主轴点动由点动按钮 SB4 或 SB5 来控制，点动按钮为复合按钮，按 SB4 或 SB5 时，其常闭触点切断 KM1 或 KM2 的自锁回路，KM1 或 KM2 线圈通电使 KM3 线圈得电，M1 低速正转或反转，松开按钮后，由于无自锁，接触器 KM1 或 KM2 断电释放，M1 随即停转，实现点动控制。

3. 主轴的停止和制动

主轴旋转时，按下停止按钮 SB1，便切断了 KM1 或 KM2 的线圈回路，接触器 KM1 或 KM2 断电，主触点断开，切断电动机 M1 的电源，与此同时，电动机进行机械制动。T68 型卧式镗床采用电磁操作的机械制动装置，主电路中的 YB 为制动电磁铁的线圈，不论 M1 正转或反转，YB 线圈均通电吸合，松开电动机轴上的制动轮，电动机即自由启动。当按下停止按钮 SB1 时，电动机 M1 和制动电磁铁 YB 线圈同时断电，在弹簧作用下，杠杆将制动带紧箍在制动轮上，进行制动，电动机迅速停转。还有些卧式镗床采用由速度继电器控制的反接制动控制电路。

4. 主轴变速和进给变速控制

主轴变速和进给变速是在电动机 M1 运转时进行的。当主轴变速手柄拉出时，限位开关 SQ2(12 区)被压下分断，接触器 KM3、KM4 或 KM5 都断电而使主电动机 M1 停转。当

主轴转速选择好以后，推回调速手柄，则 SQ2 恢复到变速前的接通状态，电动机 M1 便自动启动工作。同理，需进给变速时，拉出进给变速操纵手柄，限位开关 SQ2 受压而断开，使电动机 M1 停车，选好合适的进给量之后，将进给变速手柄推回，SQ2 便恢复原来的接通状态，电动机 M1 又自动启动工作。当变速手柄推不上时，可来回推动几次，使手柄通过弹簧装置作用于限位开关 SQ2，SQ2 便反复断开、接通几次，使电动机 M1 产生冲动，带动齿轮组冲动，以便于齿轮啮合。

5. 快速移动电动机 M2 的控制

为了缩短辅助时间，加快调整的速度，机床各移动部分都有快速移动。采用一台快速移动电动机 M2 单独拖动，通过不同的齿轮齿条、丝杆的连接来完成各方向的快速移动，这些均由快速移动操作手柄来控制。扳动快速移动手柄时压下限位开关 SQ5 或 SQ6，使其常开触点闭合，快速移动接触器 KM6(17 区)或 KM7(18 区)通电吸合，快速移动电动机旋转而实现快速移动。

(三) 辅助电路分析

因为控制电路使用电器较多，所以采用一台控制变压器 TC 供电，控制电路电压为 127 V，并有 36 V 安全电压给局部照明灯 EL 供电，SA 为照明灯开关，HL 为电源接通指示灯。

(四) 联锁保护环节分析

1. 主轴箱或工作台与主轴机动进给联锁

为了防止在工作台或主轴箱机动进给时出现将主轴或花盘机动进给手柄误扳下而损坏机构的情况，在控制电路中设有联锁装置。限位开关 SQ4 有一机械机构与工作台及主轴箱进给操作手柄相连，当操作手柄扳到"进给"位置，SQ4 常闭触点(18 区)断开。限位开关 SQ3 也有一机械机构与主轴及花盘进给操作手柄相连，当操作手柄扳到"进给"位置时，SQ3 的常闭触点(7 区)也是断开的。当以上两个操作手柄中任一个扳到"进给"位置时，SQ3、SQ4 中只有一个常闭触点断开。电动机 M1、M2 都可以启动，实现自动进给。若两个操作手柄同时扳到"进给"位置，SQ3、SQ4 常闭触点都断开，控制电路断电，电动机 M1、M2 无法启动，这就避免了误操作而造成的事故。

2. 其他联锁环节

主电动机 M1 的正、反转控制电路，高低速控制电路，快速电动机 M2 正、反转控制电路也设有互锁环节，以防止误操作而造成事故。

3. 保护环节

熔断器 FU1 对主电路进行短路保护，FU2 对 M2 及控制变压器进行短路保护，FU3 对控制电路进行短路保护，FU4 对局部照明电路进行短路保护。FR 对主电动机 M1 进行过载保护。因控制电路采用按钮接触器控制，所以具有失电压保护的功能。

(五) T68 型卧式镗床电气控制电路的特点

(1) 主轴与进给电动机 M1 为双速电动机，由接触器 KM3、KM4 和 KM5 控制定子绕组，由三角形接法换接成双星形接法，进行低/高速转换。低速时可直接启动；高速时，先低速启动而后自动转换成高速运行，以减小启动电流。

(2) 双速电动机 M1 能正反转运行，并可正反向点动，制动采用电磁操作的机械制动装置。

(3) 主轴和进给变速均在运行中进行，只要进行变速，主电动机便断电停车，变速完成后又恢复运行。

(4) 主轴箱、工作台与主轴进给等部分的快速移动由单独的快速移动电动机 M2 拖动，它们与机动进给之间有机械和电气的联锁保护。

(六) 常见故障与检测

T68 镗床模拟教学设备的主轴采用双速电动机驱动。对 M1 电动机的控制包括正、反转的控制，正、反向的点动控制，高低速互相转换及制动的控制。

图 3-5 为 T68 型卧式镗床电气元件安装位置以及布线情况，要求能读懂接线图，根据接线图能迅速找到相应电气元件的位置(参考图，具体以设备说明书为准)。

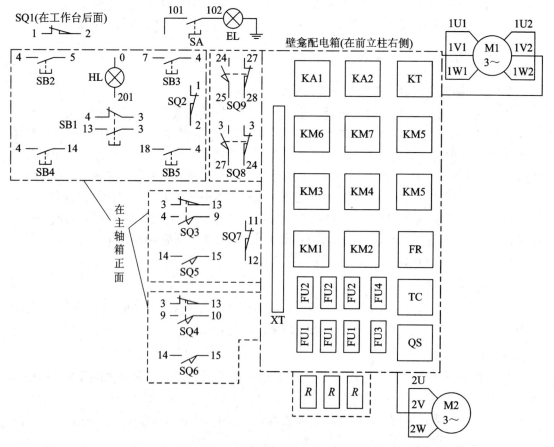

图 3-5　T68 镗床模拟盘电路配线图

T68 卧式镗床所需元件明细如表 3-1 所示。

表 3-1 T68 卧式镗床元件明细表

名　称	功　能	名　称	功　能
M1	主轴电动机	SQ1	主轴电动机变速行程开关
M2	快速电动机	SQ2	变速联锁行程开关
KM1	主轴正转接触器	SQ3	主轴与平旋盘联锁行程开关
KM2	主轴反转接触器	SQ4	工作台与主轴箱进给联锁行程开关
KM3	主轴低速(△)接触器	SQ5	快速移动正转控制行程开关
KM4	主轴高速(双Y)接触器	SQ6	快速移动反转控制行程开关
KM5	主轴高速(双Y)接触器	YA	主轴制动电磁铁
KM6	快速(快进)接触器	KT	主轴变速延时时间继电器
KM7	快速(快退)接触器	FU1	电路总保险熔断器
SB0	主轴停止按钮	FU2	M2电路短路保护熔断器
SB1	主轴反转启动按钮	FU3	主电动机过载保护熔断器
SB2	主轴正转启动按钮	DZ	电源总开关-漏电断路器
SB3	主轴正转点动按钮	TD	接线端子排
SB4	主轴反转点动按钮		

常见故障与检测步骤如下：

1．主轴电动机不能启动

主轴电动机 M1 只有一个转向能启动，另一转向不能启动。这类故障通常由于控制正、反转的按钮 SB2、SB1 及接触器 KM1、KM2 的主触头接触不良，线圈断线或连接导线松脱等原因所致。以正转不能启动为例，按 SB2 时，接触器 KM1 不动作，检查接触器 KM1 线圈及按钮 SB1 常开触头是否闭合良好。若接触器 KM1 和 KM3 均能动作，则电动机不能启动一般是由于接触器 KM1 主触头接触不良所造成的。

2．正、反转都不能启动

(1) 主电路熔断器 FU1 或 FU2 熔断，这种故障可造成继电器、接触器都不能动作。

(2) 控制电路熔断器 FU3 熔断、热继电器 FR 的常闭触头断开、停止按钮 SB0 接触不良等，同样可以造成所有接触器、继电器不能动作。

(3) 接触器 KM1、KM2 均会动作，而接触器 KM3 不能动作。可检查接触器 KM3 的线圈和它的连接导线是否有断线和松脱，行程开关 SQ1、SQ2、SQ3 或 SQ4 的常闭触头接触是否良好。当接触器 KM3 线圈通电动作，而电动机还不能启动时，应检查它的主触头的接触是否良好。

3．主轴电动机低速挡能启动，高速挡不能启动

这主要是由于时间继电器 KT 的线圈断路或变速行程开关 SQ1 的常开触头接触不良所致。如果时间继电器 KT 的线圈断线或连接线松脱，就不能动作。它的常开触头不能闭合，当变速行程开关 SQ1 扳在高速挡时，即常开触头闭合后，接触器 KM4、KM5 等均不能通电动作，因而高速挡不能启动，当高速行程开关 SQ1 的常开触头接触不良时，也会发生同

样情况。

4. 主轴电动机在低速启动后又自动停止

在正常情况下，电动机低速启动后，由于时间继电器 KT 控制自动换接，使接触器 KM3 断电释放，KM4、KM5 获电而转入高速运转。由于接触器 KM4、KM5 线圈断线，或 KM3 常闭辅助触点、KM4 的主触点及时间继电器 KT 的延时闭合常开触头接触不良等原因，电动机以低速启动后，虽然时间继电器 KT 已自动换接，但电动机仍会停止工作。

5. 进给部件快速移动控制电路的故障

进给部件快速移动控制电路是正、反转点动控制电路，使用电器元件较少。它的故障一般是电动机 M2 不能启动。如果 M2 正、反转都不能启动，同时主轴电动机 M1 也不能启动，这大都是由于主电路熔断器 FU1、FU2 或控制电路熔断器 FU3 熔断；若主轴电动机 M1 能启动，但只能快速转动，而电动机 M2 正、反转都不能启动，则应检查熔断器 FU2、接触器 KM6、KM7 的线圈，主触点及行程开关 SQ5、SQ6 的触头接触是否良好。

 习题与思考题

1. 说明 T68 型镗床主轴低速控制的原理及低速启动转为高速运转的控制过程。
2. 说明 T68 型镗床快速进给的控制过程。
3. 分析 T68 型镗床主轴变速和进给变速控制过程。
4. T68 型镗床为防止两个方向同时进给而出现事故，采取了什么措施？

任务三　X62W 型卧式万能铣床电气控制电路

学习目标

(1) 了解 X62W 型卧式万能铣床电气控制电路的主要结构与运动形式；
(2) 了解 X62W 型卧式万能铣床电气控制电路的特点、工作原理及控制要求；
(3) 能够对 X62W 型卧式万能铣床电气控制电路进行分析；
(4) 能够初步诊断 X62W 型卧式万能铣床电路的常见故障。

一、任务导入

本项目的任务是分析 X62W 型卧式万能铣床电气原理，并诊断 X62W 型卧式万能铣床常见的电气故障。

二、相关知识

铣床主要是用于加工零件的平面、斜面、沟槽等型面的机床，装上分度头以后，可以加工直齿轮或螺旋面，装上回转圆工作台则可以加工凸轮和弧形槽。铣床用途广泛，在金属切削机床中使用数量仅次于车床。铣床的种类很多，有卧铣、立铣、龙门铣、仿形铣以及各种专用铣床。X62W 卧式万能铣床是应用最广泛的铣床之一。

(一) 主要结构与运动分析

X62W 卧式万能铣床具有主轴转速高、调速范围宽、操作方便、工作台能自动循环加工等特点。其结构如图 3-6 所示，主要由底座、床身、悬梁、刀杆支架、工作台、溜板和升降台等部分组成。箱型的床身固定在底座上，它是机床的主体部分，用来安装和连接机床的其他部件，床身内装有主轴的传动机构和变速操纵机构。床身的顶部有水平导轨，其上装有带一个或两个刀杆支架的悬梁，刀杆支架用来支承铣刀心轴的一端，心轴的另一端固定在主轴上，并由主轴带动旋转。悬梁可沿水平导轨移动，刀杆支架也可沿悬梁做水平移动，以便调整铣刀的位置。床身的前侧面装有垂直导轨，升降台可沿导轨上下移动。在升降台上面的水平导轨上，装有可在平行于主轴轴线方向移动(横向移动，即前后移动)的溜板，溜板上部有可以转动的回转台。工作台装在回转台的导轨上，可以做垂直于轴线方向的移动(纵向移动，即左右移动)。工作台上有固定工件的燕尾槽。从上述结构来看，固定于工作台上的工件可做上下、左右及前后 3 个方向的移动，便于工作调整和加工时进给方向的选择。

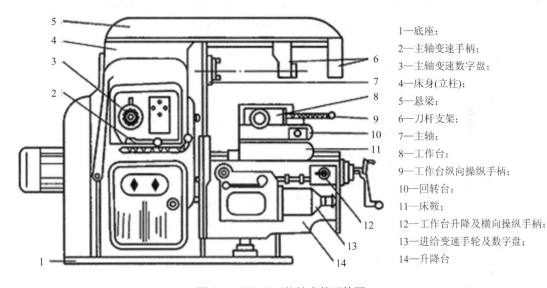

1—底座；
2—主轴变速手柄；
3—主轴变速数字盘；
4—床身(立柱)；
5—悬梁；
6—刀杆支架；
7—主轴；
8—工作台；
9—工作台纵向操纵手柄；
10—回转台；
11—床鞍；
12—工作台升降及横向操纵手柄；
13—进给变速手轮及数字盘；
14—升降台

图 3-6 X62W 万能铣床外形简图

此外，溜板可绕垂直轴线左右旋转 45°，因此工作台还能在倾斜方向进给，以加工螺旋槽。工作台上还可以安装圆工作台以扩大铣削能力。

从上述分析可知，X62W 卧式万能铣床有 3 种运动方式，即主运动、进给运动和辅助运动。主轴带动铣刀的旋转运动称为主运动；加工中工作台或进给箱带动工件的移动以及圆工作台的旋转运动称为进给运动；而工作台带动工件在 3 个方向的快速移动属于辅助运动。

(二) 电力拖动和控制要求

(1) X62W 万能铣床的主运动和进给运动之间没有速度比例协调的要求，所以主轴与工作台各自采用单独的笼型异步电动机拖动。

(2) 主轴电动机 M1 是在空载时直接启动，为完成顺铣和逆铣，要求有正反转。可根据铣刀的种类来选择转向，在加工过程中不必变换转向。

(3) 为了减小负载波动对铣刀转速的影响，以保证加工质量，主轴上装有飞轮，其转动惯量较大。为提高工作效率，要求主轴电动机有停车制动控制。

(4) 工作台的纵向、横向和垂直 3 个方向的进给运动由一台进给电动机 M2 拖动，3 个方向的选择由操纵手柄改变传动链来实现，每个方向有正反向运动，要求 M2 有正反转。同一时间只允许工作台向一个方向移动，故 3 个方向的运动之间应有联锁保护。

(5) 为了缩短调整运动的时间，提高生产率，工作台应有快速移动控制，X62W 万能铣床是采用快速电磁铁吸合来改变传动链的传动比来实现的。

(6) 使用圆工作台时，要求圆工作台的旋转运动与工作台的上下、左右、前后 3 个方向的运动之间有联锁控制，即圆工作台旋转时，工作台不能向其他方向移动。

(7) 为适应加工的需要，主轴转速与进给速度应有较宽的调节范围。X62W 万能铣床是采用机械变速的方法，改变变速箱传动比来实现的。为保证变速时齿轮易于啮合，减小齿轮端面的冲击，要求变速时有电动机冲动(短时转动)控制。

(8) 根据工艺要求，主轴旋转与工作台进给应有联锁控制，即进给运动要在铣刀旋转之后才能进行，加工结束后，必须在铣刀停转前停止进给运动。

(9) 冷却泵由一台电动机 M3 拖动，供给铣削时的冷却液。

(10) 为操作方便，应能在两处控制各部件的启动/停止。

三、任务实施

下面首先进行铣床电气控制电路分析。

X62W 卧式万能铣床电气控制原理图如图 3-7 所示。这种机床控制电路的显著特点是控制由机械和电气密切配合进行。因此在分析电气原理图之前必须详细了解各转换开关、行程开关的作用，各指令开关的状态以及与相应控制手柄的动作关系，表 3-2～表 3-4 分别列出了工作台纵向(左右)进给行程开关 SQ1、SQ2，工作台横向(前后)、升降(上下)进给行程开关 SQ3、SQ4 以及圆工作台转换开关 SA1 的工作状态。SA5 是主轴换向开关，SA3 是冷却泵控制开关，SA4 是照明灯开关，SQ6、SQ7 分别是工作台进给变速和主轴变速冲动开关，由各自的变速控制手柄和变速手轮控制。在了解了各开关的工作状态之后，便可按步骤分析控制电路了。

表 3-2　工作台纵向行程开关工作状态

触点＼纵向操作手柄	向左	中间(停)	向右
SQ1-1	−	−	+
SQ1-2	+	+	−
SQ2-1	+	−	−
SQ2-2	−	+	+

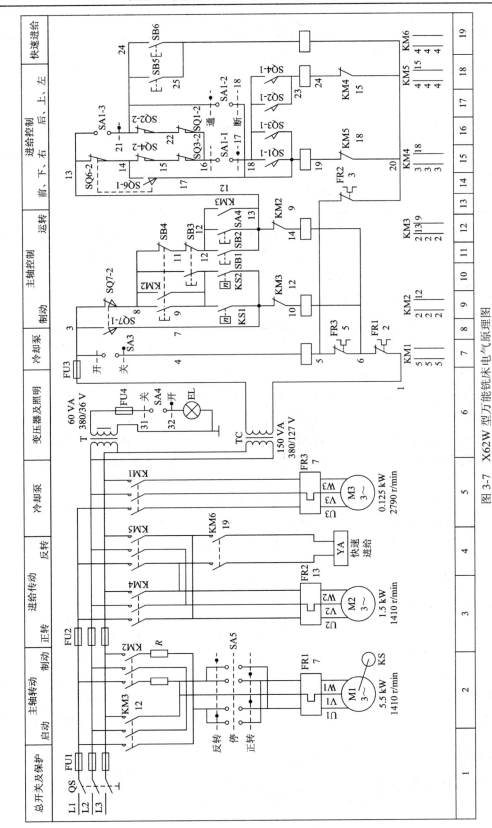

图 3-7　X62W 型万能铣床电气原理图

表 3-3　工作台升降、横向行程开关工作状态

触点　　　　　升降及横向操作手柄	向前向下	中间(停)	向后向上
SQ3-1	+	−	−
SQ3-2	−	+	+
SQ4-1	−	−	+
SQ5-2	+	+	−

表 3-4　圆工作台转换开关工作状态

触点　　　　　　位置	接通圆工作台	断开圆工作台
SA1-1	−	+
SA1-2	+	−
SA1-3	−	+

(一) 主电路分析

由原理图可知,主电路中共有 3 台电动机,其中 M1 为主轴拖动电动机,M2 为工作台进给拖动电动机,M3 为冷却泵拖动电动机,QS 为电源隔离开关。各电动机的控制过程如下:

(1) M1 由 KM3 控制,由转向选择开关 SA5 预选转向,KM2 的主触点串联两相电阻与速度继电器 KS 配合实现 M1 的停车反接制动。另外,还通过机械机构和接触器 KM2 进行变速冲动控制。

(2) 工作台拖动电动机 M2 由接触器 KM4、KM5 的主触点控制,并由接触器 KM6 的主触点控制快速电磁铁,决定工作台移动速度,KM6 接通为快速,断开为慢速。

(3) 冷却泵拖动电动机由接触器 KM1 控制,单方向运转。

(二) 控制电路分析

1) 控制电路电源

因为控制电器较多,所以控制电路电压为 127V,由控制变压器 TC 供给。

2) 主轴电动机的启/停控制

在非变速状态下,SQ7 不受压。根据所用的铣刀,由 SA5 选择转向,合上 QS。启动控制过程为

按 SB1,$SB1^+ \rightarrow KM3^+$(自锁)M1直接启动 $\xrightarrow{达一定 n 时}$ KS^+为反接制动作准备或($SB2$)(或$SB2^+$)加工结束

需停止时:

按 SB3,$SB3^+ \rightarrow KM3^- \rightarrow KM2^+ \rightarrow$ M1 反接(或$SB4$)(或$SB4^+$)制动 n↓↓ $\xrightarrow{n 低压一定值时}$ $KS^- \rightarrow KM2^- \rightarrow$ M1 停车

3) 主轴变速控制

X62W 卧式万能铣床主轴的变速采用孔盘机构，集中操纵。从控制电路的设计结构来看，既可以在停车时变速，M1 运转时也可以进行变速。图 3-8 为 X62W 主轴变速操作机构简图。变速时，将主轴变速手柄扳向左边，由扇形齿轮带动齿条和拨叉，使变速孔盘移出，并由与扇形齿轮同轴的凸轮触动变速冲动开关 SQ7。然后转动变速数字盘至所需要的转速，再迅速将变速手柄推回原处。当快接近终位时，应减慢推动的速度，以利齿轮的啮合，使孔盘推入。此时，凸轮又触动一下 SQ7，当孔盘完全推入时，SQ7 恢复原位。当手柄推不到底(孔盘推不上)时，可将手柄扳回再推一两次，便可推回原处。

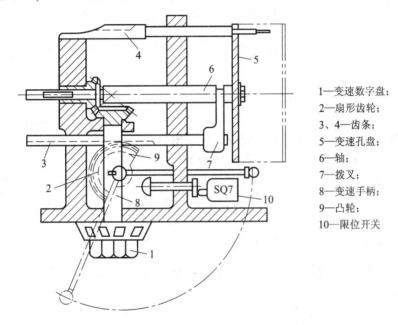

1—变速数字盘；
2—扇形齿轮；
3、4—齿条；
5—变速孔盘；
6—轴；
7—拨叉；
8—变速手柄；
9—凸轮；
10—限位开关

图 3-8　X62W 主轴变速操作机构简图

从上面的分析可知，在变速手柄推拉过程中，使变速冲动开关 SQ7 动作，即 SQ7-2 分断，SQ7-1 闭合，接触器 KM2 线圈短时通电，电动机 M1 低速冲动一下，而使传动齿轮顺利啮合。由于 SQ7-1 短时闭合时，SQ7-2 断开，所以 X62W 卧式万能铣床能够在运转中直接进行主轴变速操作。

其控制过程：扳动变速手柄时，SQ7 短时受压，M1 反接制动，转速迅速降低，以保证变速过程的顺利进行。变速完成后推回手柄，则主轴重新启动后，便运转于新的转速。

4) 工作台移动控制

工作台移动控制电路的电源是从 13 点引出，串入了 KM3 的自锁触点，以保证主轴旋转与工作台进给的联锁要求。进给电动机 M2 由 KM4、KM5 控制，实现正反转。工作台移动方向由各自的操作手柄来选择。

(1) 工作台左右(纵向)移动。工作台纵向进给是由纵向操作手柄控制的，此手柄有左、中、右 3 个位置。扳动手柄合上纵向进给的机械离合器，同时压下 SQ1 或 SQ2，实现纵向进给。控制过程如下：

① 工作台向右移动：手柄扳向右——合上纵向进给机械离合器。

$$压下SQ1\begin{pmatrix}SQ1\text{-}2分断\\SQ1\text{-}1闭合\end{pmatrix}\longrightarrow KM4 \longrightarrow M2正转 \longrightarrow 工作台右移$$

电流流经路径为

13→SQ6-2→SQ4-2→SQ3-2→SA1-1→SQ1-1→KM4 线圈→KM5 常闭触点→20

需说明的是，工作台纵向进给时，横向及升降操纵手柄应放在中间位置，不使用圆工作台，由表 3-2 可知相应开关的工作状态。

欲停止向右移动，只要将手柄扳回中间位置，此时行程开关 SQ1 不受压，工作台停止移动。

② 工作台向左移动：手柄扳向左——合上纵向进给机械离合器。

$$压下SQ2\begin{pmatrix}SQ2\text{-}2分断\\SQ2\text{-}1闭合\end{pmatrix}\longrightarrow KM5 \longrightarrow M2反转 \longrightarrow 工作台左移$$

电流流经路径为

13→SQ6-2→SQ4-2→SQ3-2→SA1-1→SQ2-1→KM5 线圈→KM4 常闭触点→20

工作台纵向进给有限位保护装置，进给至终端时，利用工作台上安装的左右终端撞块，撞击操纵手柄，使手柄回到中间停车位置，实现限位保护。

(2) 工作台前后(横向)和上下(升降)进给控制。工作台横向和升降运动是通过十字复式操纵手柄来控制的。该手柄有 5 个位置，即上、下、前、后和中间零位。在扳动十字操纵手柄的时候，通过联动机构，将控制运动方向的机械离合器合上，同时压下相应的行程开关 SQ3 或 SQ4。

① 工作台向上运动：将十字手柄扳向上——合上垂直进给机械离合器。

$$压下SQ4\begin{pmatrix}SQ4\text{-}2分断\\SQ4\text{-}1闭合\end{pmatrix}\longrightarrow KM5 \longrightarrow M2反转 \longrightarrow 工作台向上运动$$

电流流经路径为

13→SA1-3→SQ2-2→SQ1-2→SA1-1→SQ4-1→KM5 线圈→KM4 常闭触点→20

欲停止上升，只要把十字手柄扳回中间位置即可。

工作台向下运动，只要将十字手柄扳向下，则 KM4 线圈得电，使 M2 反转即可，其控制过程与上升类似。

② 工作台向前运动：将十字手柄扳向前——合上横向进给机械离合器。

$$压下SQ3\begin{pmatrix}SQ3\text{-}2分断\\SQ3\text{-}1闭合\end{pmatrix}\longrightarrow KM4^{+} \longrightarrow M2正转 \longrightarrow 工作台向前运动$$

电流流经路径为

13→SA1-3→SQ2-2→SQ1-2→SA1-1→SQ3-1→KM4 线圈→KM5 常闭触点→20

工作台向后运动，控制过程与向前类似，只需将十字手柄扳向后，则 SQ4 被压下，KM5 线圈得电，M2 反转，工作台向后运动。

工作台上、下、前、后运动都有限位保护，当工作台运动到极限位置时，利用固定在床身上的挡铁，撞击十字手柄，使其回到中间位置，工作台便停止运动。

每个方向的移动都有两种速度，上面介绍的 6 个方向的进给都是慢速移动。需要快速移动时，可在慢速移动过程中按下 SB5 或 SB6，则 KM6 得电吸合，快速电磁铁 YA 通电，工作台便按原移动方向快速移动。快速移动为点动，松开 SB5 或 SB6，快速移动停止，工作台仍按原方向继续进给。

若要求在主轴不转的情况下进行工作台快速移动，可将主轴换向开关 SA5 扳在停止位置，然后扳动进给手柄，按下主轴启动按钮和快速移动按钮，工作台就可进行快速调整。

5) 工作台各运动方向的联锁

在同一时间内，工作台只允许向一个方向运动，这种联锁是利用机械和电气的方法来实现的。例如工作台向左、向右控制，是同一手柄操作的，手柄本身起到左右运动的联锁作用。同理，工作台的横向和升降运动 4 个方向的联锁，是由十字手柄本身来实现的。而工作台的纵向与横向、升降运动的联锁，则是利用电气方法来实现的。由纵向进给操作手柄控制的 SQ1-2→SQ2-2 和横向、升降进给操作手柄控制的 SQ4-2→SQ3-2 两个并联支路控制接触器 KM4 和 KM5 的线圈。若两个手柄都扳动，则把这两个支路都断开，使 KM4 或 KM5 都不能工作，达到联锁的目的，防止两个手柄同时操作而损坏机构。

6) 工作台进给变速控制

为了获得不同的进给速度，X62W 铣床是通过机械方法改变变速齿轮传动比来实现的。与主轴变速类似，为了使变速时齿轮易于啮合，控制电路中也设置了瞬时冲动控制环节。变速应在工作台停止移动时进行。

进给变速操作过程：先启动主轴电动机，拉出蘑菇形变速手轮，同时转动至所需要的进给速度，再把手轮用力往外一拉，并立即推回原处。在手轮拉到极限位置的瞬间，其连杆机构推动 SQ6，使 SQ6-2 分断，SQ6-1 闭合，接触器 KM4 短时通电，M2 短时冲动，便于变速过程中齿轮的啮合。

其电流路径为

$13→SA1-3→SQ2-2→SQ1-2→SQ3-2→SQ4-2→SQ6-1→KM4$ 线圈→KM5 常闭触点→20

7) 圆工作台控制

为了扩大机床的加工能力，可在工作台上安装圆工作台。在使用圆工作台时，工作台纵向及十字操作手柄都应置于中间位置。在机床开动前，先将圆工作台转换开关 SA1 扳到"接通"位置，此时 SA1-2 闭合，SA1-1 和 SA1-3 断开，当按下主轴启动按钮 SB1 或 SB2 时，主轴电动机便启动，而进给电动机也因接触器 KM4 得电而旋转。

电流的路径为

$13→SQ6-2→SQ4-2→SQ3-2→SQ1-2→SQ2-2→SA1-2→KM4$ 线圈→KM5 常闭触点→20

电动机 M2 正转并带动圆工作台单向运转，其旋转速度也可通过蘑菇状变速手轮进行调节。由于圆工作台的控制电路中串联了 SQ1~SQ4 的常闭触点，所以扳动工作台任一方向的进给操作手柄，都将使圆工作台停止转动，这就起到圆工作台转动与工作台 3 个方向移动的联锁保护。

8) 冷却泵电动机 M3 的控制

由转换开关 SA3 控制接触器 KM1 来控制冷却泵电动机 M3 的启动和停止。

(三) 辅助电路及保护环节分析

机床的局部照明由变压器 TC 供给 36V 安全电压，转换开关 SA4 控制照明灯。

M1、M2、M3 为连续工作制，由 FR1、FR2、FR3 实现过载保护，热继电器的常闭触点串在控制电路中，当主轴电动机 M1 过载时，FR1 动作切除整个控制电路的电源；冷却泵电动机 M3 过载时，FR3 动作切除 M2、M3 的控制电源；进给电动机 M2 过载时，FR2 动作切除自身控制电源。

由 FU1、FU2 实现主电路的短路保护，FU3 实现控制电路的短路保护，FU4 作为照明电路的短路保护。

(四) X62W 卧式万能铣床电气控制电路的特点

从以上分析，可知这种机床控制电路有以下特点。

(1) 电气控制电路与机械配合相当密切，因此分析中要详细了解机械结构与电气控制的关系。

(2) 运动速度的调整主要是通过机械方法，因此简化了电气控制系统中的调速控制电路，但机械结构就相对比较复杂。

(3) 控制电路中设置了变速冲动控制，从而使变速顺利进行。

(4) 采用两地控制，操作方便。

(5) 具有完善的电气联锁，并具有短路、零压、过载及超行程限位保护环节，工作可靠。

(五) X62W 万能铣床常见电气故障的诊断与维修

(1) 主轴电动机 M1 不能启动。这种故障可用电压分析法进行分析，从上到下逐一测量，也可用中间分段电压法进行快速测量，检测步骤如图 3-9 所示。

(2) 主轴停车没有制动作用。主轴停车无制动作用，常见的故障点有交流回路中 FU3、12，整流桥，直流回路中的 FU4、YC1、SB5-2(SB6-2)等。故障检查时，可先将主轴换向转换开关 SA3 扳到停止位置，然后按下 SB5(或 SB6)等，仔细听有无 YC1 得电离合器动作的声音，具体检测流程如图 3-10 所示。

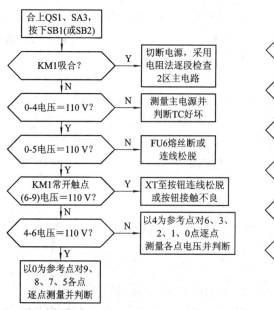

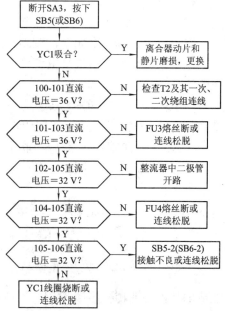

图 3-9　主轴电动机 M1 不能启动的检修流程图　　图 3-10　主轴停车没有制动作用的检测流程图

(3) 主电动机启动，进给电动机就转动，但扳动任一进给手柄，都不能进给。故障是圆工作台转换开关 SA2 拨到了"接通"位置造成的。进给手柄在中间位置时，启动主轴，进给电动机 M2 工作，扳动任一进给手柄，都会切断 KM3 的通电回路，使进给电动机停转。只要将 SA2 拨到"断开"位置，就可正常进给。

(4) 工作台各个方向都不能进给。主轴工作正常，而进给方向均不能进给，故障多出现在公共点上，可通过试车现象，判断故障位置，再进行测量。检测流程如图 3-11 所示。

(5) 工作台能上下进给，但不能左右进给。工作台上下进给正常，而左右进给均不工作，表明故障多出现在左右进给的公共通道 17 区(10→SQ2→2→13→SQ3→2→14→SQ4→2→15)之间。首先检查垂直与横向进给十字手柄是否位于中间位置，是否压触 SQ3 或 SQ4；在两个进给手柄在中间位置时试进给变速冲动是否正常，正常表明故障在变速冲动位置，开关 SQ2-2 接触不良或其连接线松脱，否则故障多在 SQ3-2、SQ4-2 触点及其连接线上。

(6) 工作台能右进给但不能左进给。由于工作台的左进给和工作台的上(后)进给都是 KM4 吸合，M2 反转，因此，可通过试向上进给来缩小故障区域。故障检测流程图 3-12 所示。

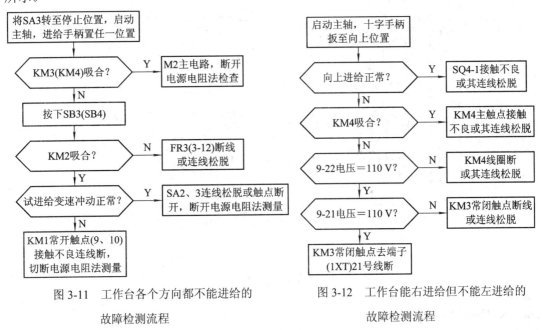

图 3-11　工作台各个方向都不能进给的　　　　图 3-12　工作台能右进给但不能左进给的

　　　　故障检测流程　　　　　　　　　　　　　故障检测流程

(7) 圆工作台不工作。圆工作台不工作时，应将圆工作台转换开关 SA2 重新转至断开位置，检查纵向和横向进给工作是否正常，排除 4 个位置开关(SQ3~SQ6)常闭触点之间联锁的故障。在纵向和横向进给正常后，圆工作台不工作，故障只在 SA2-2 触点或其连接线上。

四、拓展知识：万能铣床的反接制动

主轴电动机的制动采用电磁离合器来实现，这是一种机械制动方式，此外，还可以采用电气制动的方法来实现。

1. 反接制动接法

为了限制制动电流和减少制动冲击力，一般在 10 kW 以上电动机的定子电路中串入对称电阻或不对称电阻，称为制动电阻。制动电阻有对称电阻接线法和不对称电阻接线法两种。采用对称电阻接线法，在限制制动转矩的同时也限制了制动电流，而采用不对称电阻接线法，只是限制了制动转矩，而未加制动电阻的那一相，仍具有较大的电流。

2．反接制动工作过程

反接制动可以实现单向旋转反接制动和可逆启动反接制动。在 X62W 万能铣床中，因所使用的转换开关可实现主轴电动机的正转、停止及反转，故可采用单向旋转反接制动方式来替代电磁离合器的制动方式。替代后主电路和控制电路需要做相应的调整。单向旋转反接制动的控制电路如图 3-13 所示，其工作过程如下：

合上刀开关 QS，按下启动按钮 SB2，接触器 KM1 线圈通电且自锁，电动机启动。在电动机转速升高以后(通常大于 120 r/min)，速度继电器 KS 触点闭合，为制动接触器 KM2 通电做准备。停车时，按下停车按钮 SB1，KM1 释放，KM2 吸合且自锁，改变了电动机定子绕组中电源相序，电动机反接制动，电动机转速迅速下降，当转速低于 100 r/min 时，与电动机同轴转动的速度继电器的常开触点 KS 复位，KM2 线圈断电释放，制动过程结束。

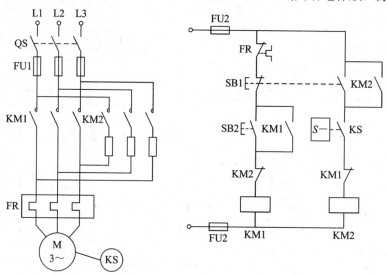

图 3-13　单向旋转反接制动的控制电路

 习题与思考题

1．X62W 万能铣床由哪几个部分组成？

2．X62W 万能铣床的主要运动形式有哪些？

3．X62W 万能铣床电气控制电路中为什么要设置变速冲动？

4．X62W 万能铣床电气控制电路中 3 个电磁离合器的作用分别是什么？

5．X62W 万能铣床的工件能在哪些方向上调整位置或进给？是怎样实现的？

6．说明 X62W 型万能铣床控制电路中圆工作台控制过程及联锁保护的原理。

7．X62W 万能铣床具有哪些联锁和保护？为何要有这些联锁与保护？

项目四　可编程序控制器概述

任务一　PLC　简　介

学习目标

(1) 了解 PLC 的产生和定义、分类、现状和应用发展；

(2) 掌握 PLC 的功能及性能指标。

一、任务导入

在工业控制中，使用单片机系统、工业计算机和可编程控制器三种控制系统，其中单片机系统具有成本低廉和控制灵活等优点，但是其开发难度大，开发成本高；工业计算机通常和其他计算机(单片机或者 PLC 等)进行通信控制，开发方便；PLC 控制系统根据用户需要来选择相应的模块，并且用户程序是在 PLC 的系统程序上运行和编制的，其开发简单，抗干扰能力强，语言简单，许多电力工程师能够快速地使用其进行设计工作，近年来发展迅速。

可编程序控制器(Programmable Logic Controller，PLC)是集自动控制技术、计算机技术和通信技术于一体的一种新型工业控制装置，它的应用面广、功能强大、使用方便，已经成为当代工业自动化三大支柱(PLC、Robot、CAD/CAM)之一，在工业生产的许多领域得到了广泛的使用。

二、相关知识

(一) PLC 的产生和定义

在 PLC 问世之前，电气自动控制的任务基本上都由继电接触式控制系统完成。这种系统主要由继电器、接触器、按钮和一些特殊电器构成，具有结构简单、抗干扰能力强和价廉等优点。但同时也存在着体积大、耗电多、可靠性差、寿命短、运行速度慢等缺点。此外，这类系统对于生产的适应性很差，一旦生产任务或工艺流程发生变化，则需改变硬件结构，重新设计。这使得继电器控制系统很难适应现代工业的需求。

1969 年，美国数字设备公司(DEC)研制出了世界上第一台可编程序控制器，并成功地应用在美国通用汽车公司(GM)的生产线上。但当时只能进行逻辑运算，故称为可编程逻辑控制器，这就是第一代可编程控制器。

20 世纪 70 年代后期，随着微电子技术和计算机技术的迅猛发展，使 PLC 从开关量的逻辑控制扩展到数字控制及生产过程控制领域，真正成为一种电子计算机工业控制装置，故称为可编程序控制器，简称 PC(Programmable Controller)，但由于 PC 容易与个人计算机(Personal Computer)相混淆，所以现在仍把 PLC 作为可编程序控制器的缩写。

国际电工委员会(IEC)于 1987 年 2 月颁发了可编程序控制器标准草案第三稿，该草案中对可编程序控制器的定义是："可编程序控制器是一种数字运算操作的电子系统，专为在工业环境下应用而设计。它采用了可编程序的存储器，用来在其内部存储和执行逻辑运算、顺序控制、定时、计数和算术运算等操作命令，并通过数字式、模拟式的输入和输出，控制各种类型的机械或生产过程。可编程序控制器及其有关外围设备，都按易于与工业系统形成一个整体、易于扩充其功能的原则设计。"PLC 是由继电器逻辑控制系统发展而来的，所以它在数学处理、顺序控制方面具有一定的优势。

(二) PLC 的特点

PLC 在诞生之后就得到广泛的应用，这与其本身的特点是分不开的。相对于工业 PC 和继电器控制系统，PLC 具有如下几方面特点。

(1) 编程简单。梯形图是使用得最多的 PLC 的编程语言，其符号和表达式与继电器电路原理图相似，形象直观，易学易懂。有继电器电路基础的电气技术人员只要很短的时间就可以熟悉梯形图语言，并用来编制用户程序。

(2) 控制灵活。PLC 产品已经标准化、系列化、模块化，配备有品种齐全的各种硬件装置供用户选择，用户能灵活方便地进行系统配置，组成不同功能、不同规模的系统。PLC 用软件功能取代了继电器控制系统中大量的中间继电器、时间继电器、计数器等器件，确定硬件配置后，可以通过修改用户程序，不用改变硬件，方便快速地适应工艺条件的变化，具有很好的柔性。

(3) 功能强，可扩展性好，性价比高。一台 PLC 内有成百上千个可供用户使用的编程软元件，有很强的逻辑判断、数据处理、PID 调节和数据通信功能，可以实现复杂的控制功能。如果元件不够，只要加上需要的扩展单元即可，扩展非常方便。PLC 有较强的带负载能力，可以直接驱动一般的电磁阀和交流接触器。PLC 的安装接线也很方便，一般用接线端子连接外部接线，与相同功能的继电器系统相比，具有很高的性价比。

(4) 可维护性好。PLC 的配线与其他控制系统的配线相比要少得多，故可以省下大量的配线，减少大量的安装接线时间，使开关柜体积缩小，节省大量的费用。可编程序控制器的故障率很低，且有完善的自诊断和显示功能，便于迅速地排除故障。

(5) 可靠性高。传统的继电器控制系统使用了大量的中间继电器、时间继电器，其触点的接触不良，容易引发故障。PLC 用软件代替了中间继电器和时间继电器，仅剩下与输入和输出有关的少量硬件元件，接线可减少到继电器控制系统的 1/10 以下，大大减少了因触点接触不良造成的故障。

PLC 采取了一系列硬件和软件抗干扰措施，具有很强的抗干扰能力，平均无故障时间达到数万小时，可以直接用于有强烈干扰的工业生产现场。PLC 被广大用户公认为最可靠的工业控制设备之一。

(6) 体积小、能耗低。小型 PLC 的体积仅相当于几个继电器的大小，而复杂的控制系统，由于采用了 PLC，省去了传统继电器控制系统中的大量中间继电器和时间继电器，因此使得开关柜的体积大大缩小，一般可减为原来的 1/2～1/10，并使系统的能耗也相应地减小。

(三) PLC 的分类

由于 PLC 产品种类繁多，为便于选择适合不同应用场合的 PLC，人们一般将其按如下的方法分类。

1. 按输入/输出点数分类

可编程序控制器用于对外部设备的控制，外部信号的输入、PLC 的运算结果的输出都要通过 PLC 输入/输出端子来进行接线，输入/输出端子的数目之和称为 PLC 的输入/输出点数，简称 I/O 点数。由 I/O 点数的多少可将 PLC 分成小型、中型和大型，以适应不同控制规模的应用。

小型 PLC 的 I/O 点数小于 256 点，有时把 64 点以下的称为微型机，其用户程序容量一般小于 4 K 字，以开关量控制为主，具有体积小、价格低的优点，可用于开关量的控制、定时/计数的控制、顺序控制及少量模拟量的控制场合，代替继电-接触器控制在单机或小规模生产过程中使用。

中型 PLC 的 I/O 点数在 256～2048 点之间，也以开关量输入/输出为主，用户程序容量一般小于 32 K 字，它除了具有小型机功能外，还具有模拟量控制功能和通信联网功能，有较丰富的指令系统、更大的内存容量和更快的扫描速度，可应用于较为复杂的连续生产过程控制。

大型 PLC 的 I/O 点数在 2048 点以上，用户程序容量大于 32 K 字，并可扩展。除一般类型的输入/输出模块外，还有特殊类型的信号处理模块和智能控制单元，能进行数学计算、PID 调节、整数、浮点运算和二进制、十进制转换运算等；还具有自诊断功能、通信联网功能，可构成三级通信网，适合于自动化控制、过程控制和过程监控系统，实现生产管理的自动化。

2. 按结构形式分

根据 PLC 的外形和硬件安装结构的特点，PLC 可分为整体式、模块式和混合式三种。

1) 整体式结构

整体式结构又称箱体式或单元式结构，它是把 PLC 的 CPU、存储器、I/O 接口、电源、通信端口等合装在一个金属或塑料机壳内，结构紧凑。机壳的两侧安装输入/输出接线端子和电源进线，并有相应的指示灯(发光二极管)显示。面板上有编程器插座、通信口插座、外存储器插座和扩展单元接口插座等，同时也配有多种功能扩展单元，体积小、质量轻、价格低，适用于工业生产中的单机控制。如西门子公司的 S7-200 系列 PLC，其整体式结构外形如图 4-1 所示；另外，还有 A-B 公司的 MicroLogx 1000 系列、三菱公司的 F1、F2 和 FX 系列、欧姆龙公司的 C 系列 P 型机等。

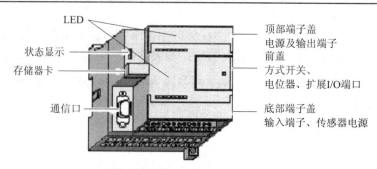

图 4-1　S7-200 型 PLC 外形图

2) 模块式结构

为了扩展方便，大中型 PLC 和部分小型 PLC 常采用模块式结构。PLC 由机架和模块两部分组成，模块安插在插座上，模块插座焊在机架总线连接板上，有不同槽数的机架供用户选用，各机架之间用接口模块和电缆相连。

模块式结构的 PLC 通常把 CPU、存储器、输入/输出接口等均做成各自相互独立的模块，组装在一个具有标准尺寸并带有若干插槽的机架内。模块式结构的 PLC 配置灵活，装配和维修方便，易于扩展。这种结构 PLC 具有较多的输入/输出点数，适用于复杂的过程控制。这种系统有 A-B 公司的 SLC500 系列和 PLC-2、PLC-3、PLC-5 系列，西门子公司的 S5-100 系列和 S7-300、400 系列，三菱公司的 A 系列和 Q 系列，欧姆龙公司的 CVM/CSI 系列等。图 4-2 为 S7-400 型 PLC 模块化结构。

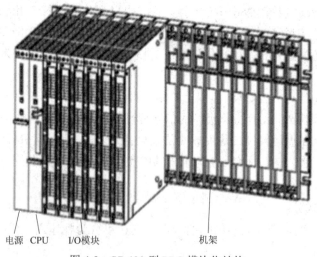

图 4-2　S7-400 型 PLC 模块化结构

(四) PLC 的主要技术性能指标

各公司产品的技术性能指标不同，各有特色。一般可按 CPU 档次、I/O 点数、存储容量、扫描速度、网络功能等方面来衡量 PLC 的性能。PLC 性能指标是控制系统设计选型的重要依据。

1. I/O 点数

I/O 点数是 PLC 最重要的一项技术指标，是指 PLC 能够处理的输入、输出端子的总数

(通常开关量的输入、输出用点数表示，模拟量的输入、输出用通道数表示)。它决定了 PLC 在实际应用中的规模大小。I/O 点数包括主机的 I/O 点数和最大可扩展的点数，I/O 点数越多，能够控制的器件和设备越多。

2. 内存容量

PLC 的存储器包括系统软件存储器和用户应用存储器两部分，主要用来存储程序和系统参数。系统软件由生产厂家编制并已固化在内部的存储器中。PLC 的存储容量通常指用户应用存储器的容量，即所谓的"内存容量"。

在 PLC 中，程序指令是按"步"存放的，1"步"占用 1 个地址单元，1 个地址单元一般占 2 字节。如一个内存容量为 2 KB 的 PLC，可存放指令 1000 步。用户程序容量与最大 I/O 点数大体成正比，其大小决定了用户所能编写程序的最大长度。因此，用户必须根据实际情况来选择足够的内存容量。绝大多数 PLC 都配置有较大容量的存储器，一般能够满足实际控制要求。

3. 扫描速度

PLC 是以循环扫描方式运行的。它在一个扫描周期内，执行系统内部处理、输入采样、输出刷新所需时间是基本固定的，但它执行用户程序所需的时间随程序长短和指令复杂程度而变化。扫描速度一般以扫描 1KB 的用户程序(典型指令)所需时间来衡量，其单位为 ms/KB；也有用 1 步指令的执行时间计，以 μs/步为单位；有时也用扫描时间表述，即 CPU 按逻辑顺序，从开始到结束扫描一次所需的时间。

4. 指令种类和数量

这是衡量 PLC 软件功能强弱的重要指标。指令的种类和数量决定了用户编制程序的方式和 PLC 的处理能力和控制能力。指令的种类和数量越多，控制能力越强。

5. 内部寄存器种类和数量

PLC 内部寄存器用以存放变量状态、中间结果、数据等，还有许多辅助寄存器可供用户使用。内部寄存器主要有定时器、计数器、中间继电器、数据寄存器和特殊寄存器等。PLC 寄存器种类和数量配置情况是衡量 PLC 硬件功能的一个指标。

6. 扩展能力

PLC 扩展能力是指 I/O 点数和类型的扩展、特殊信号处理的扩展、存储容量和控制区域(联网)的扩展等。考虑到实际情况的变化，在选择 PLC 时要为系统的扩展留有适量的余地。

7. 智能模块

PLC 除主控模块外，还可配接各种智能模块，完成多种特殊的控制，如模拟量控制、远程控制及通信等。其种类和数量越多，说明 PLC 功能越强大。

8. 编程语言与编程工具

每种类型 PLC 都具有多种编程语言，具有互相转换的可移植性；但不同类型 PLC 的编程语言互不相同、互不兼容。一般由厂家提供专用编程工具，包括专用编程器和专用编程软件。编程器一般使用助记符语言，编程软件可在 PC 上操作，普遍采用梯形图、功能图或高级计算机语言(如 C、BASIC 或 PASCAL 语言)进行编程。

（五）PLC 的应用

目前，PLC 在国内外已广泛应用于钢铁、石油、化工、电力、建材、机械制造、汽车、轻纺、交通运输、环保及文化娱乐等各个行业，随着其性价比的不断提高，应用范围不断扩大，主要有以下几个方面。

1．开关量逻辑控制

开关量逻辑控制是可编程序控制器应用最广的领域。由于 PLC 具有"与"、"或"、"非"等逻辑运算的能力，其内部还有定时器/计数器，因此可以实现逻辑运算，用触点和电路的串联、并联，代替继电器进行组合逻辑控制，实现定时控制与顺序逻辑控制。开关量逻辑控制可以用于单台设备，也可以用于自动生产线，其应用领域已遍及各行各业，甚至深入到民用和家庭。

2．运动控制

PLC 使用专用的运动控制模块或灵活运用指令，可以使运动控制与顺序控制功能有机地结合在一起。随着变频器、电动机启动器的普遍使用，可编程序控制器可以与变频器结合，运动控制功能更为强大。此外，PLC 还广泛地用于各种机械，如金属切削机床、装配机械、机器人、电梯等场合。

3．模拟量控制

通过模拟量输入/输出模块，PLC 可以接收温度、压力、流量等连续变化的模拟量，实现模拟量和数字量之间的 A/D 转换和 D/A 转换，并对模拟量进行闭环 PID(比例—积分—微分)控制。现代的大中型可编程序控制器一般都有 PID 闭环控制功能，此功能已经广泛地应用于工业生产、加热炉、锅炉等设备，以及轻工、化工、机械、冶金、电力、建材等行业。

4．数据处理

新型的 PLC 具有数据处理能力，不仅可以进行数学运算、数据传送、转换、排序和查表、位操作等功能，还可以完成数据的采集、分析和处理。这些数据可以是运算的中间参考值，也可以是通过通信功能传送到别的智能装置，或者将它们保存、打印。

5．通信联网控制

PLC 的通信包括主机与远程 I/O 之间的通信、多台 PLC 之间的通信、PLC 和其他智能控制设备(如计算机、变频器)之间的通信。PLC 与其他智能控制设备一起，可以组成"集中管理、分散控制"的分布式控制系统(DCS)。

（六）PLC 的现状与发展

1．PLC 的现状

PLC 自问世以来，其发展极其迅速。进入 20 世纪 80 年代，PLC 都采用了微处理器(CPU)、只读存储器(ROM)、随机存储器(RAM)或单片机作为其核心，处理速度大大提高，增加了多种特殊功能，体积进一步减小。20 世纪 90 年代末，PLC 几乎完全计算机化，速度更快、功能更强，各种智能模块不断被开发出来，在各类工业控制过程中的作用不断扩展。目前 PLC 已具备以下优势：

(1) 功能更强。PLC 不仅具有逻辑运算、计数、定时等基本功能，还具有数值运算、模拟调节、监控、记录、显示，与计算机接口、通信等功能。大、中型甚至小型 PLC 都配有 A/D、D/A 转换及算术运算功能，有的还具有 PID 功能。这些功能使 PLC 在模拟量闭环控制、运动控制和速度控制等方面具有了硬件基础；许多 PLC 具有输出和接收高速脉冲的功能，配合相应的传感器及伺服设备，PLC 可实现数字量的智能控制；PLC 配合可编程终端设备，可实时显示采集到的现场数据及分析结果，为系统分析、研究工作提供依据，利用 PLC 的自检信号实现系统监控；PLC 具有较强的通信功能，可以与计算机或其他智能装置进行通信及联网，从而方便地实现集散控制，实现整个企业的自动化控制和管理。

(2) 性能更高。PLC 采用高性能微处理器，提高了处理速度，加快了响应时间；扩大存储容量，有的公司已使用了磁泡存储器或硬盘；采用多处理器技术以提高性能，甚至进行冗余备份以提高可靠性。为进一步简化在专用控制领域的系统设计及编程，专用智能输入/输出模块越来越多，如专用智能 PID 控制器、智能模拟量 I/O 模块、智能位置控制模块、语言处理模块、专用数控模块、智能通信模块和计算模块等。这些模块的特点是本身具有 CPU，能独立工作，它们与 PLC 并行操作，无论在速度、精度、适应性和可靠性各方面都对 PLC 进行了很好的补充。计算机与 PLC 紧密结合，完成 PLC 本身无法完成的许多功能。这些模块的编程、接线都与 PLC 一致，使用非常方便。

(3) 编程语言的多样化。编程语言有主要适用于逻辑控制领域的梯形图语言；有面向顺序控制的步进顺控语句；有面向过程控制系统的功能块语言，能够表示过程中动态变量与信号的相互连接；还有与计算机兼容的高级语言，如 BASIC、C 及汇编语言。

2. PLC 的发展

PLC 的发展是和自动控制、计算机、半导体、通信等高新技术的发展紧密相关的。回顾 PLC 的发展历程，大致可以将其分为以下几个阶段。

1) 数字电路构成的初创阶段(20 世纪 60 年代末期到 20 世纪 70 年代中期)

1969 年研制的世界上第一台 PLC，主要由分立元件和中小规模集成电路组成，仅可完成简单的逻辑控制、定时和计数控制等，控制功能比较单一。

2) 微处理器构成的实用型产品扩展阶段(20 世纪 70 年代中后期到 80 年代初期)

20 世纪 70 年代初出现了微处理器，将大规模集成电路引入 PLC，增加了数值运算、数据传送和处理及闭环控制等功能；提了了运算速度，扩大了输入/输出规模，开始发展与其他控制系统相连的接口，构成了以 PLC 为主要部件的初级分散控制系统。PLC 进入了实用化发展阶段。

3) 大规模应用的成熟产品阶段(20 世纪 80 年代初到 80 年代末)

20 世纪 80 年代初，PLC 进入成熟发展阶段并在先进工业国家中已获得了广泛的应用。这个时期 PLC 发展的特点是大规模、高速度、高性能和网络化，形成了多种系列化产品，出现了结构紧凑、功能强大、性能价格比高的新一代产品。

20 世纪末期的 PLC 发展，从控制规模上，发展了大型机及超小型机；从控制能力上，诞生了各种各样的特殊功能单元，用于压力、温度、转速、位移等控制场合；从产品的配套能力上，产生了各种人机界面单元、通信单元，使应用 PLC 更加容易；从编程语言上，借鉴了计算机高级语言，形成了面向工程技术人员、极易为工程技术人员掌握的图形语言。

PLC 已成为自动控制系统的主要设备和自动化技术的重要标志之一。

4) 通用的网络产品开放阶段(20 世纪 80 年代末到现在)

随着网络通信技术的飞速发展,近年来 PLC 在网络系统、设备冗余等方面都有了长足的进步;其通信功能逐步向开放、统一和通用的标准网络结构发展,如控制层的控制网络(Control Net)、设备网络(Device Net)、现场总线(Field Bus)和管理层的以太网(Ethernet)等。通用的网络接口、卓越的通信能力使 PLC 在工业以太网及各种工业总线系统中获得了广泛的应用,如能完成对整个车间的监控,可在 CRT 上显示各种现场图像,灵活方便地完成各种控制和管理操作;可将多台 PLC 连接起来与大系统连成一体,实现网络资源共享。

进入 21 世纪后,PLC 有了更大的发展。为了适应现代化生产需求,扩大 PLC 在工业领域的应用范围,PLC 的发展趋势一是向超小型、专用化和低价格的方向发展;二是向大型化、高速、多功能和分布式全自动化网络方向发展,以适应现代企业自动化的发展。

三、拓展知识:PLC 相关知识

1. PLC 的主要生产厂家

目前,世界上生产 PLC 的厂家已有 200 多家,有各种型号和系列。比较著名的有美国 A-B、通用电气(GE)、莫迪康(Modicon)公司;日本的三菱电机(Mitsubishi)、欧姆龙(Omron)、富士电机(FUJI)、松下电工公司;德国的西门子(Siemens)公司;法国的 TE 与施耐德(Schneider)公司;韩国的三星(Sumsung)与 LG 等公司。其中德国和美国是以大型 PLC 而闻名,而日本主要生产小型 PLC。1977 年我国才研制出第一台具有实用价值的 PLC,并开始批量生产和应用于工业过程的控制。主要有北京和利时、科迪纳、无锡华光等公司,生产多种型号 PLC,如 SU、SG 等,发展也很快,并在价格上很有优势。

2. PLC 与其他工业控制系统的比较

1) PLC 与继电器控制系统的比较

继电器控制采用硬接线方式装配而成,只能完成既定的功能,而 PLC 控制只要改变程序并改动少量的接线端子,就可适应生产工艺的改变。从适应性、可靠性及设计、安装、维护等各方面进行比较,传统的继电器控制大多数将被 PLC 所取代。

2) PLC 与工业计算机的比较

工业控制机要求开发人员具有较高的计算机专业知识和微机软件编程的能力。PLC 采用了面向控制过程、面向问题的"自然语言"进行编程,使不熟悉计算机的人也能很快掌握使用,便于推广应用。PLC 是专为工业现场应用而设计的,具有更高的可靠性。在模型复杂、计算量大且较难、实时性要求较高的环境中,工业控制机则更能发挥其专长。

习题与思考题

1. PLC 的定义是什么?

2. PLC 的结构和分类有哪些?

3. PLC 控制系统与传统的继电器控制系统有何区别?

4. 简述 PLC 的发展和应用。

任务二 PLC工作原理及编程语言

学习目标

(1) 了解PLC的结构和工作原理、软件;

(2) 掌握PLC的几种编程语言和程序结构。

一、任务导入

虽然PLC的品种繁多,但其基本结构和工作原理基本相同。广义上和工业PC一样,PLC也是一种计算机系统,只不过它更加适于工业环境,具有更强的抗干扰能力。

二、相关知识

(一) PLC 的结构组成

PLC的结构组成如图4-3所示,主要包括中央处理单元(CPU)、存储器、I/O接口电路、电源、I/O扩展接口、外部设备接口等。其内部采用总线结构进行数据和指令的传输。外部的各种信号送入PLC的输入接口,在PLC内部进行逻辑运算或数据处理,最后以输出变量的形式经输出接口,驱动输出设备进行各种控制。各部分的作用如下。

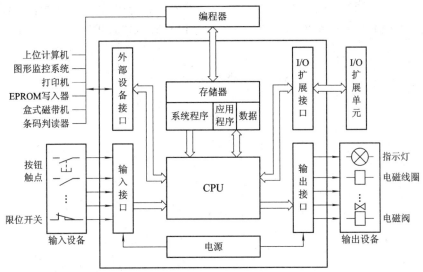

图4-3 PLC结构示意图

1. 中央处理单元

中央处理单元(Centre Processing Unit,CPU),主要由控制电路、运算器和寄存器等部分组成,是PLC的运算和控制中心。

PLC常用的CPU有通用微处理器、单片机和双极型位片式微处理器。通用微处理器常用的是8位或16位,如Z80A、8085、8086、M68000等;单片机是将CPU、存储器和I/O接口集成在一起,因此性价比高,多为中小型PLC采用,常用的单片机有8051、8098等;

位片式微处理器的特点是运算速度快，以 4 位为 1 片，可以多片级联，组成任意字长的微处理器，因此多为大型 PLC 采用，常用的位片式微处理器有 AM2900、AM2901、AM2903等。目前，PLC 的位数多为 8 位或 16 位，高档机位数已采用 32 位，甚至更高位数。

2．存储器

存储器的功能是存放程序和数据，可分为系统程序存储器和用户程序存储器两大类：

(1) 系统程序存储器。系统程序存储器用来存放管理程序、监控程序以及内部数据，由 PLC 生产厂家设计提供，用户不能更改。

(2) 用户程序存储器。用户程序存储器主要存放用户已编制好或正在调试的应用程序。存放在 RAM 中的用户程序可方便地进行修改。

3．输入/输出接口电路

输入/输出接口电路的作用是将输入信号转换为 CPU 能够接收和处理的信号，并将 CPU输出的弱电信号转换为外部设备所需要的强电信号，而且能有效地抑制干扰，起到与外部电路的隔离作用。

(1) 输入接口电路。

输入接口电路由光电耦合输入电路和微处理器输入接口电路组成。光电耦合输入电路的作用是隔离输入信号，防止现场的强电干扰进入微机；对交流输入信号，还采用变压器或继电器隔离，有的还用滤波环节来增强抗干扰性能。

各种 PLC 的输入电路大都相同，通常有直流输入、交流输入两种基本类型。直流输入电源有外部直流电源和 PLC 内部电源，当直流输入电源为 PLC 内部的直流电源时，又称为干接触式，交流输入必须外加电源。图 4-4 为 PLC 输入接口电路原理。

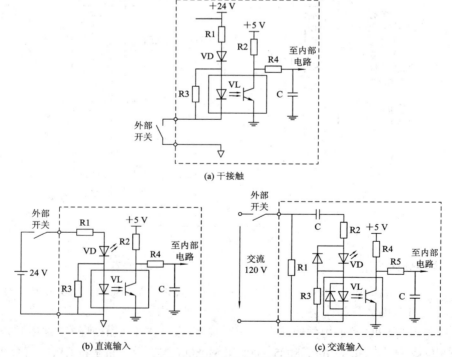

(a) 干接触

(b) 直流输入　　　　　　　　　　　(c) 交流输入

图 4-4　PLC 的输入接口电路

(2) 输出接口电路。

输出接口电路有继电器输出型、晶体管输出型和晶闸管输出型三种。其中继电器输出型为有触点的输出，可用于直流或低频交流负载；晶体管输出型和晶闸管输出型都是无触点的输出。前者适用于高速、小功率直流负载，后者适用于高速、大功率交流负载。图 4-5 为三种输出形式的输出接口电路。

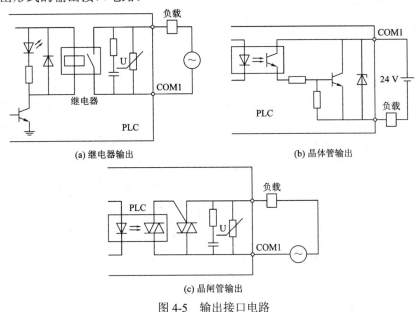

(a) 继电器输出　　　　　　　　　　(b) 晶体管输出

(c) 晶闸管输出

图 4-5　输出接口电路

4．电源

电源单元的作用是把外部电源(通常是 220V 的交流电源)转换成内部工作电压。外部连接的电源，通过 PLC 内部配有的一个专用开关式稳压电源，将交流/直流供电电源转化为 PLC 内部电路需要的工作电源(直流 5 V、±12 V、24 V)，并为外部输入元件(如接近开关)提供 24 V 直流电源(仅供输入端点使用)，而驱动 PLC 负载的电源由用户提供。对于整体式结构的 PLC，电源通常封装在机箱内部；对于模块式 PLC，有的采用单独的电源模块，有的将电源与 CPU 封装到一个模块中。在 PLC 中，为避免电源间干扰，输入与输出接口电路的电源彼此相互独立。小型 PLC 电源往往和 CPU 单元合为一体，大中型 PLC 都有专门的电源单元。直流电源常采用开关稳压电源，稳压性能好、抗干扰能力强，不仅可提供多路独立的电压供内部电路使用，而且还可为输入设备提供标准电源。

5．I/O 扩展接口

当主机(基本单元)的 I/O 点数不能满足输入/输出设备点数需要时，可通过此接口用扁平电缆线将 I/O 扩展单元与主机相连，以增加 I/O 点数。A/D、D/A 单元也通过该接口与主机相接。

6．编程器

编程器是 PLC 的主要外围设备，利用编程器能将用户程序送入 PLC 的存储器，还可以检查、修改程序，并监视 PLC 的工作状态。编程器一般分简易型和智能型两类。小型 PLC 常用简易型，大中型 PLC 多用智能型。现在普遍采用微机作为编程器，在微机内添加专用编程软件，即可对 PLC 编制控制程序，并显示梯形图或语句指令，非常方便，因此得到了广泛应用。

7．外部设备接口

外部设备接口是指在主机外壳上与外部设备配接的插座。通过电缆可配接编程器、计算机、打印机、EPROM 写入器、条码判读器等，可以实现编程、监控、联网等功能。

(二) PLC 的工作原理

PLC 是一种工业计算机，其工作原理是建立在计算机工作原理基础上的，PLC 中的 CPU 采用分时操作方式来处理各项任务，即每一时刻只能处理一件事情，程序的执行是按照顺序依次执行。这种分时操作过程称为 PLC 对程序的扫描，扫描一次所用的时间称为扫描周期。PLC 的扫描工作过程大致可以分为三个阶段：即输入采样、用户程序执行和输出刷新，如图 4-6 所示。在整个运行期间，PLC 的 CPU 以一定的扫描速度重复执行上述三个阶段。

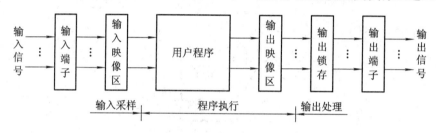

图 4-6　PLC 工作过程

1．输入采样阶段

在输入采样阶段，PLC 首先扫描所有输入端子，再依次地读入所有输入状态和数据，并将它们存入输入映像寄存器中。此时，输入映像区被刷新。输入采样结束后，转入用户程序执行和输出刷新阶段。在这两个阶段中，即使输入状态和数据发生变化，输入映像区中相应单元的状态和数据也不会改变。因此，如果输入的是脉冲信号，则该脉冲信号的宽度必须大于一个扫描周期，才能保证在任何情况下，该输入均能被读入。

2．用户程序执行阶段

在用户程序执行阶段，PLC 总是按由上而下的顺序依次地扫描用户程序(梯形图)。在扫描每一条梯形图时，又总是先扫描梯形图左边的由各触点构成的控制电路，并按先左后右、先上后下的顺序对由触点构成的控制电路进行相应的运算，最后将执行结果写入输出映像寄存器中。

3．输出刷新阶段(输出处理阶段)

CPU 在执行完所有的指令后，把输出状态寄存器中的内容转存到输出锁存器中，并通过输出接口电路将其输出，来驱动 PLC 的外部负载，控制设备的相应动作，形成 PLC 的实际输出。

实际上，在每个扫描周期内，CPU 除了执行用户程序外，还要进行系统自诊断和通信请求，并及时接收外来的控制命令，以提高 PLC 工作的可靠性，但所占用时间很短。

由上可见，PLC 通过周期性循环扫描，并采取集中采样和集中输出的方式执行用户程序，这与计算机的工作方式不同，计算机在工作过程中，如果输入条件没有满足，程序将等待，直到条件满足才继续执行；而 PLC 在输入条件不满足时，程序照样往下执行，它将依靠不断的循环扫描，一次次通过输入采样捕捉输入变量。当然由此也带来一个问题，如果在本次扫描之后输入变量才发生变化，则只有等待下一次扫描时才能确认。这就造成了输入与输出响应的滞后，在一定程度上降低了系统的响应速度，但由于 PLC 的一个工作周期仅为数十毫秒，故这种很短的滞后时间对一般的工业控制系统影响不大。

(三) PLC 的软件及编程语言

PLC 是一种工业控制计算机。与计算机一样，PLC 的软件也分为系统软件和应用软件。

1. 系统软件

PLC 的系统软件就是系统监控程序，也有人称之为 PLC 的操作系统。它是每台可编程序控制器都必须包括的部分，用于控制 PLC 本身的运行，是由 PLC 制造厂家编制的。系统监控程序可分为三个部分：

1) 系统管理程序

系统管理程序是监控程序中最重要的部分。它主要负责系统的运行管理、存储空间的管理和系统自检，包括系统出错检验、用户程序语法检验、句法检验、警戒时钟运行等。有了系统管理程序，可编程序控制器就能在其管理控制下，有条不紊地进行各种工作。

2) 用户指令解释程序

在可编程序控制器中采用梯形图语言编程，再通过用户指令解释程序，将梯形图语言逐条翻译成机器语言。由于在执行指令过程中需要对指令进行逐条解释，所以降低了程序的执行速度。好在 PLC 控制的对象多是机电控制设备，这些滞后的时间(μs 或 ms 级)，完全可以忽略不计。尤其是当前 PLC 的主频越来越高，这种时间上的延迟将越来越短。

3) 标准程序和系统调用

这部分是由许多独立的程序块组成的，各自实现不同的功能，如输入、输出、运算或特殊运算等。可编程序控制器的各种具体工作都是由这部分程序完成的，这部分程序的多少，就决定了 PLC 的性能。

整个系统监控程序是一个整体，它的质量的好坏，很大程度上决定了可编程序控制器的性能。

2. 应用软件

编程语言是 PLC 的重要组成部分，PLC 为用户提供了完整的编程语言，以适应用户编制程序的需要。IEC61131.3 为 PLC 制定了 5 种 PLC 的标准编程语言，其中有三种图形语言即梯形图(LAdder Diagram，LAD)、功能块图(Function Block Diagram，FBD)、顺序功能图(Sequential Function Chart，SFC)；两种文本语言，即指令表(STatement List，STL)和结构化文本(Structured Text，ST)。

1) 梯形图语言

梯形图语言是 PLC 最早使用的一种编程语言，也是 PLC 最普遍采用的编程语言。它将 PLC 内部的各种编程元件和各种具有特定功能的命令用专用图形符号定义，并按控制要求将有关图形符号按一定规律连接起来，构成描述输入/输出之间控制关系的图形，这种图形称为 PLC 梯形图。梯形图编程语言是从继电器控制系统原理图的基础上演变而来的，继承了继电器控制系统中的基本工作原理和电器逻辑关系的表达方法，梯形图语言与继电器控制系统梯形图的基本思想是一致的，只是在使用符号和表达方式上有一定区别，如图 4-7(a)、(b)所示。

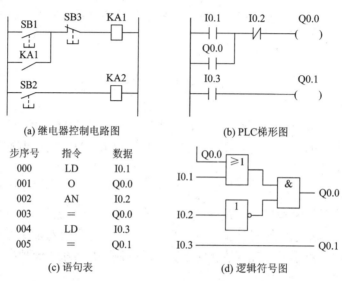

图 4-7　继电器控制电路图与 PLC 编程语言

(1) 电气元件与能流。PLC 梯形图只是一个控制程序并不是实际电路，梯形图中的继电器、定时器、计数器也不是物理继电器，而是存储器中的存储位，因此称其为"软器件"。相应位为"1"状态时，表示继电器线圈通电或常开触点闭合、常闭触点断开；相应位状态为"0"时，表示该继电器线圈断电，或其常开、常闭触点保持原状态。PLC 梯形图两端并没有电源，也没有真实电流，仅是概念性电流，称其为"能流"或"使能流"。

(2) 继电器。PLC 中的继电器有输出继电器、辅助继电器等。与传统的继电-接触器中的继电器相比，PLC 中的继电器是"软继电器"，其触点从理论上讲可以无限次使用。

(3) 触点。PLC 中的继电器触点是对应的存储器存储单元，在程序运行中仅是对存储状态的读取，可以无限次重复使用，因此可认为 PLC 的每个"软继电器"具有无数对常闭或常开触点供用户使用，也没有使用寿命的限制，无需用复杂的程序结构来减少触点的使用次数。

(4) 工作方式。继电-接触器线路通电后是并行工作方式，也就是按同时执行方式工作，一旦形成电流通路可能有多条支路同时工作；而 PLC 梯形图是串行工作方式，按梯形图的扫描顺序，自左至右、自上而下执行，并循环扫描，不存在几条并列支路同时动作。这种串行工作方式可以在梯形图设计时减少许多有约束关系的连锁电路，使电路设计简化。

2) 功能块图

功能块图(FBD)是另一种图形化的编程语言，沿用了半导体逻辑电路中逻辑框图的表达方式。一般用一种功能模块(或称功能框)表示一种特定的功能，模块内的符号表示该功能块图的功能。功能块图有基本逻辑功能、计时和计数功能、运算和比较功能及数据传送功能等，如图 4-7(d)所示。

3) 顺序功能图

SFC 编程方法是法国人开发的，是一种真正的图形化的编程方法。SFC 专用于描述工业顺序控制程序，使用它可以对具有并发、选择等复杂结构的系统进行编程，特别适合在复杂的顺序控制系统中使用。

4) 指令表

指令表编程语言类似于计算机中的助记符汇编语言，它是 PLC 最基础的编程语言。所谓指令表编程，是用一个或几个容易记忆的字符来代表 PLC 的某种操作功能，按照一定的语法和句法编写出一行一行的程序，来实现所要求的控制任务的逻辑关系或运算。梯形图语言虽然直观、方便、易懂，但必须配有较大的显示器才能输入图形，一般多用于计算机编程环境中。而指令表常用于手持编程器，通过输入助记符语言在生产现场编制、调试程序。对于同一厂家的 PLC 产品，其指令表语言与梯形图语言是相互对应的，可以互相转换，如图 4-7 中，图(b)是梯形图语言，图(c)是与之对应的指令表语言。

5) 结构化文本

结构化文本是一种高级的文本语言，是一种较新的编程语言。结构化文本语言表面上与 PASCAL 语言很相似，但它是一个专门为工业控制应用开发的编程语言，具有很强的编程能力，与梯形图相比，它能实现复杂的数学运算，编写的程序非常简洁和紧凑。

 习题与思考题

1．PLC 有何特点？

2．PLC 与继电器控制系统相比有哪些异同？

3．PLC 与单片机控制系统相比有哪些异同？

4．PLC 是怎么进行分类的？每一类的特点是什么？

5．构成 PLC 的主要部件有哪些？各部分主要作用是什么？

6．PLC 的扫描工作过程大致可以分为几个阶段？每个阶段主要完成哪些控制任务？

7．在 IEC61131.3 国际标准编程语言中，提供了哪些 PLC 编程语言？各有何特点？

项目五　S7-200 PLC 及其基本指令

任务一　S7-200 PLC 的系统配置与接口模块

学习目标

(1) 了解西门子 S7-200 PLC 面板上各部分的功能；

(2) 了解西门子 S7-200 PLC 系统的组成；

(3) 熟悉西门子 S7-200 PLC 系统的接口与模块。

一、任务导入

PLC的工作依靠自身软、硬件的配合，两者一一对应，可以由不同的硬件匹配不同的软件完成相同的功能，硬件是其正常工作的物理基础，包括PLC、供电电源和输入/输出硬件，软件决定了整体的工作方式和功能，所以我们必须先了解PLC的硬件。

二、相关知识

(一) S7-200 PLC 系统的组成

PLC 主要由中央处理器(CPU)、存储器(RAM、ROM)、输入/输出单元(I/O)、电源和编程器等部分组成。

1. 中央处理器

从 CPU 模块的功能来看，SIMATIC S7-200 系列小型可编程序控制器的发展，大致经历了两代：

第一代产品其 CPU 模块为 CPU 21X，主机都可进行扩展，它具有四种不同结构配置的 CPU 单元：CPU 212、CPU 214、CPU 215 和 CPU 216，对第一代 PLC 产品不再作具体介绍。

第二代产品其 CPU 模块为 CPU 22X，是在 21 世纪初投放市场的，它速度快，具有较强的通信能力。它具有四种不同结构配置的 CPU 单元：CPU 221、CPU 222、CPU 224 和 CPU 226，除 CPU 221 之外，其他都可加扩展模块。下面就 SIMATIC S7-200 系列 CPU 22X PLC 主机及 I/O 系统做一下介绍：

SIMATIC S7-200 CPU 22X 系列 PLC 的主机(CPU 模块)的外形如图 5-1 所示。

四种 CPU 各有晶体管输出和继电器输出两种类型，具有不同电源电压和控制电压。各类型的型号如表 5-1 所示。

SIMATIC S7-200 CPU 22X 系列 PLC 的主要技术性能指标如表 5-2 所示。

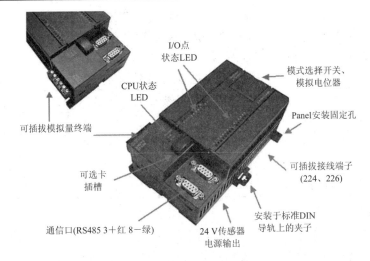

图 5-1　PLC 主机外形

表 5-1　CPU 型号

CPU	类型	电源电压	输入电压	输出电压	输出电流
CPU 221	DC 输出 DC 输入	$24V_{DC}$	$24V_{DC}$	$24V_{DC}$	0.75 A，晶体管
	继电器输出 DC 输入	$85\sim266V_{AC}$	$24V_{DC}$	$24V_{DC}$ $24\sim230V_{AC}$	2 A，继电器
CPU 222	DC 输出	$24V_{DC}$	$24V_{DC}$	$24V_{DC}$	0.75 A，晶体管
CPU 224 CPU 226	继电器输出	$85\sim264V_{AC}$	$24V_{DC}$	$24V_{DC}$ $24\sim230V_{AC}$	2 A，继电器

表 5-2　SIMATIC S7-200 CPU 22X 系列 PLC 的主要技术性能指标

技术指标项	CPU 221	CPU 222	CPU 224	CPU 226
外形尺寸/mm	$90 \times 80 \times 62$	$90 \times 80 \times 62$	$120 \times 80 \times 62$	$190 \times 80 \times 62$
存储器				
用户程序	2048 字	2048 字	4096 字	4096 字
用户数据	1024 字	1024 字	2560 字	2560 字
用户存储器类型	EEPROM	EEPROM	EEPROM	EEPROM
数据后备(超级电容)典型值	50 小时	50 小时	50 小时	50 小时
输入/输出				
本机 I/O	6 入/4 出	8 入/6 出	14 入/10 出	24 入/16 出
扩展模块数量	无	2 个模块	7 个模块	7 个模块
数字量 I/O 映像区大小	256	256	256	256
模拟量 I/O 映像区大小	无	16 入/16 出	32 入/32 出	32 入/32 出
指令系统				
33 MHz 下布尔指令执行速度	0.37 μs/指令	0.37 μs/指令	0.37 μs/指令	0.37 μs/指令
FOR/NEXT 循环	有	有	有	有
整数指令	有	有	有	有
实数指令	有	有	有	有

PLC 通过输入/输出点与现场设备构成一个完整的 PLC 控制系统，因此要综合考虑现场设备的性质以及 PLC 的输入/输出特性，才能更好地利用 PLC 的功能。SIMATIC S7-200 CPU 22X 系列 PLC I/O 特性如表 5-3 所示。

表 5-3　主机及 I/O 特性

型　　号	主机输出类型	主机输入点数	主机输出点数	可扩展模块数
CPU 221	DC/继电器	6	4	无
CPU 222	DC/继电器	8	6	2
CPU 224	DC/继电器	14	10	7
CPU 226	DC/继电器	24	16	7

2. 存储器

存储器是具有记忆功能的半导体集成电路，用于存放系统程序、用户程序、逻辑变量和其他信息。系统程序是控制和完成 PLC 多种功能的程序，由厂家编写。用户程序是根据生产过程和工艺要求设计的控制程序，由用户编写。PLC 中常用的存储器有 ROM、RAM 和 EPROM。

1) 只读存储器(ROM)

只读存储器中一般存放系统程序。系统程序具有开机自检、工作方式选择、键盘输入处理、信息传递和对用户程序的翻译解释等功能。系统程序关系到 PLC 的性能，由制造厂家用微机的机器语言编写并在出厂时已固化在 ROM 或 EPROM(紫外线可擦除 ROM)芯片中，用户不能直接存取。

2) 随机存储器(RAM)

随机存储器又称可读可写存储器。读出时 RAM 中的内容保持不变。写入时，新写入的信息覆盖了原来的内容。因此 RAM 用来存放既可读出又需要经常修改的内容。PLC 中的 RAM 一般存放用户程序、逻辑变量和其他一些信息。用户程序是在编程方式下，用户从键盘上输入并经过系统程序编译处理后放在 RAM 中的。RAM 中的内容在掉电后会消失，所以 PLC 为 RAM 提供了备用锂电池，若经常带负载可维持 3～5 年。如果要长期使用调试通过的用户程序，可用专用 EPROM 写入器把程序固化在 EPROM 芯片中，再把该芯片插在 PLC 上的 EPROM 专用插座中。

3. 电源

电源单元是将交流电压信号转换成处理器、存储器及输入/输出部件正常工作所需要的直流电源。由于 PLC 主要用于工业现场的自动控制，直接处于工业干扰的影响之中，所以为了保证 PLC 内主机可靠工作，电源单元对供电电源采用了较多的滤波环节，还用集成电压调整器进行调整以适应交流电网的电压波动，对过电压和欠电压都有一定的保护作用。另外，采用了较多的屏蔽措施来防止工业环境中的空间电磁干扰。常用的电源电路有串联稳压电路、开关式稳压电路和设有变压器的逆变式电路。

供电电源的电压等级常见的有 AC：100 V、200 V；DC：100 V、48 V、24 V 等。

4. 编程器

编程器是 PC 的重要外围设备，利用编程器将用户程序送入 PC 的存储器，还可以用编程器检查程序、修改程序；利用编程器还可以监视 PC 的工作状态。编程器一般分简易型编程器、智能型编程器、小型 PC 常用简易型编程器，大中型 PC 多用智能型 CRT 编程器。除此以外，在个人计算机上添加适当的硬件接口和软件包，即可用个人计算机对 PC 编程。利用微机作为编程器，可以直接编制并显示梯形图。

PLC 还有一些外围设备，如 EPROM 写入器、打印机、图形编辑器、工业计算机等，这些设备必须通过相应的接口电路与 PC 连接。

以上几部分和接口模块组成的整体称为 PLC，是一种可根据生产需要人为灵活变更控制规律的控制装置，它与多种生产机械配套可组成多种工业控制设备，实现对生产过程或某些工艺参数的自动控制。由于 PC 主机实质上是一台工业专用微机，并具有普通微机所不具有的特点，因而它成为了开路、闭路控制的首选方案。

综上所述，PC 主机在构成实际系统时，至少需要建立两种双向的信息交流通道，即完成主机与生产机械之间、主机与人之间的信息交换。在与生产现场进行连接后，含有工况信息的电信号通过输入通道送入主机，经过处理，计算机产生输出控制信号，通过输出通道控制执行元件工作。

(二) S7-200 PLC 的接口模块

1. 输入/输出扩展模块

当主机单元模板上的 I/O 点数不够时，或者涉及模拟量控制时，除了 CPU 221 以外，都可以通过增加扩展单元模板的方法，对输入/输出点数进行扩展。

(1) 设备连接，如图 5-2 所示。

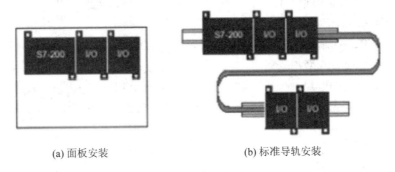

(a) 面板安装　　　　　　　　　　(b) 标准导轨安装

图 5-2　I/O 扩展示意图

(2) 最大 I/O 配置的预算。在进行 I/O 扩展时，各扩展模块在 DC 5 V 下所消耗的电流应不大于 CPU 主机模板在 DC 5V 下所能提供的最大扩展电流。各 CPU 在 DC5 V 下所能提供的最大扩展电流如表 5-4 所示。

表 5-4　CPU 提供的最大扩展电流

CPU 型号	221	222	224	226
最大扩展电流/mA	0	340	660	1000

CPU 22X 系列 PLC 可连接的各扩展模块消耗 DC 5V 电流如表 5-5 所示。

表 5-5　扩展模块消耗电流

扩展模块编号	扩展模块型号	模块消耗电流/mA
1	EM221 DI8 × DC 24 V	30
2	EM222 DO8 × DC 24 V	50
3	EM222 DO8 × 继电器	40
4	EM223 DI4/DO4 × DC 24V	40
5	EM223 DI4/DO4 × DC 24V/继电器	40
6	EM223 DI8/DO8 × DC 24V	80
7	EM223 DI8/DO8 × DC 24V/继电器	80
8	EM223 DI16/DO16 × DC 24V	160
9	EM223 DI16/DO16 × DC 24V/继电器	150
10	EM231 AI4 × 12 位	20
11	EM231 AI4 × 热电偶	60
12	EM231 AI4 × RTD	60
13	EM232 AQ2 × 12 位	20
14	EM235 AI4/AQ1 × 12	30
15	EM277 PROFIBUS-DP	150

2．模拟量 I/O 扩展模块

生产过程中有许多电压、电流信号，用连续变化的形式表示流量、温度、压力等工艺参数的大小，这就是模拟量信号。这些信号在一定范围内连续变化，如−10～+10 V 电压，或者 0/4～20 mA 电流。

S7-200 CPU 不能直接处理模拟量信号，必须通过专门的硬件接口，把模拟量信号转换为 CPU 可以处理的数据，或者将 CPU 运算得出的数据转换为模拟量信号。数据的大小与模拟量信号的大小相关，数据的地址由模拟量信号的硬件连接所决定。用户程序通过访问模拟量信号对应的数据地址，获取或者输出真实的模拟量信号。S7-200 提供了专用的模拟量模块来处理模拟量信号。

EM231：模拟量输入模块，4 通道电流/电压输入。

EM232：模拟量输出模块，2 通道电流/电压输出。

EM235：模拟量输入/输出模块，4 通道电流/电压输入、1 通道电流/电压输出。

3．温度测量扩展模块

温度测量扩展模块是模拟量模块的特殊形式，可以直接连接 TC(热电偶)和 RTD(热电阻)以测量温度。它们各自都可以支持多种热电偶和热电阻，使用时只需简单设置就可以直接得到摄氏(或华氏)温度数值。

EM231 TC：热电偶输入模块，4 输入通道。

EM231 RTD：热电阻输入模块，2 输入通道。

4．特殊功能模块

S7-200 系统提供了一些特殊模块，用于完成特定的任务。例如：定位控制模块 EM253，它能产生脉冲串，通过驱动装置带动步进电机或伺服电机进行速度和位置的开环控制。每个模块可以控制一台电机。

5．通信模块

S7-200 系统提供以下几种通信模块，以适应不同的通信方式。

EM277：PROFIBUS-DP 从站通信模块，同时也支持 MPI 从站通信。

EM241：调制解调器(Modem)通信模块。

CP243-1：工业以太网通信模块。

CP243-1IT：工业以太网通信模块，同时支持 Web/E-mail 等 IT 应用功能。

CP243-2：AS-Interface 主站模块，可连接最多 62 个 AS-Interface 从站。

6．总线延长电缆

如果 S7-200 CPU 和扩展模块不能安装在一起，可以选用总线延长电缆，以适应灵活安装的需求。电缆长度为 0.8 m，一个 S7-200 系统只能安装一条总线延长电缆。

习题与思考题

1．PLC 的主要部件有哪些？各部分的主要作用是什么？

2．一个控制系统需要 10 个数字量输入，20 个数字量输出，6 个点模拟量输入和 1 个点模拟量输出，那么应该选择哪种主机型号？如何选择扩展模块？

任务二　S7-200 PLC 的编程语言及数据类型

学习目标

(1) 熟悉 S7-200 系列 PLC 的编程语言；

(2) 熟练应用基本指令编程；

(3) 初步了解编程方法。

一、任务导入

PLC 为用户提供了完整的编程语言，以适应编制用户程序的需要。PLC 提供的编程语言通常有以下几种：梯形图、指令表、功能块图。下面以 S7-200 系列 PLC 为例加以说明。

二、相关知识

（一）S7-200 系列 PLC 的编程语言

1．梯形图

梯形图(LAD)编程语言是从继电器控制系统原理图的基础上演变而来的。PLC 的梯形图与继电器控制系统的梯形图的基本思想是一致的，只是在使用符号和表达方式上有一定区别。LAD 图形指令有 3 种基本形式：触点、线圈、指令盒。

(1) 触点：触点分为常开触点和常闭触点。

常开触点的图形符号为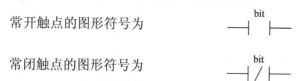

常闭触点的图形符号为

(2) 线圈：线圈表示输出结果，通过输出接口电路来控制外部的指示灯、接触器等及内部 PLC 采用循环扫描的工作方式，所以在用户程序中，每个线圈只能使用一次。线圈的图形符号为

网络1

(3) 指令盒。指令盒代表一些较复杂的功能，当"能流"通过指令盒时，执行指令盒所代表的功能。如定时器、计数器或数学运算指令等。

2. 指令表

指令表(STL)编程语言类似于计算机中的助记符语言，它是可编程序控制器最基础的编程语言。所谓指令表编程，是用一个或几个容易记忆的字符来代表可编程序控制器的某种操作功能。它具有容易记忆，便于掌握的特点，并且用编程软件可以将语句表与梯形图相互转换。

例如图 5-3 是一个简单的 PLC 程序，图 5-3(a)是梯形图程序，图 5-3(b)是相应的指令表。

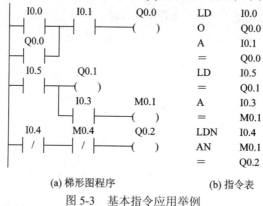

(a) 梯形图程序   (b) 指令表

图 5-3 基本指令应用举例

3. 功能块图

S7-200 系列 PLC 专门提供了功能块图(FBD)编程语言，利用 FBD 可以查看像普通逻辑门图形的逻辑盒指令。它没有梯形图编程器中的触点和线圈，但有与之等价的指令，这些指令是作为盒指令出现的，程序逻辑由盒指令之间的连接决定。图 5-4 为 FBD 的一个简单实例。

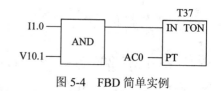

图 5-4 FBD 简单实例

(二) 编程注意事项及编程技巧

(1) 程序应按自上而下、从左至右的顺序编写。

(2) 线圈不能直接与左母线相连。如果需要,可以通过特殊内部标志位存储器 SM0.0(该位始终为 1)来连接,如图 5-5 所示。

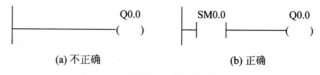

图 5-5　线圈与左母线连接实例

(3) 适当安排编程顺序,以减少程序的步数。串联多的支路应尽量放在上部,如图 5-6 所示。并联多的支路应靠近左母线,如图 5-6 所示。

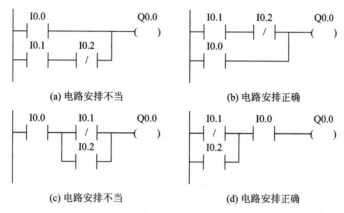

图 5-6　并联多的电路应靠近左侧母线

(4) 对复杂的电路,用 ALD、OLD 等指令难以编程,可重复使用一些触点画出其等效电路,然后再进行编程,如图 5-7 所示。

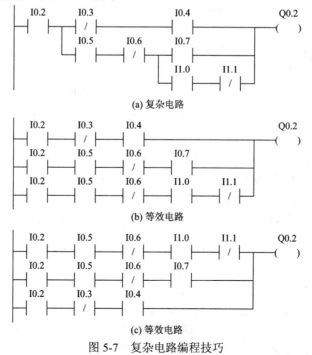

图 5-7　复杂电路编程技巧

(三) S7-200 系列 PLC 数据类型及元件功能

1. 数据类型

S7-200 系列 PLC 的数据类型可以是字符串、布尔型(0 或 1)、整数型和实数型(浮点数)。布尔型数据指字节型无符号整数；整数型数包括 16 位符号整数(INT)和 32 位符号整数(DINT)。实数型数据采用 32 位单精度数来表示。数据类型、长度及数据范围如表5-6 所示。

表 5-6　数据类型、长度及数据范围

数据的长度、类型	无符号整数范围		符号整数范围	
	十进制	十六进制	十进制	十六进制
字节 B(8 位)	0～255	0～FF	−128～127	80～7F
字 W(16 位)	0～65 535	0～FFFF	−22 768～32 767	8000～7FFF
双字 D(32 位)	0～4 294 967 295	0～FFFFFFFF	−2 147 483 648～ 2 147 483 647	80000000～ 7FFFFFFF
整数 INT(16 位)	0～65 535	0～FFFF	−32 768～32 767	8000～7FFF
布尔 BOOL(1 位)	0、1			
实数 REAL	$-10^{38}\sim10^{38}$			
字符串	每个字符串以字节形式存储，最大长度为 255 字节，第一个字节中定义该字符串的长度			

2. 编址方式

S7-200 PLC 的存储单元按字节进行编址，无论所寻址的是何种数据类型，通常应指出它所在存储区域内的地址。

位编址的指定方式：(区域标志符)字节号.位号，如 I0.0；Q0.0；I1.2。

字节编址的指定方式：(区域标志符)B(字节号)，如 IB0 表示由 I0.0～I0.7 这 8 位组成的字节。

字编址的指定方式：(区域标志符)W(起始字节号)，且最高有效字节为起始字节。例如 VW0 表示由 VB0 和 VB1 这 2 字节组成的字，其中 VB0 表示高字节，VB1 表示低字节。

双字编址的指定方式：(区域标志符)D(起始字节号)，且最高有效字节为起始字节。例如 VD0 表示由 VB0 到 VB3 这 4 字节组成的双字，其中各字节按照由高到低的排列顺序为VB0、VB1、VB2、VB3。

3. 寻址方式

1) 直接寻址

S7-200 PLC 的存储单元的每个单元都有唯一的地址，直接寻址就是在指令中直接使用存储器或寄存器的元件名称(区域标志)和地址编号，直接到指定的区域读取或写入数据，有按位、字节、字、双字的寻址方式，如图 2-6 所示。

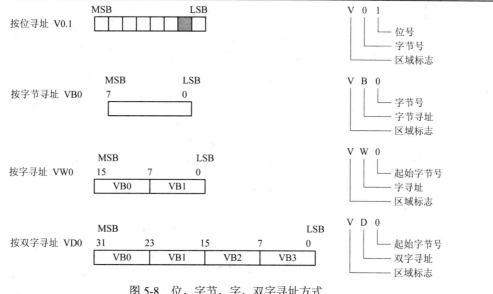

图 5-8　位、字节、字、双字寻址方式

2) 间接寻址

间接寻址是指数据存放在存储器或寄存器中，在指令中只出现数据所在单元的内存地址的地址。存取单元地址的地址又称为地址指针。

间接寻址时，操作数并不提供直接数据位置，而是通过使用地址指针来存取存储器中的数据。在 S7-200 中允许使用指针对 I、Q、M、V、S、T、C(仅当前值)存储区进行间接寻址。间接寻址在处理内存连续地址中的数据时非常方便，而且缩短程序所生成的代码长度，使编址更加灵活。

使用间接寻址前，要先创建一个指向该位置的指针，指针建立好后，利用指针存取数据，如图 5-9 所示。

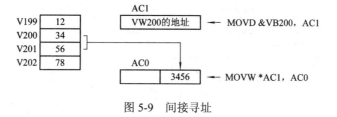

图 5-9　间接寻址

4. 编程元件

1) 输入继电器

输入继电器(I)位于输入过程映像寄存器(Process-Image Input Register)区。输入继电器是 PLC 用来接收用户设备输入信号的接口。PLC 中的"继电器"与继电器控制系统中的继电器有本质性的差别，是"软继电器"，它实质是存储单元。

输入继电器的地址分配：S7-200 输入映像寄存器区域有 IB0～IB15 共 16 个字节的存储单元。系统对输入映像寄存器是以字节(8 位)为单位进行地址分配的。

2) 输出继电器

输出继电器(Q)位于输出过程映像寄存器(Process-Image Output Register)区。输出继电器是用来将输出信号传送到负载的接口，每一个"输出继电器"线圈都与相应的 PLC 输出相连，并有无数对常开和常闭触点供编程时使用。

输出继电器的地址分配：S7-200 输出映像寄存器区域有 QB0～QB15 共 16 个字节的存储单元。系统对输出映像寄存器也是以字节(8 位)为单位进行地址分配的。

3) 变量存储器

变量存储器(V)主要用于存储变量，可以存放数据运算的中间运算结果或设置参数，在进行数据处理时，变量存储器会被经常使用。变量存储器可以是位寻址，也可按字节、字、双字为单位寻址，其位存取的编号范围根据 CPU 的型号有所不同，CPU 221/222 为 V0.0～V2047.7，共 2 KB 存储容量，CPU 224/226 为 V0.0～V5119.7，共 5 KB 存储容量。

4) 通用辅助继电器

通用辅助继电器(M)位于 PLC 的存储器的位存储器区(Bit Memory Area)，用来保存控制继电器的中间操作状态，其作用相当于继电器控制中的中间继电器。内部存储器在 PLC 中没有输入/输出端与之对应，其线圈的通断状态只能在程序内部用指令驱动，其触点不能直接驱动外部负载，只能在程序内部驱动输出继电器的线圈，再用输出继电器的触点去驱动外部负载。它主要用来在程序设计中处理逻辑控制任务。

5) 特殊继电器

PLC 中还有若干特殊继电器或特殊存储器(SM)，特殊继电器提供大量的状态和控制功能，用来在 CPU 和用户程序之间交换信息，特殊继电器能以位、字节、字或双字来存取。

表 5-7　特殊存储器位状态和功能表

特殊存储器位	
SM0.0	该位始终为 1
SM0.1	首次扫描时为 1
SM0.2	保持数据丢失时为 1
SM0.3	开机进入 RUN 时为 1 个扫描周期
SM0.4	时钟脉冲：30 s 闭合/30 s 断开
SM0.5	时钟脉冲：0.5 s 闭合/0.5 s 断开
SM0.6	时钟脉冲：闭合 1 个扫描周期/断开 1 个扫描周期
SM0.7	开关放置在 RUN 位置时为 1
SM1.0	操作结果 = 0
SM1.1	结果溢出或非法值
SM1.2	结果为负数
SM1.3	被 0 除
SM1.4	超出表范围
SM1.5	空表
SM1.6	BCD 到二进制转换出错
SM1.7	ASCII 到十六进制转换出错

6) 局部变量存储器

局部变量存储器(L)用来存放局部变量,局部变量存储器(L)和变量存储器(V)十分相似,主要区别在于全局变量是全局有效,即同一个变量可以被任何程序(主程序、子程序和中断程序)访问。而局部变量只是局部有效,即变量只和特定的程序相关联。

7) 定时器

PLC 所提供的定时器(T)作用相当于继电器控制系统中的时间继电器。每个定时器可提供无数对常开和常闭触点供编程使用。其设定时间由程序设置。

8) 计数器

计数器(C)用于累计计数输入端接收到的由断开到接通的脉冲个数。计数器可提供无数对常开和常闭触点供编程使用,其设定值由程序赋予。

9) 高速计数器

一般计数器的计数频率受扫描周期的影响,不能太高。而高速计数器(HC)可用来累计比 CPU 的扫描速度更快的事件。高速计数器的当前值是一个双字长(32 位)的整数,且为只读值。

10) 累加器

累加器(AC)是用来暂存数据的寄存器,它可以用来存放运算数据、中间数据和结果。CPU 提供了 4 个 32 位的累加器,其地址编号为 AC0～AC3。累加器的可用长度为 32 位,可采用字节、字、双字的存取方式,按字节、字只能存取累加器的低 8 位或低 16 位,双字可以存取累加器全部的 32 位。

11) 顺序控制继电器

顺序控制继电器(S)是使用步进顺序控制指令编程时的重要状态元件,通常与步进指令一起使用以实现顺序功能流程图的编程。

12) 模拟量输入/输出映像寄存器(AI/AQ)

模拟量输入/输出映像寄存器(AI/AQ)用于实现模拟量输入/输出电路的模/数、数/模转换。

S7-200 的模拟量输入电路是将外部输入的模拟量信号转换成 1 个字长的数字量存入模拟量输入映像寄存器区域,且从偶数号字节进行编址,区域标志符为 AI。

这两种寄存器的存取方式不同,模拟量输入寄存器只能进行读取操作,而模拟量输出寄存器只能进行写入操作。

习题与思考题

1．S7-200 系列 PLC 有哪些主要编程元件? 如何直接寻址?

2．什么是间接寻址? 如何使用?

任务三　S7-200 PLC 的基本指令

学习目标

(1) 了解西门子 S7-200 PLC 基本的逻辑指令和程序控制类指令;

(2) 了解西门子 S7-200 PLC 数据类型及元件功能；

(3) 了解基本的软件编程原则。

一、任务导入

西门子 S7-200 系列的 PLC 指令有梯形图、语句表、功能块图三种编程语言，而梯形图因简单易学被广泛使用，在西门子 S7-200 的编程软件里，为用户提供了大量的帮助功能，用户也可通过软件查询指令的细节信息。

二、相关知识

（一）位操作指令

位操作类指令，主要是位操作及运算指令，同时也包含与位操作密切相关的定时器和计数器指令等。位操作指令是 PLC 常用的基本指令，梯形图指令有触点和线圈两大类，触点又分常开触点和常闭触点两种形式；语句表指令有与、或及输出等逻辑关系，位操作指令能够实现基本的位逻辑运算和控制。

1. 逻辑取(装载)及线圈驱动指令(LD/LDN)

该指令功能如下：

LD：常开触点逻辑运算的开始，对应梯形图则为在左侧母线或线路分支点处初始装载一个常开触点。

LDN：常闭触点逻辑运算的开始(即对操作数的状态取反)，对应梯形图则为在左侧母线或线路分支点处初始装载一个常闭触点。

=：输出指令，对应梯形图则为线圈驱动。

指令的使用如图 5-10 所示。

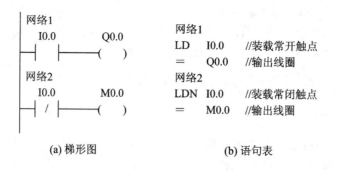

(a) 梯形图　　　　　　　　　　(b) 语句表

图 5-10　LD/LDN、= 指令的使用

2. 触点串联指令(A/AN)

该指令功能如下：

A：与操作，在梯形图中表示串联连接单个常开触点。

AN：与非操作，在梯形图中表示串联连接单个常闭触点。

指令的使用如图 5-11 所示。

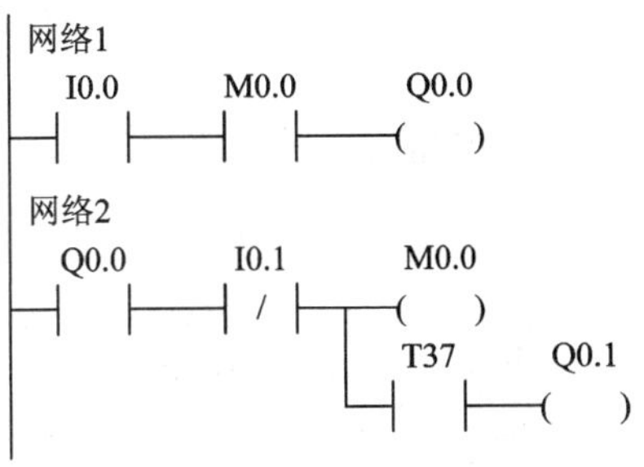

网络1

I0.0　　M0.0　　Q0.0
├─┤ ├───┤ ├───( )

网络2

Q0.0　　I0.1　　M0.0
├─┤ ├───┤/├───( )

　　　　　　T37　　Q0.1
　　　　　├─┤ ├───( )

网络1
LD　　I0.0　　//装载常开触点
A　　 M0.0　　//与常开触点
=　　 Q0.0　　//输出线圈

网络2
LD　　Q0.0　　//装载常开触点
AN　　I0.1　　//与常闭触点
=　　 M0.0　　//输出线圈
A　　 T37　　 //与常开触点
=　　 Q0.1　　//输出线圈

(a) 梯形图　　　　　　　　(b) 语句表

图 5-11　A/AN 指令的使用

3．触点并联指令(O/ON)

该指令功能如下：

O：或操作，在梯形图中表示并联连接一个常开触点。

ON：或非操作，在梯形图中表示并联连接一个常闭触点。

指令的使用如图 5-12 所示。

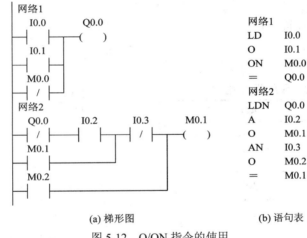

网络1
LD　　I0.0
O　　 I0.1
ON　　M0.0
=　　 Q0.0

网络2
LDN　 Q0.0
A　　 I0.2
O　　 M0.1
AN　　I0.3
O　　 M0.2
=　　 M0.1

(a) 梯形图　　　　　　　　(b) 语句表

图 5-12　O/ON 指令的使用

4．电路块的串联指令(ALD)

该指令功能如下：

ALD：块"与"操作，用于串联连接多个并联电路组成的电路块。

指令的使用如图 5-13 所示。

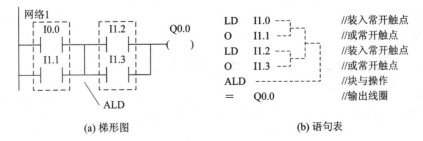

(a) 梯形图　　　　　　　　(b) 语句表

图 5-13　ALD 指令的使用

5. 电路块的并联指令(OLD)

该指令功能如下：

OLD：块"或"操作，用于并联连接多个串联电路组成的电路块。

指令的使用如图 5-14 所示。

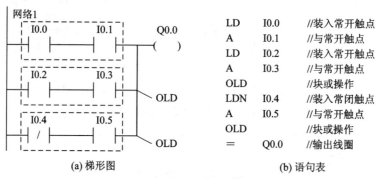

LD　I0.0	//装入常开触点
A　 I0.1	//与常开触点
LD　I0.2	//装入常开触点
A　 I0.3	//与常开触点
OLD	//块或操作
LDN　I0.4	//装入常闭触点
A　 I0.5	//与常开触点
OLD	//块或操作
=　 Q0.0	//输出线圈

(a) 梯形图　　　　　　　　　(b) 语句表

图 5-14　OLD 指令的使用

6. 置位/复位指令(S/R)

该指令功能如下：

置位指令 S：使能输入有效后从起始位 S-bit 开始的 N 个位置"1"并保持。

复位指令 R：使能输入有效后从起始位 R-bit 开始的 N 个位清"0"并保持。

指令格式如表 5-8 所示，用法如图 5-15 所示。

表 5-8　S/R 指令格式

STL	LAD
SS-bit，N	S-bit —(S) N
RR-bit，N	R-bit —(R) N

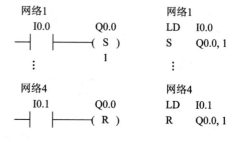

图 5-15　S/R 指令的使用

7. 边沿触发指令(EU/ED)

该指令功能如下：

EU：在 EU 指令前有一个上升沿时(由 OFF→ON)产生一个宽度为一个扫描周期的脉冲，驱动其后输出线圈。

ED：在 ED 指令前有一个下降沿时(由 ON→OFF)产生一个宽度为一个扫描周期的脉冲，驱动其后输出线圈。

指令格式如表 5-9 所示，用法如图 5-16 所示。

表 5-9　EU/ED 指令格式

STL	LAD	操作数
EU(Edge Up)	—| P |—	无
ED(Edge Down)	—| N |—	无

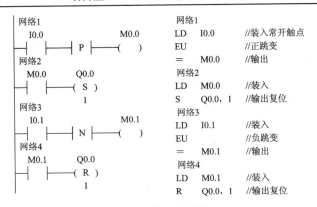

图 5-16 EU/ED 指令的使用

时序分析如图 5-17 所示。I0.0 的上升沿，经触点(EU)产生一个扫描周期的时钟脉冲，驱动输出线圈 M0.0 导通一个扫描周期，M0.0 的常开触点闭合一个扫描周期，使输出线圈 Q0.0 置位为 1，并保持。

I0.1 的下降沿，经触点(ED)产生一个扫描周期的时钟脉冲，驱动输出线圈 M0.1 导通一个扫描周期，M0.1 的常开触点闭合一个扫描周期，使输出线圈 Q0.0 复位为 0，并保持。

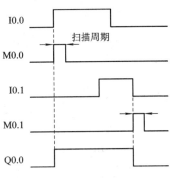

图 5-17 EU/ED 指令时序分析

(二) 定时器指令

1. 定时器指令介绍

S7-200 系列 PLC 的定时器是对内部时钟累计时间增量计时的。每个定时器均有一个 16 位的当前值寄存器用以存放当前值(16 位符号整数)；一个 16 位的预置值寄存器用以存放时间的设定值；还有一位状态位，反映其触点的状态。

1) 工作方式

S7-200 系列 PLC 定时器按工作方式分为三大类。其指令格式如表 5-10 所示。

表 5-10 定时器的指令格式

LAD	STL	说　明
???? ─ IN TON ????─ PT	TON T××，PT	TON—通电延时定时器 TONR—记忆型通电延时定时器 TOF—断电延时型定时器
???? ─ IN TONR ????─ PT	TONR T××，PT	IN 是使能输入端，指令盒上方输入定时器的编号(T××)，范围为 T0～T255；PT 是预置值输入端，最大预置值为 32 767；PT 的数据类型：INT；
???? ─ IN TOF ????─ PT	TOF T××，PT	PT 操作数有 IW、QW、MW、SMW、T、C、VW、SW、AC

2) 时基

时基按脉冲分，有 1 ms、10 ms、100 ms 三种定时器。不同的时基标准，定时精度、定时范围和定时器刷新的方式不同 。

定时器的工作原理：使能输入有效后，当前值 PT 对 PLC 内部的时基脉冲增 1 计数，当计数值大于或等于定时器的预置值后，状态位置 1。其中，最小计时单位为时基脉冲的宽度，又为定时精度；从定时器输入有效，到状态位输出有效，经过的时间为定时时间，即：定时时间 = 预置值 × 时基。当前值寄存器为 16 bit，最大计数值为 32 767，如表 5-11 所示。可见时基越大，定时时间越长，但精度越差。

表 5-11   定时器的类型

工作方式	时基/ms	最大定时范围/s	定 时 器 号
TONR	1	32.767	T0、T64
	10	327.67	T1-T4、T65-T68
	100	3276.7	T5-T31、T69-T95
TON/TOF	1	32.767	T32、T96
	10	327.67	T33-T36、T97-T100
	100	3276.7	T37-T63、T101-T255

1 ms、10 ms、100 ms 定时器的刷新方式：1 ms 定时器每隔 1 ms 刷新一次，与扫描周期和程序处理无关，即采用中断刷新方式。因此当扫描周期较长时，在一个周期内可能被多次刷新，其当前值在一个扫描周期内不一定保持一致。

10 ms 定时器则由系统在每个扫描周期开始自动刷新。由于每个扫描周期内只刷新一次，故而每次程序处理期间，其当前值为常数。

100 ms 定时器则在该定时器指令执行时刷新。下一条执行的指令，即可使用刷新后的结果，非常符合正常的思路，使用方便可靠。但应当注意，如果该定时器的指令不是每个周期都执行，定时器就不能及时刷新，可能导致出错。

3) 定时器指令工作原理

(1) 通电延时定时器(TON)指令工作原理。

程序及时序分析如图 5-18 所示。当 I0.0 接通时即使能端(IN)输入有效时，驱动 T37 开始计时，当前值从 0 开始递增，计时到设定值 PT 时，T37 状态位置 1，其常开触点 T37 接通，驱动 Q0.0 输出，其后当前值仍增加，但不影响状态位。当前值的最大值为 32 767。当 I0.0 分断时，使能端无效时，T37 复位，当前值清零，状态位也清零，即恢复原始状态。若 I0.0 接通时间未到设定值就断开，T37 则立即复位，Q0.0 不会有输出。

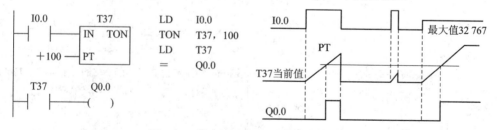

图 5-18   通电延时定时器工作原理分析

(2) 记忆型通电延时定时器(TONR)指令工作原理。

使能端(IN)输入有效时(接通)，定时器开始计时，当前值递增，当前值大于或等于预置值(PT)时，输出状态位置 1。使能端输入无效(断开)时，当前值保持(记忆)，使能端(IN)再次接通有效时，在原记忆值的基础上递增计时。

注意：TONR 记忆型通电延时型定时器采用线圈复位指令 R 进行复位操作，当复位线圈有效时，定时器当前位清零，输出状态位置 0。

程序分析如图 5-19 所示。如 T3，当 IN 为 1 时，定时器计时；当 IN 为 0 时，其当前值保持并不复位；下次 IN 再为 1 时，T3 当前值从原保持值开始往上加，将当前值与设定值 PT 比较，当前值大于等于设定值时，T3 状态位置 1，驱动 Q0.0 有输出，以后即使 IN 再为 0，也不会使 T3 复位，要使 T3 复位，必须使用复位指令。

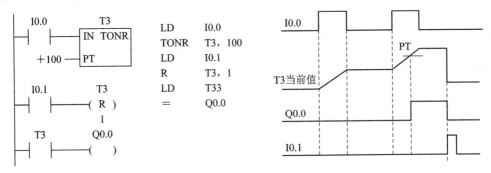

图 5-19　记忆型通电延时型定时器工作原理分析

(3) 断电延时型定时器(TOF)指令工作原理。

断电延时型定时器用来在输入断开，延时一段时间后，才断开输出。使能端(IN)输入有效时，定时器输出状态位立即置 1，当前值复位为 0。使能端(IN)断开时，定时器开始计时，当前值从 0 递增，当前值达到预置值时，定时器状态位复位为 0，并停止计时，当前值保持。

如果输入断开的时间，小于预定时间，定时器仍保持接通。IN 再接通时，定时器当前值仍设为 0。断电延时定时器的应用程序及时序分析如图 5-20 所示。

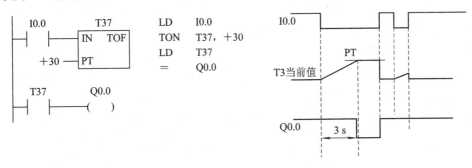

图 5-20　断电延时定时器工作原理分析

(三) 计数器指令

计数器利用输入脉冲上升沿累计脉冲个数。计数器当前值大于或等于预置值时，状态位置

1。S7-200 系列 PLC 有三类计数器：加计数器(CTU)、加/减计数器(CTUD)、减计数器(CTD)。计数器的指令格式如表 5-12 所示。

表 5-12　计数器的指令格式

STL	LAD	指令使用说明
CTU CXXX，PV	???? CU　CTU R ????—PV	(1) 梯形图指令符号中：CU 为加计数脉冲输入端；CD 为减计数脉冲输入端；R 为加计数复位端；LD 为减计数复位端；PV 为预置值。
CTD CXXX，PV	???? CU　CTD LD ????—PV	(2) CXXX 为计数器的编号，范围为 C0～C255。 (3) PV 预置值最大为 32 767；PV 的数据类型为 INT；PV 操作数为 VW、T、C、IW、QW、MW、SMW、AC、AIW、K。
CTUD CXXX，PV	???? CU　CTD CD R ????—PV	(4) CTU/CTUD/CD 指令使用要点：STL 形式中 CU、CD、R、LD 的顺序不能错；CU、CD、R、LD 信号可为复杂逻辑关系

1. 加计数器指令工作原理

当 CU 端有上升沿输入时，计数器当前值加 1。当计数器当前值大于或等于设定值(PV)时，该计数器的状态位置 1，即其常开触点闭合。计数器仍计数，但不影响计数器的状态位。直至计数达到最大值(32 767)。当 R = 1 时，计数器复位，即当前值清零，状态位也清零。

2. 加/减计数指令工作原理

当 CU 端(CD 端)有上升沿输入时，计数器当前值加 1(减 1)。当计数器当前值大于或等于设定值时，状态位置 1，即其常开触点闭合。当 R = 1 时，计数器复位，即当前值清零，状态位也清零。加/减计数器计数范围：−32 768～32 767。

3. 减计数指令工作原理

当复位 LD 有效时，LD=1，计数器把设定值(PV)装入当前值存储器，计数器状态位复位(置 0)。当 LD=0，即计数脉冲有效时，开始计数，CD 端每来一个输入脉冲上升沿，减计数的当前值从设定值开始递减计数，当前值等于 0 时，计数器状态位置位(置 1)，停止计数。

(四) 比较指令

比较指令是将两个操作数按指定的条件进行比较，在梯形图中用带参数和运算符的触点表示比较指令，比较条件成立时，触点就闭合，否则断开。其指令格式如表 5-13 所示。

表 5-13　比较指令格式

STL	LAD	说　明
LD□XX IN1 IN 2	IN1 XX□ IN2	比较触点接起始母线
LD N A□XXIN1 IN 2	N　　IN1 XX□ IN2	比较触点的"与"
LD N O□XX IN1 IN 2	N IN1 XX□ IN2	比较触点的"或"

说明：

① "XX"表示比较运算符：== 等于、< 小于、> 大于、<= 小于等于、>= 大于等于、<> 不等于。"□"表示操作数 N1、N2 的数据类型及范围。

② 比较指令分类：字节比较(LDB、AB、OB)；整数比较(LDW、AW、OW)；双字整数比较(LDD、AD、OD)；实数比较(LDR AR OR)。

(五) 算术运算指令

1. 整数与双整数加/减法指令

整数加法(ADD_I)和减法(SUB_I)指令：使能输入有效时，将两个 16 位符号整数相加或相减，并产生一个 16 位的结果输出到 OUT。

双整数加法(ADD_D)和减法(SUB_D)指令：使能输入有效时，将两个 32 位符号整数相加或相减，并产生一个 32 位结果输出到 OUT。

整数与双整数加/减法指令格式如表 5-14 所示。

表 5-14　整数与双整数加/减法指令格式

	ADD_I	SUB_I	ADD_DI	SUB_DI
LAD	EN　ENO IN1　OUT IN2	EN　ENO IN1　OUT IN2	EN　ENO IN1　OUT IN2	EN　ENO IN1　OUT IN2
功能	IN1 + IN2 = OUT	IN1 – IN2 = OUT	IN1 + IN2 = OUT	IN1 – IN2 = OUT
操作数及数据类型	IN1/IN2：VW、IW、QW、MW、SW、SMW、T、C、AC、LW、AIW、常量、*VD、*LD、*AC。 OUT:VW、IW、QW、MW、SW、SMW、T、C、LW、AC、*VD、*LD、*AC。 IN/OUT数据类型：整数		IN1/IN2：VD、ID、QD、MD、SMD、SD、LD、AC、HC、常量、*VD、*LD、*AC。 OUT：VD、ID、QD、MD、SMD、SD、LD、AC、*VD、*LD、*AC。 IN/OUT数据类型：双整数	

2．整数乘除法指令

整数乘法指令(MUL_I)：使能输入有效时，将两个 16 位符号整数相乘，并产生一个 16 位积，从 OUT 指定的存储单元输出。

整数除法指令(DIV_I)：使能输入有效时，将两个 16 位符号整数相除，并产生一个 16 位商，从 OUT 指定的存储单元输出，不保留余数。如果输出结果大于一个字，则溢出位 SM1.1 置位为 1。

双整数乘法指令(MUL_D)：使能输入有效时，将两个 32 位符号整数相乘，并产生一个 32 位乘积，从 OUT 指定的存储单元输出。

双整数除法指令(DIV_D)：使能输入有效时，将两个 32 位整数相除，并产生一个 32 位商，从 OUT 指定的存储单元输出，不保留余数。

整数乘法产生双整数指令(MUL)：使能输入有效时，将两个 16 位整数相乘，得出一个 32 位乘积，从 OUT 指定的存储单元输出。

整数除法产生双整数指令(DIV)：使能输入有效时，将两个 16 位整数相除，得出一个 32 位结果，从 OUT 指定的存储单元输出。其中高 16 位放余数，低 16 位放商。

整数乘/除法指令格式如表 5-15 所示。

表 5-15　整数乘/除法指令格式

LAD	MUL_I EN　ENO IN1　OUT IN2	DIV_I EN　ENO IN1　OUT IN2	MUL_DI EN　ENO IN1　OUT IN2	DIV_DI EN　ENO IN1　OUT IN2	MUL EN　ENO IN1　OUT IN2	DIV EN　ENO IN1　OUT IN2
功能	IN1*IN2 = OUT	IN1/IN2 = OUT	IN1*IN2 = OUT	IN1/IN2 = OUT	IN1*IN2 = OUT	IN1/IN2 = OUT

3．实数加/减/乘/除指令

实数加法(ADD_R)、减法(SUB_R)指令：将两个 32 位实数相加或相减，并产生一个 32 位实数结果，从 OUT 指定的存储单元输出。

实数乘法(MUL_R)、除法(DIV_R)指令：使能输入有效时，将两个 32 位实数相乘(除)，并产生一个 32 位积(商)，从 OUT 指定的存储单元输出。

实数加/减/乘/除指令格式如表 5-16 所示。

表 5-16　实数加/减/乘/除指令格式

LAD	ADD_R EN　ENO IN1　OUT IN2	SUB_R EN　ENO IN1　OUT IN2	MUL_R EN　ENO IN1　OUT IN2	DIV_R EN　ENO IN1　OUT IN2
功能	IN1 + IN2 = OUT	IN1 − IN2 = OUT	IN1 * IN2 = OUT	IN1/IN2 = OUT

4．数学函数变换指令

(1) 平方根(SQRT)指令：对 32 位实数(IN)取平方根，并产生一个 32 位实数结果，从 OUT 指定的存储单元输出。

(2) 自然对数(LN)指令：对 IN 中的数值进行自然对数计算，并将结果置于 OUT 指定的存储单元中。

(3) 自然指数(EXP)指令：将 IN 取以 e 为底的指数，并将结果置于 OUT 指定的存储单元中。

(4) 三角函数指令：将一个实数的弧度值 IN 分别求 SIN、COS、TAN，得到实数运算结果，从 OUT 指定的存储单元输出。

函数变换指令格式如表 5-17 所示。

表 5-17　函数变换指令格式

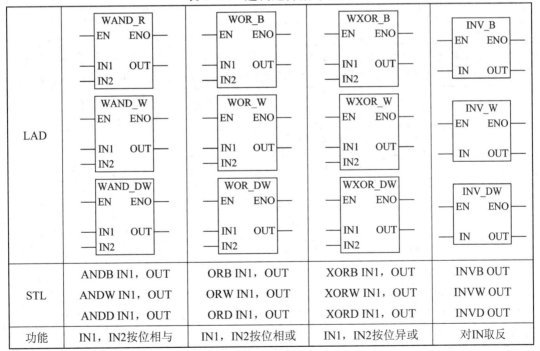

	SQRT	LN	EXP	SIN	COS	TAN
LAD	EN ENO IN OUT	EN ENO IN OUT	EN ENO IN OUT	EN ENO IN OUT	EN ENO IN OUT	EN ENO IN OUT
STL	SQRT IN，OUT	LN IN，OUT	EXP IN，OUT	SIN IN，OUT	COS IN，OUT	TAN IN，OUT
功能	SQRT(IN)=OUT	LN(IN)=OUT	EXP(IN)=OUT	SIN(IN)=OUT	COS(IN)=OUT	TAN(IN)=OUT

5．逻辑运算指令

逻辑运算是对无符号数按位进行与、或、异或和取反等操作。操作数的长度有 B、W、DW。其指令格式如表 5-18 所示。

表 5-18　逻辑运算指令格式

LAD	WAND_R EN ENO IN1 OUT IN2	WOR_B EN ENO IN1 OUT IN2	WXOR_B EN ENO IN1 OUT IN2	INV_B EN ENO IN OUT
	WAND_W EN ENO IN1 OUT IN2	WOR_W EN ENO IN1 OUT IN2	WXOR_W EN ENO IN1 OUT IN2	INV_W EN ENO IN OUT
	WAND_DW EN ENO IN1 OUT IN2	WOR_DW EN ENO IN1 OUT IN2	WXOR_DW EN ENO IN1 OUT IN2	INV_DW EN ENO IN OUT
STL	ANDB IN1，OUT ANDW IN1，OUT ANDD IN1，OUT	ORB IN1，OUT ORW IN1，OUT ORD IN1，OUT	XORB IN1，OUT XORW IN1，OUT XORD IN1，OUT	INVB OUT INVW OUT INVD OUT
功能	IN1，IN2按位相与	IN1，IN2按位相或	IN1，IN2按位异或	对IN取反

6．递增、递减指令

递增、递减指令用于对输入无符号数字节、符号数字、符号数双字进行加 1 或减 1 的操作。其指令格式如表 5-19 所示。

表 5-19　递增、递减指令格式

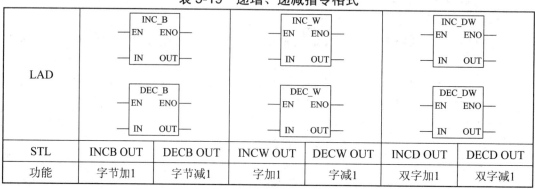

LAD	INC_B EN ENO IN OUT		INC_W EN ENO IN OUT		INC_DW EN ENO IN OUT
	DEC_B EN ENO IN OUT		DEC_W EN ENO IN OUT		DEC_DW EN ENO IN OUT
STL	INCB OUT	DECB OUT	INCW OUT	DECW OUT	INCD OUT	DECD OUT
功能	字节加1	字节减1	字加1	字减1	双字加1	双字减1

(六) 数据传送指令

数据传送指令(MOV)用来传送单个的字节、字、双字、实数。其指令格式如表 5-20 所示。

表 5-20　单个数据传送指令格式

LAD	MOV_B EN ENO ????— IN OUT —????	MOV_W EN ENO ????— IN OUT —????	MOV_DW EN ENO ????— IN OUT —???	MOV_R EN ENO ????— IN OUT —???
STL	MOVB IN，OUT	MOVW IN，OUT	MOVD IN，OUT	MOVR IN，OUT
类型	字节	字、整数	双字、双整数	实数
功能	使能输入有效时，即 EN=1 时，将一个输入 IN 的字节、字/整数、双字/双整数或实数送到 OUT 指定的存储器输出。在传送过程中不改变数据的大小。传送后，输入存储器 IN 中的内容不变			

数据块传送指令(BLKMOV)，将从输入地址 IN 开始的 N 个数据传送到输出地址 OUT 开始的 N 个单元中，N 的范围为 1～255，N 的数据类型为字节。其指令格式如表 5-21 所示。

表 5-21　数据块传送指令格式

LAD	BLKMOV_B EN ENO — ????— IN OUT —???? ????— N	BLKMOV_W EN ENO — ????— IN OUT—???? ????— N	BLKMOV_D EN ENO — ????— IN OUT —???? ????— N
STL	BMB IN，OUT	BMW IN，OUT	BMD IN，OUT
操作数及 数据类型	IN：VB、IB、QB、MB、SB、SMB、LB。 　OUT：VB、IB、QB、MB、SB、SMB、LB。 数据类型：字节	IN：VW、IW、QW、MW、SW、SMW、LW、T、C、AIW。 　OUT：VW、IW、QW、MW、SW、SMW、LW、T、C、AQW。 数据类型：字	IN/OUT：VD、ID、QD、MD、SD、SMD、LD。 数据类型：双字
	N：VB、IB、QB、MB、SB、SMB、LB、AC、常量；数据类型：字节；数据范围：1～255		
功能	使能输入有效时，即 EN=1 时，把从输入 IN 开始的 N 个字节(字、双字)传送到以输出 OUT 开始的 N 个字节(字、双字)中		

(七) 移位指令

移位指令分为左、右移位和循环左、右移位及寄存器移位指令三大类。前两类移位指令按移位数据的长度又分字节型、字型、双字型 3 种。

1. 左、右移位指令

1) 左移位指令(SHL)

使能输入有效时，将输入 IN 的无符号数字节、字或双字中的各位向左移 N 位后(右端补 0)，将结果输出到 OUT 所指定的存储单元中，如果移位次数大于 0，最后一次移出位保存在"溢出"存储器位 SM1.1。如果移位结果为 0，零标志位 SM1.0 置 1。

2) 右移位指令(SHR)

使能输入有效时，将输入 IN 的无符号数字节、字或双字中的各位向右移 N 位后，将结果输出到 OUT 所指定的存储单元中，移出位补 0，最后一移出位保存在 SM1.1。如果移位结果为 0，零标志位 SM1.0 置 1。指令格式见表 5-22。

表 5-22 左、右移位指令格式

LAD	SHL_B / SHR_B	SHL_W / SHR_W	SHL_DW / SHR_DW
STL	SLB OUT，N SRB OUT，N	SLW OUT，N SRW OUT，N	SLD OUT，N SRD OUT，N
功能	SHL：字节、字、双字左移N位；SHR：字节、字、双字右移N位		

2. 循环左、右移位指令

循环移位将移位数据存储单元的首尾相连，同时又与溢出标志 SM1.1 连接，SM1.1 用来存放被移出的位。

1) 循环左移位指令(ROL)

使能输入有效时，将 IN 输入无符号数(字节、字或双字)循环左移 N 位后，将结果输出到 OUT 所指定的存储单元中，移出的最后一位的数值送溢出标志位 SM1.1。当需要移位的数值是零时，零标志位 SM1.0 为 1。

2) 循环右移位指令(ROR)

使能输入有效时，将 IN 输入无符号数(字节、字或双字)循环右移 N 位后，将结果输出到 OUT 所指定的存储单元中，移出的最后一位的数值送溢出标志位 SM1.1。当需要移位的数值是零时，零标志位 SM1.0 为 1。表 5-23 为循环左、右移位指令格式。

表 5-23　循环左、右移位指令格式

LAD			
	ROL_B EN ENO ????—IN OUT—???? ????—N	ROL_W EN ENO ????—IN OUT—???? ????—N	ROL_DW EN ENO ????—IN OUT—???? ????—N
	ROR_B EN ENO ????—IN OUT—???? ????—N	ROR_W EN ENO ????—IN OUT—???? ????—N	ROR_DW EN ENO ????—IN OUT—???? ????—N
STL	RLB OUT，N RRB OUT，N	RLW OUT，N RRW OUT，N	RLD OUT，N RRD OUT，N
功能	ROL：字节、字、双字循环左移N位；ROR：字节、字、双字循环右移N位		

3. 移位寄存器指令(SHRB)

移位寄存器指令(SHRB)是可以指定移位寄存器的长度和移位方向的移位指令。其指令格式如图 5-21 所示。移位寄存器指令将 DATA 数值移入移位寄存器。梯形图中，EN 为使能输入端，连接移位脉冲信号，每次使能有效时，整个移位寄存器移动 1 位。DATA 为数据输入端，连接移入移位寄存器的二进制数值，执行指令时将该位的值移入寄存器。S_BIT 指定移位寄存器的最低位。N 指定移位寄存器的长度和移位方向，移位寄存器的最大长度为 64 位，N 为正值表示左移位，输入数据(DATA)移入移位寄存器的最低位(S_BIT)，并移出移位寄存器的最高位。移出的数据被放置在溢出内存位(SM1.1)中。N 为负值表示右移位，输入数据移入移位寄存器的最高位中，并移出最低位(S_BIT)。移出的数据被放置在溢出内存位(SM1.1)中。

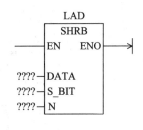

LAD

ST;
STRB　DATA，S-BIT　N

图 5-21　移位寄存器指令格式

三、拓展知识：S7-200 的功能指令

PLC 的功能指令也称应用指令，它是指令系统中应用于复杂控制的指令。常用功能指令包括程序控制类指令、中断指令、高速计数器指令等。程序控制类指令用于程序运行状态的控制，主要包括系统控制、跳转、循环、子程序调用，顺序控制等指令。

(一) 程序控制类指令

1. 结束指令(END/ MEND)

1) 条件结束指令(END)

条件结束指令在使能输入有效时，终止用户程序的执行，返回主程序的第一条指令行。在梯形图中，该指令不连接左侧母线，END 指令只能用于主程序，不能在子程序和中断程序中使用。其指令格式如图 5-22(a)所示。

2) 无条件结束指令(MEND)

无条件结束指令在执行时，终止用户程序的执行，返回主程序的第一条指令行。在梯形图中，无条件结束指令直接连接左侧母线。用户必须以无条件结束指令结束主程序。其指令格式如图 5-22(b)所示。

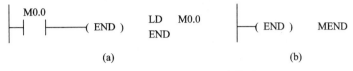

M0.0
(END)
LD　M0.0
END
(a)
(END)
MEND
(b)

图 5-22　END/MEND 指令格式

必须指出，STEP 7-Micro/WIN32 编程软件，在主程序的结尾自动生成无条件结束指令(MEND)，用户不得输入，否则编译出错。

2. 停止指令 (STOP)

停止指令在使能输入有效时，立即终止程序的执行，令 CPU 工作方式由 RUN 切换到 STOP。在中断程序中执行 STOP 指令，该中断立即终止，并且忽略所有挂起的中断，继续扫描程序的剩余部分，在本次扫描的最后，将 CPU 由 RUN 切换到 STOP。其指令格式如图 5-23 所示。

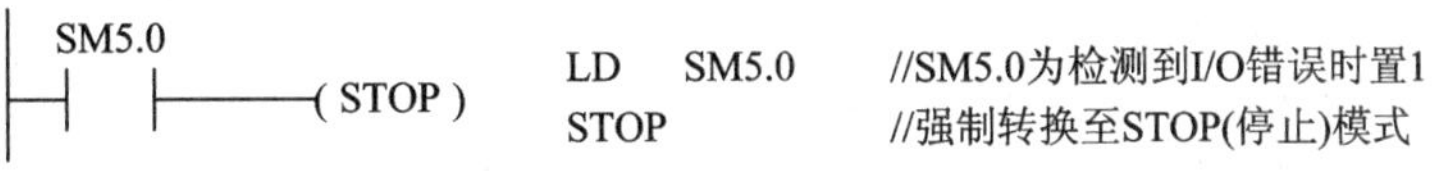
SM5.0
(STOP)
LD　SM5.0　//SM5.0为检测到I/O错误时置1
STOP　//强制转换至STOP(停止)模式

图 5-23　STOP 指令格式

3. 看门狗复位指令(WDR)

看门狗复位指令也称警戒时钟刷新指令。警戒时钟的定时时间为 300 ms，每次扫描它都被自动复位一次，正常工作时，如果扫描周期小于 300 ms，警戒时钟不起作用。若程序扫描的时间超过 300 ms，为了防止在正常的情况下警戒时钟动作，可将警戒时钟刷新指令(WDR)插入到程序中适当的地方，使警戒时钟复位。这样可以增加一次扫描时间。其指令格式如图 5-24 所示。

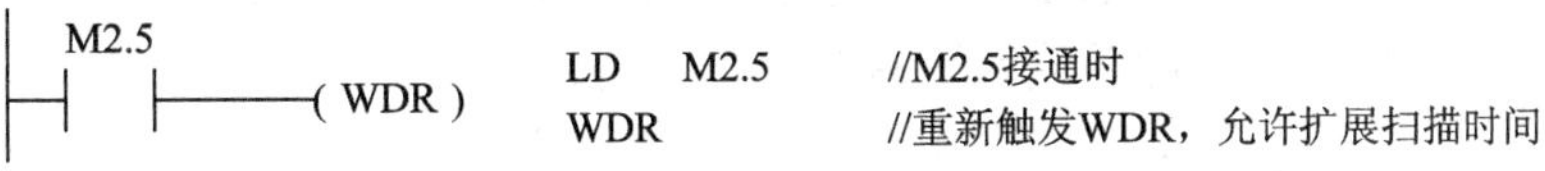
M2.5
(WDR)
LD　M2.5　//M2.5接通时
WDR　//重新触发WDR，允许扩展扫描时间

图 5-24　WDR 指令格式

工作原理：当使能输入有效时，看门狗定时器复位，可以增加一次扫描时间。若使能输入无效，看门狗定时器定时时间到，程序将终止当前指令的执行，重新启动，返回到第一条指令重新执行。

(二) 跳转、循环指令

1. 跳转指令(JMP)

跳转指令在使能输入有效时，把程序的执行跳转到同一程序指定的标号(n)处执行；使能输入无效时，程序顺序执行。JMP 与 LBL(跳转的目标标号)配合实现程序的跳转。跳转标号 n：0～255。其指令格式如图 5-25 所示。

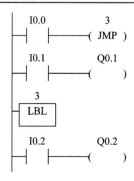

图 5-25 跳转指令示例

必须强调的是，跳转指令及标号必须同在主程序内或在同一子程序内。同一中断服务程序内，不可由主程序跳转到中断服务程序或子程序，也不可由中断服务程序或子程序跳转到主程序。

2. 循环指令(FOR)

程序循环结构用于描述一段程序的重复循环执行。由 FOR 和 NEXT 指令构成程序的循环体。FOR 指令标记循环的开始，NEXT 指令为循环体的结束指令。其指令格式如图 5-26 所示。

图 5-26 FOR/NEXT 指令格式

FOR 指令为指令盒格式，EN 为使能输入端，INDX 为当前值计数器，INIT 为循环次数初始值，FINAL 为循环计数终止值。

工作原理：使能输入 EN 有效，循环体开始执行，执行到 NEXT 指令时返回，每执行一次循环体，当前值计数器 INDX 增 1，达到终止值 FINAL 时，循环结束。使能输入无效时，循环体程序不执行。每次使能输入有效，指令自动将各参数复位。

FOR/NEXT 指令必须成对使用，循环可以嵌套，最多为 8 层。

(三) 子程序调用指令

在程序设计中，通常将具有特定功能，并且多次使用的程序段作为子程序。主程序中用指令决定具体子程序的执行状况，当主程序调用子程序并执行时，子程序执行全部指令直至结束，然后系统将返回至调用子程序的主程序。

1. 建立子程序

系统默认 SBR_0 为子程序，当然可采用下列一种方法建立子程序：

(1) 从"编辑"菜单，选择"插入子程序"；

(2) 从"指令树"，用鼠标右键单击"程序块"图标，并从弹出的菜单中选择"插入子程序"；

(3) 从"程序编辑器"窗口，用鼠标右键单击，并从弹出菜单选择"插入…子程序"。

程序编辑器从先前的 POU 显示更改为新的子程序。程序编辑器底部会出现一个新标签 (SBR_1)，代表新的子程序。此时，可以对新的子程序编程。

2. 子程序调用和子程序返回

子程序有子程序调用和子程序返回两大类指令，子程序返回又分为条件返回和无条件返回。子程序指令格式如图 5-27 所示。

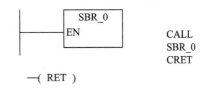

CALL SBR n：子程序调用指令。在梯形图中为指令盒的形式。子程序的编号 n 从 0 开始，随着子程序个数的增加自动生成。

图 5-27　子程序调用及子程序返回指令格式

CRET：子程序条件返回指令，条件成立时结束该子程序，返回原调用处的指令(CALL)的下一条指令。

RET：子程序无条件返回指令，子程序必须以本指令作结束，返回原调用处的指令 (CALL)的下一条指令。

3. 带参数的子程序调用

1) 子程序的参数

子程序可能有要传递的参数(变量和数据)，这时可以在子程序调用指令中包含相应参数，它可以在子程序与调用程序之间传送。子程序中的参数必须有一个符号名、一个变量类型和一个数据类型。子程序最多可传递 16 个参数，传递的参数在子程序局部变量表中定义，如图 5-28 所示。

	符号	变量类型	数据类型	注解
L0.0	EN	IN	BOOL	
L0.1	IN1	IN	BOOL	
LB1	IN2	IN	BYTE	
L2.0	IN3	IN	BOOL	
LD3	IN4	IN	DWORD	
LW7	INOUT1	IN_OUT	WORD	

图 5-28　局部变量表

2) 局部变量的类型

局部变量表中的变量有 IN、IN_OUT、OUT 和 TEMP 等 4 种类型。

IN(输入)型：将指定位置的参数传入子程序。参数的寻址方式可以是直接寻址(例如 VB10)、间接寻址(例如*AC1)、数据常量(16#1234)或地址(&VB100)，传入子程序。

IN_OUT(输入-输出)型：将指定参数位置的数值传入子程序，并将子程序执行结果的数值返回至同样的地址。输入-输出型的参数不允许使用常量(例如 16#1234)和地址(例如 &VB100)。

OUT(输出)型：将子程序的结果数值返回至指定的参数位置。常量(例如 16#1234)和地址(例如&VB100)不允许用作输出参数。

TEMP 型：局部存储变量，只能用于子程序内部暂时存储中间运算结果，不能用来传递参数。在子程序中可以使用 IN、IN_OUT、OUT 类型的变量和调用子程序 POU 之间传递参数。

3) 数据类型

局部变量表中的数据类型包括能流、布尔(位)、字节、字、双字、整数、双整数和实数型。能流仅用于位(布尔)输入，在梯形图中表达形式为用触点(位输入)将左侧母线和子程序的指令盒连接起来。

4) 建立带参数子程序的局部变量表

局部变量表隐藏在程序显示区，将梯形图显示区向下拖动，可以露出局部变量表，在局部变量表输入变量名称、变量类型、数据类型等参数以后，双击指令树中子程序(或选择点击方框快捷按钮 F9，在弹出的菜单中选择子程序项)，在梯形图显示区显示出带参数的子程序调用指令盒。

局部变量表变量类型的修改方法：用光标选中变量类型区，点击鼠标右键，弹出一个下拉菜单，点击选中需要的类型，在变量类型区光标所在处可以得到选中的类型。

5) 带参数子程序调用指令

带参数子程序调用指令(LAD)格式如图 5-29 所示。注意：系统保留局部变量存储器 L 内存的 4 个字节(LB60～LB63)，用于调用参数。

需要说明的是：该程序只能在 STL 编辑器中显示，因为用做能流输入的布尔参数，未在 L 内存中保存。子程序调用时，输入参数被拷贝到局部存储器。子程序调用完成时，从局部存储器拷贝输出参数到指令的输出参数地址。

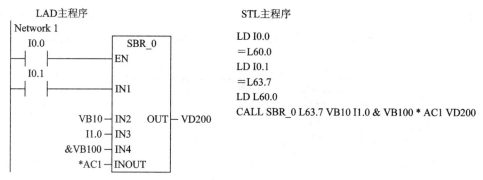

图 5-29 带参数子程序调用指令格式

(四) 中断指令

S7-200 设置了中断功能，用于实时控制、高速处理、通信和网络等复杂和特殊的控制任务。中断就是终止当前正在运行的程序，去执行为立即响应的信号而编制的中断服务程序，执行完毕再返回原先终止的程序并继续执行。

1. 中断源

中断源是指发出中断请求的事件，又叫中断事件。为了便于识别，系统给每个中断源都分配一个编号，称为中断事件号。S7-200 系列可编程控制器最多有 34 个中断源，分为三大类：通信中断、输入/输出(I/O)中断和时基中断。

1) 通信中断

在自由通信模式下，用户可通过编程来设置波特率、奇偶校验和通信协议等参数。用户通过编程控制通信端口的事件为通信中断。

2) I/O 中断

I/O 中断包括外部输入上升/下降沿中断、高速计数器中断和高速脉冲输出中断。S7-200 用输入(I0.0、I0.1、I0.2 或 I0.3)上升/下降沿产生中断。这些输入点用于捕获在事件发生时必须立即处理的事件。高速计数器中断指对高速计数器运行时产生的事件实时响应，包括当前值等于预设值时产生的中断，计数方向改变时产生的中断或计数器外部复位产生的中断。脉冲输出中断是指预定数目脉冲输出完成而产生的中断。

3) 时基中断

时基中断包括定时中断和定时器中断。定时中断用于支持一个周期性的活动。周期时间从 1～255 ms，时基是 1 ms。使用定时中断 0，必须在 SMB34 中写入周期时间；使用定时中断 1，必须在 SMB35 中写入周期时间。

定时器中断指允许对指定时间间隔产生中断。这类中断只能用时基为 1 ms 的定时器 T32/T96 构成。当中断被启用后，当前值等于预置值时，在 S7-200 定时器更新的过程中，执行中断程序。

2. 中断优先级

优先级是指多个中断事件同时发出中断请求时，CPU 对中断事件响应的优先次序。S7-200 规定的中断优先由高到低依次是通信中断、I/O 中断和时基中断。每类中断中不同的中断事件又有不同的优先权。

一个程序中总共可有 128 个中断。S7-200 在任何时刻，只能执行一个中断程序；在中断各自的优先级组内按照先来先服务的原则为中断提供服务，一旦一个中断程序开始执行，则一直执行至完成，不能被另一个中断程序打断，即使是更高优先级的中断程序；中断程序执行中，新的中断请求按优先级排队等候，中断队列能保存的中断个数有限，若超出，则会产生溢出。

3. 中断指令

中断指令有 4 条，包括开、关中断指令，中断连接、分离指令。其指令格式如表 5-24 所示。

表 5-24　中断指令格式

指令名称	开中断指令	关中断指令	中断连接指令	中断分离指令
梯形图	—(ENI)	—(DISI)	ATCH — EN　ENO — ???? — INT ???? — EVNT	DTCH — EN　ENO — ???? — EVNT
语句表	ENI	DISI	ATCH INT EVNT	DTCH EVNT
操作数及数据类型	无	无	INT：常量0～127 EVNT：常量 CPU 226：0～33 INT/EVNT数据类型：字节	EVNT：常量 CPU 226：0～33 数据类型：字节

1) 开、关中断指令

开中断指令(ENI)全局性允许所有中断事件。关中断指令(DISI)全局性禁止所有中断事件，中断事件每次出现均需排队等候，直至使用全局开中断指令重新启用中断。

PLC 转换到 RUN(运行)模式时，中断开始时被禁用，可以通过执行开中断指令，允许所有中断事件。执行关中断指令会禁止处理中断，但是现用中断事件将继续排队等候。

2) 中断连接、分离指令

中断连接指令(ATCH)将中断事件(EVNT)与中断程序号码(INT)相连接，并启用中断事件。中断分离指令(DTCH)取消某中断事件(EVNT)与所有中断程序之间的连接，并禁用该中断事件。

注意：一个中断事件只能连接一个中断程序，但多个中断事件可以调用一个中断程序。

4．中断程序

中断程序是为处理中断事件而事先编好的程序。中断程序不是由程序调用，而是在中断事件发生时由操作系统调用。在中断程序中不能改写其他程序使用的存储器，最好使用局部变量。在中断程序中禁止使用 DISI、ENI、HDEF、LSCR、END 指令。

(五) 高速脉冲输出

每个高速脉冲发生器对应一定数量特殊标志寄存器，这些寄存器包括控制字节寄存器、状态字节寄存器和参数数值寄存器，用以控制高速脉冲的输出形式，反映输出状态和参数值。各寄存器分配如表 5-25 所示。

表 5-25　寄 存 器 分 配

Q0.0 的寄存器	Q0.1 的寄存器	名称及功能描述
SMB66	SMB76	状态字节，在 PTO 方式下，跟踪脉冲串的输出状态
SMB67	SMB77	控制字节，控制 PTO/PWM 脉冲输出的基本功能
SMW68	SMW78	周期值，字型，PTO/PWM 的周期值，范围为 2~65 535
SMW70	SMW80	脉宽值，字型，PWM 的脉宽值，范围为 0~65 535
SMD72	SMD82	脉冲数，双字型，PTO 的脉冲数，范围为 1~4 294 967 295
SMB166	SMB176	段数，多段管线 PTO 进行中的段数
SMW168	SMW178	偏移地址，多段管线 PTO 包络表的起始字节的偏移地址

每个高速脉冲输出都有一个状态字节，程序运行时根据运行状况自动使某些位置位，而后通过程序来读相关位的状态，用以作为判断条件实现相应的操作。

每个高速脉冲输出都对应一个控制字节，通过对控制字节中指定位的编程，可以根据操作要求设置字节中各控制位，如脉冲输出允许、 PTO / PWM 模式选择、单段/多段选择、更新方式、时间基准、允许更新等。

1．高速脉冲串输出 PTO

周期和脉冲数周期：单位可以是微秒(μs)或毫秒(ms)；为 16 位无符号数据，周期变化范围是 10~65 535 μs 或 2~65 535 ms，通常应设定周期值为偶数，若设置为奇数，则会引起输出波形占空比的轻微失真。如果编程时设定周期单位小于 2，系统默认按 2 进行设置。

脉冲数：用双字长无符号数表示，脉冲数取值范围是 1～4 294 967 295。如果编程时指定脉冲数为 0，则系统默认脉冲数为 1 个。

在 PTO 方式中，如果要输出多个脉冲串，允许脉冲串进行排队，形成管线，当前的脉冲串输出完成之后，立即输出新脉冲串，这保证了脉冲串顺序输出的连续性。

中断事件类型高速脉冲串输出可以采用中断方式进行控制，各种型号的 PLC 可用的高速脉冲串输出的中断事件有两个，如表 5-26 所示。

表 5-26　中 断 事 件

中断事件号	事件描述	优先级(在 I/O 中断中的次序)
19	PTO 0 高速脉冲输出完成中断	0
20	PTO 1 高速脉冲输出完成中断	1

使用高速脉冲串输出时，要按以下步骤进行：

(1) 确定脉冲发生器及工作模式；

(2) 设置控制字节；

(3) 写入周期值、周期增量值和脉冲数；

(4) 装入包络的首地址；

(5) 设置中断事件并全局开中断；

(6) 执行 PLS 指令。

2. 应用实例

1) 控制要求

在步进电机转动过程中，要从 A 点加速到 B 点后恒速运行，又从 C 点开始减速到 D 点，完成这一过程时用指示灯显示。电机的转动受脉冲控制，A 点和 D 点的脉冲频率为 2 kHz，B 点和 C 点的脉冲频率为 10 kHz，加速过程的脉冲数为 400 个，恒速转动的脉冲数为 4000 个，减速过程脉冲数为 200 个。工作过程如图 5-30 所示。

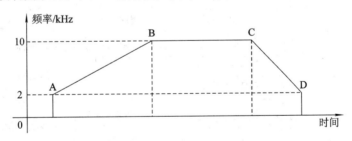

图 5-30　步进电机工作过程

2) 分析

(1) 确定脉冲发生器及工作模式；

(2) 设置控制字节；

(3) 写入周期值、周期增量值和脉冲数；

(4) 装入包络表首地址；

(5) 中断调用；

(6) 执行 PLS 指令。

3) 程序实现

本控制系统主程序如图 5-31 所示。初始化子程序 SBRI 如图 5-32 所示。包络表子程序如图 5-33 所示。中断程序如图 5-34 所示。

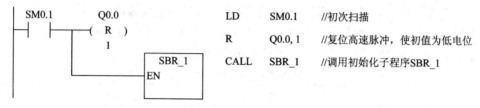

LD	SM0.1	//初次扫描
R	Q0.0, 1	//复位高速脉冲, 使初值为低电位
CALL	SBR_1	//调用初始化子程序 SBR_1

图 5-31　主程序

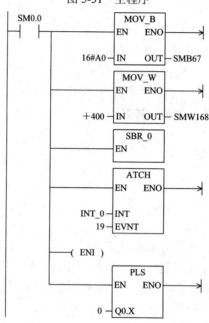

图 5-32　初始化子程序

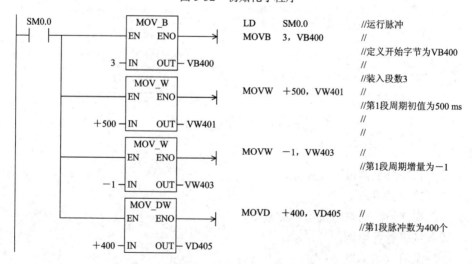

LD	SM0.0	//运行脉冲
MOVB	3, VB400	//
		//定义开始字节为 VB400
		//
		//装入段数 3
MOVW	+500, VW401	//
		//第 1 段周期初值为 500 ms
		//
		//
MOVW	-1, VW403	//
		//第 1 段周期增量为 -1
MOVD	+400, VD405	//
		//第 1 段脉冲数为 400 个

图 5-33　包络表子程序

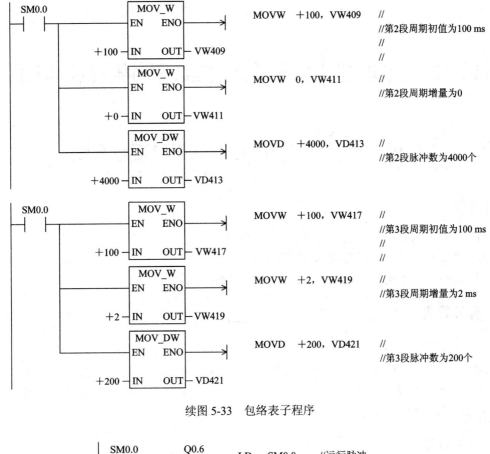

续图 5-33　包络表子程序

SM0.0　　　Q0.6
├─┤ ├──┤ ├──( )　　LD　　SM0.0　//运行脉冲
　　　　　　　　　　　　=　　　Q0.6　//脉冲串全部输出
　　　　　　　　　　　　　　　　　　//完成后将Q0.6置1

图 5-34　中断程序

 习题与思考题

1．试设计二分频电路的梯形图程序。

2．如何用时间继电器完成超长延时功能？

项目六　　典型控制环节的 PLC 程序分析与调试

任务一　电动机启停控制电路分析与调试

学习目标

(1) 掌握电动机启停控制电路的工作原理；
(2) 能正确安装、调试电动机启停控制线路；
(3) 能够完成电机控制装置的设计、装配及调试任务。

一、任务导入

机床电气设备在正常工作时，电动机一般处于连续运行状态，但在试车或对刀时则需要电动机能实现点动运行。所谓点动，就是指按下按钮时电动机运行；松开按钮电动机停转。本次任务要求掌握电动机点动与连续控制的原理，学会使用 PLC 实现电动机点动与连续控制的装配及调试方法。

二、相关知识

电动机的点动与连续运行控制电路分析。

(一) 电路的组成

电动机的点动与连续控制电气原理图如图 6-1 所示。由 FR、KM、FU1、QS 组成主电

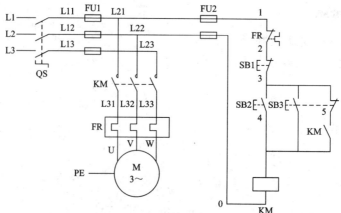

图 6-1　点动与连续运行控制电气原理图

路，由 FU2、SB1、SB2、SB3、KM 组成控制电路。其中 SB1 为停止按钮，SB2 为连续控制的启动按钮，SB3 复合按钮为点动控制按钮。

(二) 工作原理

连续控制工作原理：合上 QS，按下启动按钮 SB2，接触器 KM 线圈得电，接触器 KM 主触点闭合，电动机 M 运转，同时 KM 辅助触点闭合实现自锁。若要停车，只需按下 SB1 停止按钮，接触器 KM 线圈失电，电动机 M 停转。

点动控制工作原理：合上 QS，按下点动按钮 SB3，接触器 KM 线圈得电，接触器 KM 主触点闭合，电动机 M 运转，同时 KM 辅助触点闭合，但 SB3 的常闭触点断开，故不能实现自锁。当松开按钮 SB3，接触器 KM 线圈失电，电动机 M 停转，从而实现点动控制。

(三) 保护环节

要确保生产安全必须在电动机的主电路和控制电路中设置保护装置。一般化中小型电动机常用的保护装置有：

1) 短路保护

由熔断器来实现短路保护。它应能确保在电路发生短路故障时，可靠切断电源，使被保护设备免受短路电流的影响。如图 6-1 中 FU1 和 FU2。

2) 过载保护

由热继电器来实现过载保护。它应能保护电动机绕组不因超过额定电流而烧坏。如图 6-1 中 FR。

3) 欠电压保护和失电压保护

利用接触器实现欠电压和失电压保护，可避免意外的人身和设备事故。如图 6-1 中 KM。

三、任务实施

使用 PLC 实现电动机点动与连续控制。

(一) I/O 分配

I/O 分配情况如表 6-1 所示。

表 6-1　I/O 分配表

输　　入		输　　出	
停止按钮 SB1	I0.0	电机 KM	Q0.0
连续按钮 SB2	I0.1		
点动按钮 SB3	I0.2		
热继电器 FR	I0.4		

(二) PLC 硬件接线

电动机点动与连续控制的 PLC 硬件接线图如图 6-2 所示。

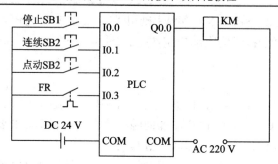

图 6-2　电动机点动与连续控制的 PLC 硬件接线图

（三）设计梯形图程序

电动机点动和连续控制梯形图程序如图 6-3 所示。

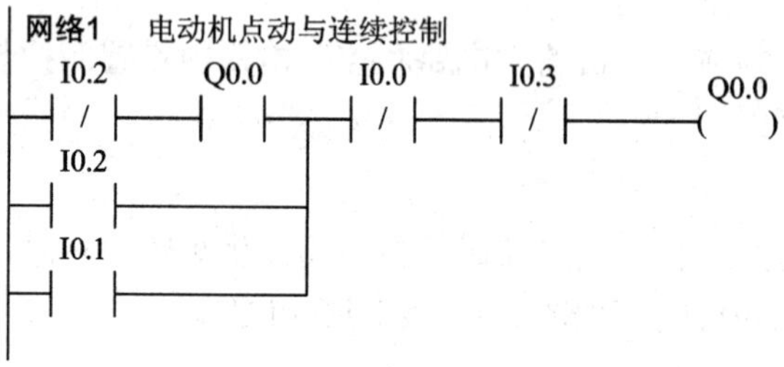

网络1　　电动机点动与连续控制

```
I0.2      Q0.0      I0.0      I0.3              Q0.0
─┤/├──────┤ ├──────┤/├──────┤/├──────────────( )
I0.2
─┤ ├─┐
I0.1  │
─┤ ├─┘
```

图 6-3　电动机点动与连续控制梯形图程序

（四）系统调试

(1) 完成电动机点动与连续控制接线并检查、确认接线正确与否；

(2) 输入并运行程序，监控程序运行状态，分析程序运行结果。

四、拓展知识：两台电动机的启停控制

两台电动机顺序启动、逆序停止控制电路原理图如图 6-4 所示。

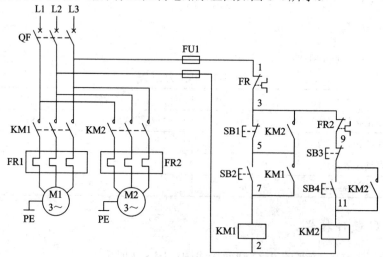

图 6-4　两台电动机顺序启动、逆序停止控制电路原理图

1．电路分析

1）启动

(1) 按控制按钮 SB2 或 SB4 可以分别使接触器 KM1 或 KM2 线圈得电吸合，主触点闭合，M1 或 M2 通电，电机运行工作。

(2) 接触器 KM1、KM2 的辅助动合触点同时闭合，电路自锁。

2）停止

(1) 按控制按钮 SB3，接触器 KM2 线圈失电，电动机 M2 停止运行。

(2) 若先停电动机 M1，按下按钮 SB1，由于 KM2 没有释放，KM2 动合辅助触点与 SB1 的动合触点并联在一起并呈闭合状态，所以按钮 SB1 不起作用。只有接触器 KM2 释放之后，KM2 的动合辅助触点断开，按钮 SB1 才起作用。

2．保护方法

(1) 电动机的过载保护由热继电器 FR1 和 FR2 分别完成。

(2) FR2 保护电动机 M2，但 FR1 动作保护后，M2 电动机也必须停止工作。

使用 PLC 实现两台电动机顺序启动、逆序停止控制电路。

习题与思考题

使用 PLC 实现三台电动机顺序启动、逆序停止控制电路。

控制要求：有三台三相异步电动机 M1、M2、M3，启动时要求 M1 先启动后 M2 才能启动，M2 先启动后 M3 才能启动，停止时要求 M3 先停止后 M2 才能够停止，M2 先停止后 M1 才能够停止。使用 PLC 实现上述控制，并加上相应保护措施。

任务二　电动机正反转控制电路的分析与调试

(1) 掌握电动机正反转控制电路工作原理；

(2) 能正确安装、调试电动机正反转控制电路控制线路；

(3) 能够完成电动机正反转控制电路电控板的设计、装配及调试任务。

一、任务导入

很多生产机械都要有正反两个方向的运动，如起重机的升降、机床工作台的进退、主轴的正反转等，这可由电动机的正反转来控制。电动机正反转是利用电源的换相原理来实现的。常见的正反转控制线路有转换开关正反转控制电路，接触器联锁正反转控制电路，按钮联锁正反转控制电路及接触器按钮双重联锁的正反转控制电路。本次任务要求学会使用 PLC 实现电动机正反转控制电路的方法。

二、相关知识

接触器按钮双重联锁正反转控制电路分析。

(一) 电路的组成

接触器按钮双重联锁正反转控制电气原理图如图 6-5 所示。电路中采用了两个接触器,即正转用的接触器 KM1 和反转用的接触器 KM2,它们分别由 SB2 和 SB3 控制。这两个接触器向电动机提供的电源相序相反,从而实现电动的正反向运行。SB1 是停止按钮。

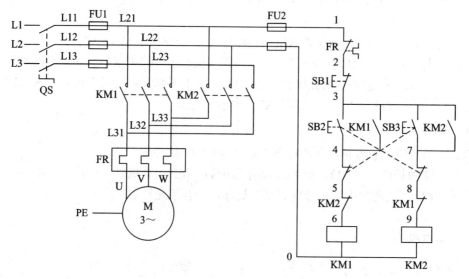

图 6-5　接触器按钮双重联锁正反转控制电气原理图

(二) 工作原理

当需要电动机正转时,合上电源开关 QS。按下正转启动按钮 SB2,按钮 SB2 串联在接触器 KM2 线圈回路中的常闭触点立即断开。电源通过经 FU2、FR1 的常闭触点、SB1 的常闭触点、SB2 的常开触点、SB3 的常闭触点、接触器 KM2 的常闭触点使接触器 KM1 线圈得电,其主触点闭合,使电动机正向运行,并通过接触器 KM1 的辅助常开触点自锁运行。

反转启动过程与上述过程相似,只是接触器 KM2 动作后,调换了电源的 U 相和 W 相(即改变电源相序),达到反向的目的。

当需要停车时,按下 SB2,可使接触器 KM1 或 KM2 线圈断电,其常开触点复位,电动机停转。

(三) 互锁原理

接触器 KM1 和 KM2 的主触点决不允许同时闭合,否则会造成两相电源短路事故。为了保证一个接触器得电动作而另一个接触器不能得电动作,以避免电源相间短路,在正转控制电路中串接了反转接触器 KM2 的辅助常闭触点及 SB3 的常闭触点,而在反转控制电路中串接了正转接触器 KM1 的辅助常闭触点及 SB2 的常闭触点。当电动机正向运行或启动时,KM1 辅助常闭触点及 SB2 的常闭触点切断了反转的控制电路,保证在 KM1 主触点闭合时,KM2 主触点不能闭合。同样,当电动机反向运行或启动时,KM2 辅助常闭触点及 SB3 的常闭触点切断了正转的控制电路,保证在 KM2 主触点闭合时,KM1 主触点不能闭合。

三、任务实施

使用 PLC 实现电动机正反转控制电路。

(一) I/O 分配

I/O 分配情况如表 6-2 所示。

表 6-2　I/O 分配表

输　　入		输　　出	
停止按钮 SB1	I0.0	正转 KM1	Q0.0
正转按钮 SB2	I0.1	反转 KM2	Q0.1
反转按钮 SB3	I0.2		
热继电器 FR	I0.3		

(二) PLC 硬件接线

电动机正反转控制电路的 PLC 硬件接线图如图 6-6 所示。

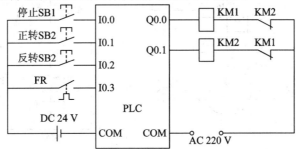

图 6-6　电动机正反转控制电路的 PLC 硬件接线图

(三) 设计梯形图程序

电动机正反转控制电路梯形图程序如图 6-7 所示。

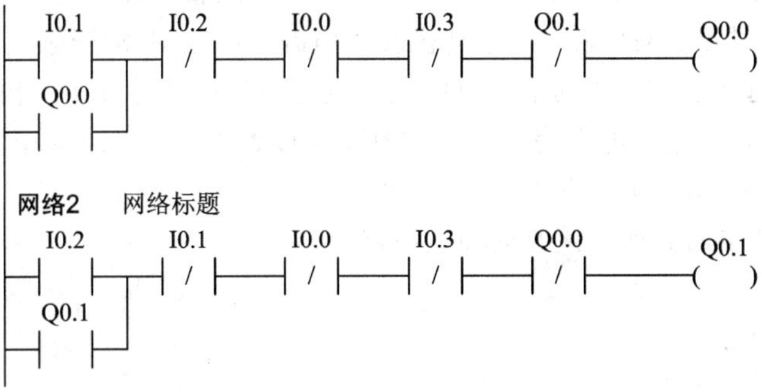

图 6-7　电动机正反转控制电路梯形图程序

(四) 系统调试

(1) 完成电动机正反转控制电路接线并检查、确认接线正确与否；

(2) 输入并运行程序，监控程序运行状态，分析程序运行结果。

四、拓展知识：单向启动反接制动控制电路

1. 电路的组成

反接制动的关键在于电动机电源相序的改变，且当电动机转速接近零时，能自动将电源切除。为此采用速度继电器来检测电动机的速度变化。在 120～3000 r/min 范围内速度继电器触点动作，当转速低于 100 r/min 时，其触点恢复原位。

单向启动反接制动控制电气原理图如图 6-8 所示。线路中采用了两个接触器，即正转用的接触器 KM1 和制动用的接触器 KM2，SB1 为停止按钮，SB2 为启动按钮。KS 为速度继电器，其转轴与电动机同轴连接。

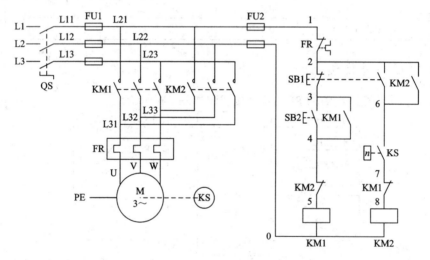

图 6-8　单向启动反接制动控制电气原理图

2. 工作原理

启动时，合上 QS，按下 SB2，接触器 KM1 通电自锁，电动机运行，在电动机正常运行时速度继电器 KS 的常开触点闭合，为反接制动做好准备。停车时，按下停止按钮 SB1，常闭触点断开，接触器 KM1 断电，电动机脱离电源，而 SB1 常开触点闭合，使反接制动接触器 KM2 线圈通电并自锁，其主触点使电动机得到与正常运行相反相序的电源，电动机进入反接制动状态，转速迅速下降，当电动机转速接近零时，速度继电器 KS 常开触点复位，接触器 KM2 线圈电路被切断，反接制动结束。

使用 PLC 实现单向启动反接制动控制电路。

　习题与思考题

使用 PLC 实现带延时的电动机正反转控制电路。

控制要求：按启动按钮 SB1，电动机正转，延时 10 s 后，电动机反转；按启动按钮 SB2，电动机反转，延时 10 s 后，电动机正转；电动机正转期间，反转启动按钮无效，电动机反转期间，正转启动按钮无效；按停止按钮 SB3，电动机停止运转。

任务三 电动机 Y-△降压启动电路的分析与调试

(1) 掌握 Y-△降压启动原理及顺序控制电路的工作原理；

(2) 能正确安装、调试 Y-△降压启动及顺序控制线路；

(3) 能够完成电机控制装置的设计、装配及调试任务。

一、任务导入

PLC 控制三相异步电动机的 Y-△降压启动，控制要求如下：

(1) 当按下启动按钮 SB1，电动机 M 运转，电动机 Y 型启动，即 KM1 和 KM_Y 吸合，5 s 后 KM_Y 断开，$KM_\triangle$吸合，电动机△型运行，启动完成。

(2) 当按下停止按钮 SB2，电动机 M 停转。

(3) 热继电器作过载保护，如果电动机超负荷运行，FR 触点动作，电动机立即停止。

二、相关知识

由于三相交流异步电动机直接启动时电流达到额定值的 4～7 倍，电动机功率越大，电网电压波动率也越大，对电动机及机械设备的危害也越大，因此对容量较大的电动机采用降压启动来限制启动电流，Y-△降压启动是常见的启动方法，基本控制线路如图 6-9 所示，它是根据启动过程中的时间变化而利用时间继电器控制 Y-△切换的。

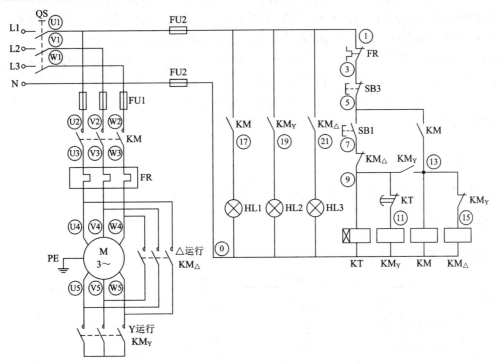

图 6-9 Y-△降压启动控制线路

继电器控制电路工作原理：

(1) Y 接法启动。

(2) KT 设定时间到，SB2 使电动机按△接法全压运行。

(3) 按 SB2，实现停机。

　　三相异步电动采用 Y-△降压启动，由图 6-9 可知，合上电源开关 QS 后，按下启动按钮 SB1 后，接触器 KM_Y 和时间继电器 KT 的电磁线圈同时得电吸合，KM_Y 的常闭触点断开使 $KM_△$ 回路不能通电起到互锁作用，防止 KM、KM_Y 与 $KM_△$ 同时闭合造成三相直接短路；KM_Y 的常开辅助触点闭合使 KM 线圈得电吸合，KM 常开触点闭合自锁；同时时间继电器则开始计时，KM 和 KM_Y 主触点闭合，电动机定子绕组为星形连接，进行降压启动；当到达时间继电器设定的动作时间，KT 延时常闭触点断开，KM_Y 的电磁线圈断电释放，在 $KM_△$ 电磁线圈支路上的常闭辅助触点恢复闭合，$KM_△$ 的电磁线圈通电，主触点闭合，电动机定子绕组由星形连接转换为三角形连接，电动机在额定电压下运行。串联在 KT 线圈支路上的 $KM_△$ 常闭辅助触点断开，防止 KM_Y 和 $KM_△$ 同时闭合造成三相直接短路。

　　电动机以 Y-△方式启动的继电器控制电路现在已经比较成熟，因此本任务在使用 PLC 控制时应采用继电器控制电路转换为梯形图法来实现。

三、任务实施

本任务要求正确安装、调试电动机 Y-△降压启动电路。

(一) I/O 分配

I/O 分配情况如表 6-3 所示。

表 6-3　I/O 分配表

输　　　入		输　　　出	
启动按钮 SB1	I0.0	电机 KM1	Q0.0
停止按钮 SB2	I0.1	KM_Y	Q0.1
热继电器 FR	I0.2	$KM_△$	Q0.2

(二) PLC 硬件接线

Y-△控制系统的 PLC 硬件接线图如图 6-10 所示。

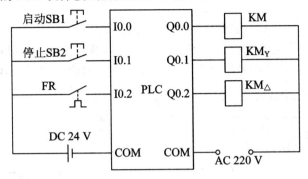

图 6-10 Y-△控制系统的 PLC 硬件接线图

(三) 设计梯形图程序

Y-△梯形图程序如图 6-11 所示。

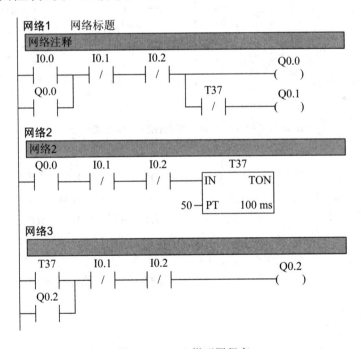

图 6-11 Y-△梯形图程序

(四) 系统调试

(1) 完成接线并检查、确认接线正确与否;

(2) 输入并运行程序,监控程序运行状态,分析程序运行结果;

(3) 程序符合控制要求后再接通主电路试车,进行系统调试,直到最大限度地满足系统的控制要求为止。

四、拓展知识：双速电动机自动变速控制电路

1. 电路的组成

时间继电器接触器控制双速电动机电路如图 6-12 所示。线路中采用了三个接触器和一个时间继电器，即低速用的接触器 KM1、高速用的接触器 KM2、KM3 和自动实现低速向高速转换的时间继电器 KT，SB1 为停止按钮，SB2 为低速启动按钮，SB3 为高速启动按钮。

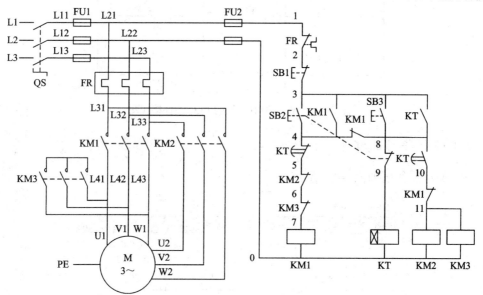

图 6-12　时间继电器接触器控制双速电动机电路

2. 工作原理

若要 M 低速运行，合上电源开关 QS，按下 SB2，接触器 KM1 通电自锁，电动机按三角形接法运行，而 KM1 的辅助常闭触头断开，实现与 KM2、KM3 及 KT 的联锁。

若要 M 高速运行，合上电源开关 QS，按下 SB3，接触器 KM1 及时间继电器 KT 通电吸合，并由 KT 实现自锁，电动机按三角形接法启动，当时间继电器延时到位后，KT 延时断开触点切断接触器 KM1，同时接通接触器 KM2、KM3，使电动机接成 Y 型高速运行。

停车时，只要按下停止按钮 SB1，即可使电动机脱离电源，实现停车。

 习题与思考题

电机直接启动与 Y-△降压启动。

控制要求：有 2 台三相异步电动机 M1、M2，三相异步电动 M1 采用 Y-△降压启动，M2 采用直接启动，顺序控制要求：

(1) 拨上开关 SB1，电动机 M1 以 Y-△方式启动，Y 形接法运行 3 秒后转换为△形全压运行。

(2) 电动机 M1 全压运行工作后，M2 启动工作。

(3) 拨上停止开关 SB2，M2 电动机立即停止运行后 M1 电动机方可停止。

任务四　传送带顺序控制电路的分析与调试

学习目标

　　(1) 掌握三节传送带顺序启停的控制要求及工作过程；

　　(2) 学会 PLC 定时器等元件使用及实现顺序启动、停止的编程方法；

　　(3) 能正确安装、调试三节传送带顺序启停控制电路。

一、任务导入

　　使用 PLC 实现三节传送带顺序启停的控制：有三台传送带运输机，分别由电动机 M1、M2、M3 驱动，如图 6-13 所示。

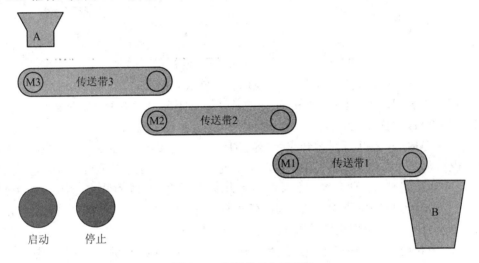

图 6-13　传送带工作示意图

　　按启动按钮 SB1 后，三台电动机的启动时顺序为 M1→M2→M3，间隔时间为 3 s。按停止按钮 SB2 后，停车时的顺序为 M3→M2→M1，间隔时间为 10 s。3 台电动机 M1、M2、M3 分别通过接触器 KM1、KM2、KM3 接通三相交流电源，用 PLC 控制接触器的线圈实现对电动机的控制。

二、相关知识

　　在企业生产过程中，需要进行产品输送时，可以使用自动化的输送带代替传统的人工搬运，从而提高生产效率。流水输送带通常由若干节构成，每一节输送带都由独立的电动机带动，并且每一节输送带的启动与停止都具有一定的顺序性。通常，输送带的启动过程是从第一节开始向后依次顺序启动，最后一节最后启动；在停止过程中刚好相反，即从最后一节开始依次逆序停止，第一节最后停止；从而在运输的过程中确保没有货物滞留在输送带上。

多节输送带控制的关键在于实现电动机的顺序先启动和逆序后停止,对于两节传送带控制,即控制两台电动机启动和停止顺序,启动时,先启动电动机 M1,再延时自动启动电动机 M2,而在停止时则相反,即先停止电动机 M2,再延时自动停止电动机 M1。自动切换的两台电动机的顺序启动、逆序停止电路如图 6-14 所示。

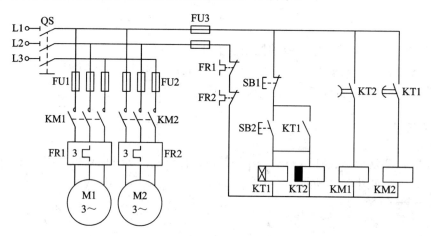

图 6-14　两台电动机顺序启动、逆序停止电路

工作原理:按下启动按钮 SB2,通电延时型时间继电器 KT1 和断电延时型时间继电器 KT2 线圈同时得电吸合,且 KT1 瞬时动作的常开触点闭合。KT2 失电延时断开触点闭合,交流接触器 KM1 线圈得电吸合,其主触点 KM1 闭合,电动机 M1 启动。

经过 3 s 延时后,KT1 延时闭合的动合触点闭合,交流接触器 KM2 线圈得电吸合,KM2 主触头闭合,电动机 M2 启动。实现先启动电动机 M1,经过 3 s 延时再自动启动电动机 M2。

按下停止按钮 SB1,此时 KT1、KT2 线圈均失电释放。KT1 得电延时闭合的动合触点恢复常开,KM2 线圈断电释放。KT2 失电延时断开触点经过 10 s 延时断开,实现停止电动机 M2,经过 10 s 延时再停止电动机 M1。

对于三节传送带可参照以上电路进行设计。对于使用 PLC 实现三节传送带控制,使用定时器替代时间定时器,使用 T37、T38 分别设定为 3 s 控制启动延时,使用 T39、T40 分别设定为 10 s 控制停止延时。

三、任务实施

本任务要求正确实现传送带顺序控制电路。

(一) I/O 分配

I/O 分配情况如表 6-4 所示。

表 6-4　I/O 分配表

输　　入		输　　出	
停止按钮 SB1	I0.0	传送带 1 接触器 KM1	Q0.0
启动按钮 SB2	I0.1	传送带 2 接触器 KM2	Q0.1
		传送带 3 接触器 KM3	Q0.2

(二) PLC 硬件接线

传送带顺序控制电路的 PLC 硬件接线图如图 6-15 所示。

(三) 设计梯形图程序

传送带顺序控制电路梯形图程序如图 6-16 所示。

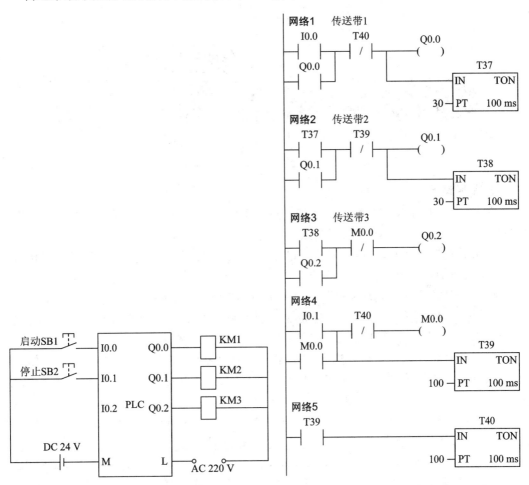

图 6-15　传送带顺序控制电路的 PLC 硬件接线图　　　图 6-16　传送带顺序控制电路梯形图程序

(四) 系统调试

(1) 完成传送带顺序控制电路接线，并检查、确认接线正确与否；

(2) 输入并运行程序，监控程序运行状态，分析程序运行结果。

四、拓展知识：三节传动带手动按顺序启动、停止

在某企业生产运输过程中，用三节传送带将 A 处的货物输送到 B 处，每节传送带单独由三相异步电动机提供动力，每台电动机各配有启动和停止按钮。三节传送带机构操作控

制系统示意图如图 6-17 所示。

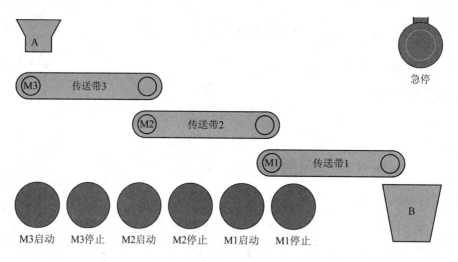

图 6-17 三节输送带机构操作控制示意图

1. 控制要求

(1) 按下 "M1 启动" 按钮，传送带 1 开始工作；然后按下 "M2 启动" 按钮，传送带 2 开始工作；最后按下 "M3 启动" 按钮，传送带 3 开始工作。

(2) 若传送带 1 未启动前，按下 "M2 启动" 或 "M3 启动" 按钮，传送带 2 或传送带 3 无法启动。同理，传送带 2 未启动前，按下 "M3 启动" 按钮，传送带 3 也无法启动，从而达到 "传送带 1" → "传送带 2" → "传送带 3" 顺序启动的目的。

(3) 按下 "M3 停止" 按钮，传送带 3 停止工作；然后按下 "M2 停止" 按钮，传送带 2 停止工作；最后按下 "M1 停止" 按钮，传送带 1 停止工作。

(4) 若传送带 3 未停止前，按下 "M2 停止" 或 "M1 停止" 按钮，传送带 2 或传送带 1 无法停止。同理，传送带 2 未停止前，按下 "M1 停止" 按钮，传送带 1 也无法停止，从而达到 "传送带 3" → "传送带 2" → "传送带 1" 逆序停止的目的。

(5) 三节传送带都具有独立的过载保护功能，当传送带机构中的任意一节传送带出现过载现象时，整个传送带机构一、二、三节传送带同时停止。

(6) 装置设有急停开关，当出现意外情况时，按下急停开关，三节传送带立即停止。

从项目要求可知，主要完成的内容包括三节传送带的顺序启动、逆序停止、过载保护及急停控制。

2. 实现技术要点

1) 顺序启动

三节传送带的启动都是由单独的启动按钮控制，并且启动后需连续运转。这种控制十分简单，难点在于实现顺序控制。传送带 1 在任何情况下都能启动，因此除了受自己的启动按钮控制外，不受其他条件控制。而传送带 2 必须在传送带 1 启动的条件下才能启动，这就需要找到这一限制条件。传送带 1 启动后，其控制线圈得电，对应的常开、常闭触点动作，而传送带 2 的控制支路上必须有一个传送带 1 的条件。传送带 1 未启动，这一条件断开；传送带 1 启动，这一条件就接通，这就可以应用控制传送带 1 的输出继电器的常开触点实现。传送带 3 启动受传送带 2 限制是类似的。

　　2) 逆序停止

　　三节传送带的停止都是由单独的停止按钮控制。要使各自的传送带立即停止，实现起来较为容易，难点在于实现逆序停止。传送带 3 在任何情况下都能停止，因此除了受自己的停止按钮控制之外，不受其他条件的控制。而传送带 2 必须在传送带 3 停止的条件下才能停止，停止采用的是常闭触点，按下后，控制支路肯定会断开。要使控制支路保持接通，必须在停止的常闭触点两端再连接一条支路。这一扩展支路肯定是受传送带 3 控制。传送带 3 还在运行时，此扩展支路接通；但传送带 3 停止运行时，此扩展支路就断开，这可以采用传送带 3 输出继电器的常开触点实现。传送带 1 停止受传送带 2 限制是类似的。

　　3) 过载保护

　　过载保护在三相异步电动机控制中应用非常多，不同的是，这里有 3 台电动机，只要 1 台发生过载，3 台电动机全部停止，因此要把 3 个热继电器触点串联。

　　4) 急停控制

　　急停是为了在意外情况发生时，传送带能够立即停止，这与过载保护类似。不同的是，急停开关在硬件上一般只有常闭触点，因此 PLC 梯形图编程时要用相反的思维，原来使用常开触点的用常闭触点，原来用常闭触点的用常开触点。

习题与思考题

　　使用 PLC 实现三节传送带顺序启停的控制：

　　有三台传送带运输机，分别由电动机 M1、M2、M3 驱动。按启动按钮 SB1 后，三台电动机启动时的顺序为 M1→M2→M3，M1 启动 3s 后 M2 运行，M2 启动 5s 后 M3 运行。按停止按钮 SB2 后，停车时的顺序为 M3→M2→M1，M3 停止 5s 后 M2 停止，M2 停止 3s 后 M1 停止。

项目七　典型控制系统的 PLC 设计与调试

任务一　通风机状态监控系统的设计与调试

学习目标

(1) 了解逻辑设计法进行系统设计的基本步骤；

(2) 学会根据状态写出逻辑函数；

(3) 学会使用逻辑设计法设计 PLC 的开关量控制系统。

一、任务导入

某控制系统中有四台通风机，要求使用绿灯、红灯两个灯来表示通风机三台及三台以上开机、两台开机、一台开机及全部停机等几种运行状态。

学会使用逻辑设计法进行 PLC 程序设计，实现通风机状态监控系统的设计。

二、相关知识

PLC 的应用程序往往是一些典型的控制环节和基本电路的组合，编程人员可以依靠经验选择合适的语言，直接实现用户程序，以满足生产设备和生产过程的控制要求，PLC 程序的设计方法没有固定的模式，一般采用经验设计法、逻辑设计法、时序图设计法、顺序功能图设计法、继电器电路转换设计法等。

逻辑设计法主要适用于对开关量进行控制的系统。它以逻辑代数及其化简法为基础，是一种实用、可靠的程序设计方法。逻辑设计法是将控制电路中输出元件的通断电状态视为以触点通断电状态为逻辑变量的逻辑函数，对经过化简的逻辑函数，利用 PLC 指令设计出满足要求的而且较为简单的控制程序。

逻辑设计法的基本步骤如下：

(1) 根据控制功能，在输入与输出信号之间建立起逻辑函数关系(可先列出逻辑状态表)；

(2) 对上述所得的逻辑函数进行化简或变换；

(3) 对化简后的函数，利用 PLC 的逻辑指令实现其函数关系(作出 I/O 分配，画出 PLC 梯形图)；

(4) 添加特殊要求的程序；

(5) 上机调试程序，进行修改和完善。

某系统中有四台通风机，要求在以下几种运行状态下可发出不同的显示信号：三台及三台以上开机时，绿灯常亮；两台开机时，绿灯以 1 Hz 的频率闪烁；一台开机时，红灯以 1 Hz 的频率闪烁；全部停机时，红灯常亮。

设灯常亮为"1"，灭为"0"；通风机开为"1"，停为"0"。下面进行红、绿灯常亮控制的程序设计，由控制要求可知，当四台通风机都不开机时红灯常亮，即 A、B、C 和 D 四台风机都是常闭时，F1 红灯亮。能引起绿灯常亮的情况有五种。综合二者，得到状态表，如表 7-1 所示。

表 7-1　灯常亮状态表

输 入				输 出	
A	B	C	D	F1	F2
0	1	1	1	—	1
1	0	1	1	—	1
1	1	0	1	—	1
1	1	1	0	—	1
1	1	1	1	—	1
0	0	0	0	1	—

由状态表可得 F1、F2 的逻辑函数：

$$F1 = \overline{ABCD}$$
$$F2 = \overline{A}BCD + A\overline{B}CD + AB\overline{C}D + ABC\overline{D} + ABCD$$
$$F2 = AB(C+D) + CD(A+B)$$

这样就可以很容易地得到绿灯常亮的梯形图程序，如图 7-1 所示。

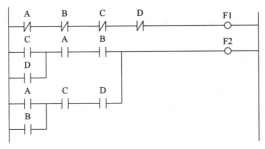

图 7-1　绿灯常亮梯形图

由控制要求可知，能引起绿灯闪烁的情况有六种，能引起红灯闪烁的情况有四种。综合二者，得到状态表，如表 7-2 所示。

由状态表可得 F1、F2 的逻辑函数：

$$F1 = \overline{ABC}D + \overline{ABC}\overline{D} + \overline{A}B\overline{CD} + A\overline{BCD}$$
$$F2 = \overline{AB}CD + \overline{A}B\overline{C}D + \overline{A}BC\overline{D} + A\overline{B}\overline{C}D + A\overline{B}C\overline{D} + AB\overline{CD}$$
$$F1 = \overline{AB}(\overline{C}D + C\overline{D}) + \overline{CD}(\overline{A}B + A\overline{B})$$
$$F2 = (\overline{A}B + A\overline{B})(\overline{C}D + C\overline{D}) + AB\overline{CD} + \overline{AB}CD$$

表 7-2　灯闪烁状态表

输　　　入				输　　　出	
A	B	C	D	F1	F2
0	0	1	1	—	1
0	1	0	1	—	1
0	1	1	0	—	1
1	0	0	1	—	1
1	0	1	0	—	1
1	1	0	0	—	1
0	0	0	1	1	—
0	0	1	0	1	—
0	1	0	0	1	—
1	0	0	0	1	—

这样就得到了输入和输出之间的逻辑关系式，可以很容易地得到红、绿灯闪烁的梯形图程序，如图 7-2 所示，其中 SM0.5 能产生 1 Hz 的脉冲信号。

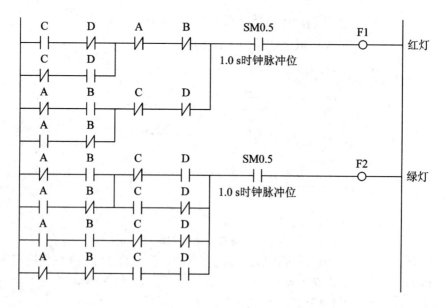

图 7-2　灯闪烁梯形图

三、任务实施

本任务就是要求使用 PLC 监控通风机运行状态。

(一) 控制要求

使用 PLC 控制两个指示灯，监控通风机运行状态，三台及三台以上开机时，绿灯常亮；两台开机时，绿灯以 1 Hz 的频率闪烁；一台开机时，红灯以 1 Hz 的频率闪烁；全部停机时，红灯常亮。

(二) I/O 分配

为了方便问题的讨论，设四台通风机分别为 A、B、C、D，这是系统的输入；红灯为 F1，绿灯为 F2，这是系统的输出。这样就得到如表 7-3 所示的四台通风机控制的 I/O 分配表。

表 7-3　四台风机控制 I/O 分配表

输　　入		输　　出	
外部设备	PLC 端口	外部设备	PLC 端口
通风机 A 状态输入	I0.0	红灯	Q0.0
通风机 B 状态输入	I0.1	绿灯	Q0.1
通风机 C 状态输入	I0.2		
通风机 D 状态输入	I0.3		

(三) PLC 硬件接线

通风机状态监控系统的 PLC 外部接线图如图 7-3 所示。

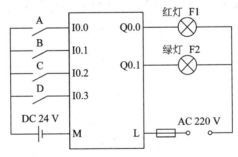

图 7-3　通风机监控系统的 PLC 外部接线图

(四) 设计梯形图程序

通风机状态监控系统的梯形图程序如图 7-4 所示。

(五) 系统调试

PLC 切换到运行模式，当三台及三台以上通风机同时开机时，绿灯常亮；两台通风机同时开机时，绿灯以 1 Hz 的频率闪烁；只有一台开机时，红灯以 1 Hz 的频率闪烁；当通风机全部停机时，红灯常亮。通风机运行状态可使用开关替代。

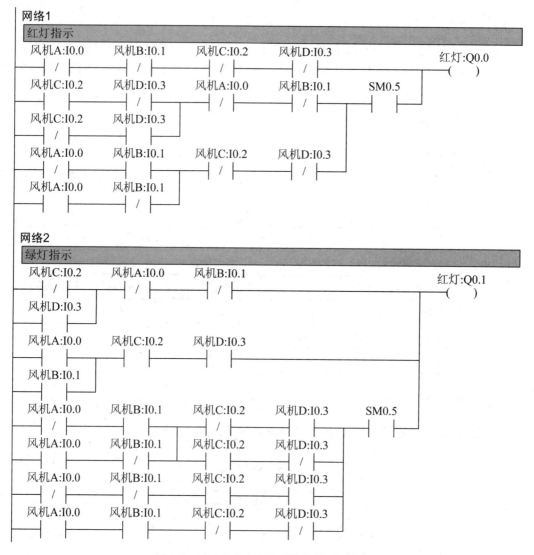

图 7-4 通风机状态监控系统的梯形图程序

四、拓展知识：逻辑函数与梯形图的关系

组合逻辑设计法的理论基础是逻辑代数。在数字电子电路中，我们学习了简单的逻辑代数(布尔代数)知识，逻辑代数的三种基本运算"与"、"或"、"非"都有着非常明确的物理意义。逻辑函数表达式的线路结构与 PLC 梯形图相互对应，可以直接转化，如表 7-4 所示。

组合逻辑设计法适合于设计开关量控制程序，它是对控制任务进行逻辑分析和综合，将输出元件的通、断电状态视为以触点通、断状态为逻辑变量的逻辑函数，对经过化简的逻辑函数，利用 PLC 逻辑指令可顺利地设计出满足要求且较为简练的程序。这种方法的设计思路清晰，所编写的程序易于优化。

表 7-4　逻辑表达式与 PLC 指令(梯形图)之间的关系

基 本 逻 辑			组 合 逻 辑		
逻辑表达式	PLC 实现方式		逻辑表达式	PLC 实现方式	
与 $F=AB$	LD　I0.0 A　I0.1 =　Q0.0	I0.0 为 A I0.1 为 B Q0.0 为 F	与非 $F=\overline{AB}$	LD　　I0.0 A　　I0.1 NOT =　　Q0.0	I0.0 为 A I0.1 为 B Q0.0 为 F
或 $F=A+B$	LD　I0.0 O　I0.1 =　Q0.0	I0.0 为 A I0.1 为 B Q0.0 为 F	或非 $F=\overline{A+B}$	LD　　I0.0 O　　I0.1 NOT =　　Q0.0	I0.0 为 A I0.1 为 B Q0.0 为 F
非 $F=\overline{A}$	LD　I0.0 NOT =　Q0.0	I0.0 为 A Q0.0 为 F	与或 $F=AB+C$	LD　　I0.0 A　　I0.1 O　　I0.2 =　　Q0.0	I0.0 为 A I0.1 为 B I0.2 为 C Q0.0 为 F

习题与思考题

三台通风机运行状态监控。

控制要求：某系统中有三台通风机，欲用一台指示灯显示通风机的各种运行状态；两台及两台以上通风机开机时，指示灯常亮；若只有一台开机时，指示灯以 0.5 Hz 的频率闪烁；全部停机时，指示灯以 2 Hz 的频率闪烁。用一个开关控制系统工作。

任务二　灯塔控制系统的设计与调试

学习目标

(1) 掌握灯塔控制系统的硬件接线及控制原理；

(2) 能够灵活应用多种指令进行灯塔控制系统编程；

(3) 具备对灯塔控制系统的设计能力；

(4) 具备灯塔控制系统的调试能力。

一、任务导入

某灯塔有 9 盏灯，其布局如图 7-5 所示，灯塔进行发射型闪烁，按下启动按钮后，灯 L1 亮 2 s 后灭，接着灯 L2～L5 亮 2 s 后灭，接着灯 L6～L9 亮 2 s 后灭，接着 L1 又亮 2 s 后灭，如此循环。按下停止按钮时，灯塔的灯全部熄灭。

图 7-5　灯塔控制系统布局图

二、相关知识

THPWJ-1 型维修电工技师技能实训考核装置，可完成电子技术、电力电子变流技术、电机与拖动、自动控制、变频调速、可编程控制器(西门子 S7-200 PLC)、单片机等方面的实验实训项目。在本项目的后续任务中，我们主要使用其中的 PLC-S2 挂件和 PWD-42 实训挂件为硬件基础,结合安装了 STEP 7 MicroWIN V4.0 PLC 编程软件来实现系统的设计与调试。PLC-S2 挂件为可编程序控制器基本指令编程练习挂件，PLC 采用西门子公司的小型机 S7-200 及其扩展模块，具体配置为 CPU 224 + EM 223 + EM 225。

其中 CPU 224 为主机单元,本机集成 14 输入/10 输出,其对应的地址为 I0.0～I0.7,I1.0～I1.5，Q0.0～Q0.7，Q1.0～Q1.1。该单元最多可以有 7 个扩展模块，有内置时钟，有更强的模拟量和高速计数的能力，是使用得最多的 S7-200 产品。EM223 为输入/输出混合扩展模块，输入/输出点数为 16 点，对应的地址为 I2.0～I2.7，Q2.0～Q2.7。EM235 为模拟量输入/输出扩展模块，有 4 路 AI/1 路 AO。

PLC-S2 挂件端子连接如图 7-6 所示，图中主机下方的接线孔，通过防转座插锁紧线与 PLC 的主机相应的输入/输出插孔相接。I 为输入点，Q 为输出点。最下面两排为模拟量模块对应的输入/输出。L+ 与 M 之间对应 +24 V 输出。上边一排 Q0.0～Q1.1 是 LED 指示灯，实训时其对应的防转座接 PLC 主机输出端，M 点接实训用到的 M 点及 24V 的 M 点，用以模拟输出负载的通与断。主机上面的第一排对应按钮开关，实训时可以模拟主机的输入，同时 L+ 接实训用到的 L 点及 24 V 的 L+。

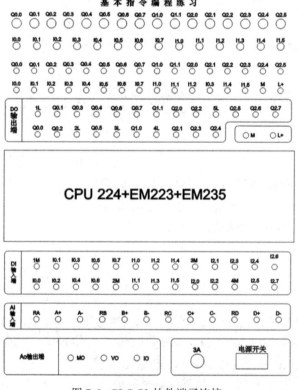

图 7-6　PLC-S2 挂件端子连接

三、任务实施

(一) 所需元件和工具

实训设备基本配置如下：

PLC-S2 挂件	1 块
PC/PPI 通信电缆	1 条
STEP 7 MicroWIN V4.0 软件	1 套
计算机	1 台
连接导线	若干

(二) I/O 分配

基于 S7-200 PLC 的灯塔控制系统输入/输出各端子对应关系如表 7-5 所示。

表 7-5　灯塔控制系统 I/O 分配表

输　　入		输　　出	
对象	S7-200 PLC 端口	对象	S7-200 PLC 端口
启动按键 SB1	I0.0	灯 L1	Q0.0
停止按键 SB2	I0.1	灯 L2~L5	Q0.1
模式选择开关 SA	I0.2	灯 L6~L9	Q0.2

(三) PLC 硬件接线

灯塔控制系统接线时，L、N 接 220 V 交流电，PLC 的输入及输出使用直流 24 V 电源供电，灯 L_1 并联接在直流电源 24 V 的负极和 PLC 输出点 Q 0.0 之间，灯 L2~L5 并联接在直流电源 24 V 的负极和 PLC 输出点 Q0.1 之间，灯 L6~L9 并联接在直流电源 24 V 的负极和 PLC 输出点 Q0.2 之间，灯塔控制系统硬件接线图如图 7-7 所示。

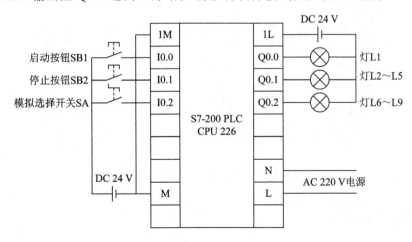

图 7-7　灯塔控制系统硬件接线图

（四）设计梯形图程序

基于 S7-200 PLC 的灯塔控制系统梯形图程序如图 7-8 所示。

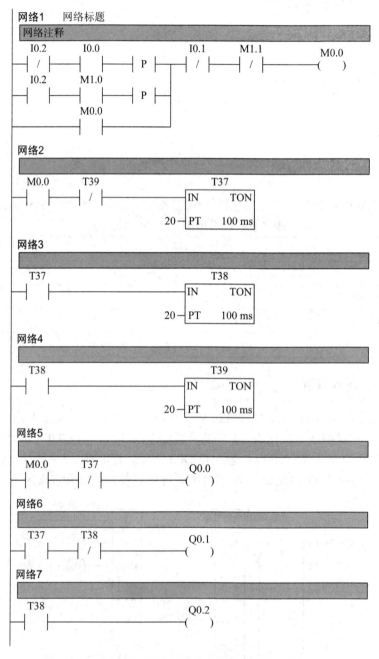

图 7-8　灯塔控制系统梯形图程序

（五）系统调试

(1) 按照灯塔控制系统外部接线图接好线，将图 7-8 所示的程序输入 PLC 中并运行。

(2) 将模式选择开关断开，按下启动按钮 SB1，观察 PLC 运行情况，灯塔中的灯将按照灯 L1 亮 2 s 后灭，然后灯 L2～L5 亮 2 s 后灭，灯 L6～L9 亮 2 s 后灭，L1 又亮 2 s 后灭，如此循环不停，当按下停止按钮 SB2 时，系统将停止运行。

四、拓展知识：PLC 控制系统设计的基本步骤

(1) 对控制任务作深入的调查研究。弄清哪些是 PLC 的输入信号，是模拟量还是开关量信号，用什么方式来获取信号；弄清哪些是 PLC 的输出信号，通过什么执行元件去驱动负载；弄清整个工艺过程和欲完成的控制内容；了解运动部件的驱动方式，是液压、气动还是电动；了解系统是否有周期运行、单周期运行、手动调整等控制要求等；了解哪些量需要监控、报警、显示，是否需要故障诊断，需要哪些保护措施等；了解是否有通信联网要求等。

(2) 确定系统总体设计方案。在深入了解控制要求的基础上，确定电气控制总体方案。

(3) 确定系统的硬件构成。确定主回路所需的各电器，确定输入、输出元件的种类和数量；确定保护、报警、显示元件的种类和数量；计算所需 PLC 的输入/输出点数，并参照其他要求选择合适的 PLC 机型。

(4) 确定 PLC 的 I/O 分配。确定各输入/输出元件并进行 PLC 的 I/O 端口分配。

(5) 设计应用程序。根据控制要求，拟订几个设计方案，经比较后选择出最佳编程方案；当控制系统较复杂时，可分成多个相对独立的子任务，分别对各子任务进行编程，最后将各子任务的程序合理地连接起来。

(6) 程序调试。编写的程序必须先进行模拟调试，经过反复调试和修改，使程序满足控制要求。

(7) 制作控制柜。在开始制作控制柜及控制盘之前，要画出电气控制主回路电路图；要全面地考虑各种保护、连锁措施等问题；在控制柜布置和敷线时，要采取有效的措施抑制各种干扰信号；要注意解决防尘、防静电、防雷电等问题。

(8) 现场调试。调试前要制定周密的调试计划，以免由于工作的盲目性而隐藏了故障隐患，从而保证 PLC 程序的完整性和可靠性；程序调试完毕，必须实际运行一段时间，以确认程序是否真正达到控制要求。

(9) 编制技术文件。整理程序清单并保存程序，编写元件明细表，整理电气原理图及主回路电路图，整理相关的技术参数，编写控制系统说明书等。

习题与思考题

1．程序设计。

用 PLC 实现 8 盏灯的控制，具体要求如下：按下启动按钮 SB1，L1 和 L3 点亮，再按下 SB1，依次左移两位点亮(即 L3 和 L5 点亮)，当 L5 和 L7 点亮时，再按下 SB1，L1 和 L3 点亮，系统循环。任意时刻按下 SB2，彩灯全部点亮，按下 SB3，彩灯全部熄灭，系统停止循环。

2．喷泉控制系统设计。

控制要求：有 10 个喷泉头"一"字排开。系统启动后，喷泉头要求每间隔 1 s 从左到右依次喷出水来，全部喷出 10 s 后停止，然后系统又从左到右依次喷水，如此循环。10 个喷泉头由 10 个继电器控制，继电器得电，相应的喷泉头喷水。请给出 PLC 的 I/O 分配表，并编写梯形图程序。

任务三　抢答器控制系统的设计与调试

学习目标

(1) 掌握抢答器控制系统的硬件接线及控制原理；
(2) 能够灵活应用多种指令进行抢答器控制系统的编程；
(3) 具备对抢答器控制系统的设计能力；
(4) 具备抢答器控制系统的调试能力。

一、任务导入

作为一个准确、快速、公正的裁判员，抢答器成了各种竞赛或娱乐节目中必不可少的重要设备。它的任务是从若干名参赛者中确定最先的抢答者，其准确性和灵活性就得到了体现。因此，如何设计与控制抢答器很重要。一般来说，用 PLC 来控制抢答器是目前比较常见的方法，根据抢答过程中动作时间的快慢，综合运用 PLC 中的传送指令与七段译码指令(SDEC)来实现控制。本文以 4 路抢答器为例来进行分析设计，常见的抢答器系统示意图如图 7-9 所示。

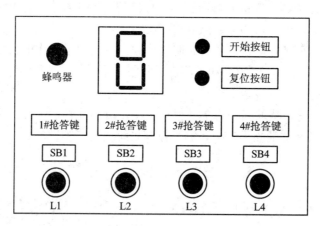

图 7-9　抢答器系统示意图

二、相关知识

4 路抢答器控制要求：

(1) 系统初始上电后，主持人宣布允许各队人员开始抢答后，各队人员此时按键有效；

(2) 抢答过程中，1~4 组中的任何一队抢先按下各自的抢答按键(SB1、SB2、SB3、SB4)后，LED 数码管显示当前抢答成功的组号，并使蜂鸣器发出响声，同时锁住抢答器，使其他组按键无效，直至本次抢答完毕。

(3) 主持人确认抢答状态后，单击"复位按钮"，系统又开始新一轮抢答，直至有小组抢答成功。

在本任务中，4 组抢答台使用的 SB1~SB4 抢答按键、复位按钮，都是作为 PLC 的输入信号，七段数码管的七段 a~g 及蜂鸣器作为 PLC 的输出信号。因此这个系统中，PLC 的输入信号有 5 个，输出信号有 8 个。同时为了保证只有最先抢到的抢答台才会显示，各抢答器之间应设置互锁。此外，复位按钮的作用有两个：一是复位抢答器，二是复位七段数码管，从而为下次的抢答做准备。

从上述分析可知，可以使用基本指令或者数据传送指令来实现抢答器系统的控制。

三、任务实施

(一) 所需元件和工具

实训设备基本配置如下：

PLC-S2 挂件	1 块
PWD-42 实训挂件	1 块
PC/PPI 通信电缆	1 条
STEP 7 MicroWIN V4.0 软件	1 套
计算机	1 台
连接导线	若干

(二) I/O 分配

基于 S7-200 PLC 的 4 组抢答器控制系统输入/输出各端子对应关系如表 7-6 所示。

表 7-6　抢答器控制系统 I/O 分配表

输　入		输　出	
对象	S7-200 PLC 端口	对象	S7-200 PLC 端口
1 号按键 SB1	I0.1	蜂鸣器	Q0.0
2 号按键 SB2	I0.2	数码管字段 a	Q0.1
3 号按键 SB3	I0.3	数码管字段 b	Q0.2
4 号按键 SB4	I0.4	数码管字段 c	Q0.3
复位按钮 SB5	I0.0	数码管字段 d	Q0.4
		数码管字段 e	Q0.5
		数码管字段 f	Q0.6
		数码管字段 g	Q0.7

(三) PLC 硬件接线

对于抢答器控制系统，接线时，L、N 接 220 V 交流电，PLC 的输入及输出使用直流 24 V 电源供电。在 PLC 输出的 Q0.0 端接了一个直流 24 V 的蜂鸣器，七段数码管采用共阴极接法，即直流 24 V 电源负极接数码管的公共端，数码管字段 a～g 通过电阻分别接在 PLC 输出的 Q0.1～Q0.7 端，PLC 输出的公共端 1L、2L 并接在直流 24 V 电源正极，如图 7-10 所示。

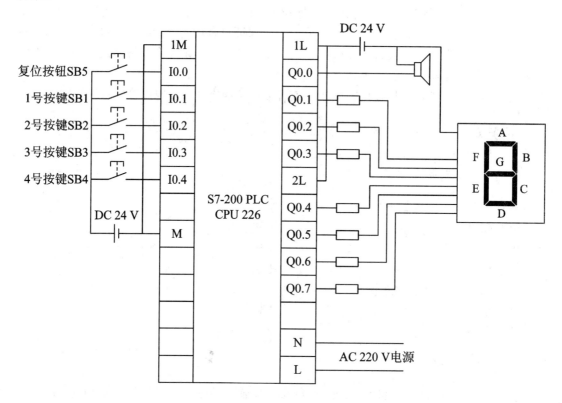

图 7-10　抢答器控制系统硬件接线图

(四) 设计梯形图程序

在设计抢答器控制系统的梯形图时，注意各按键的"自锁"及"互锁"关系，对于"1 号按键 SB1"，中间继电器 M0.1 实现"自锁"，M0.2、M0.3、M0.4 实现"互锁"。该系统显示器采用七段数码管，各按键按下时，通过分别点亮七段数码管相应的字段，从而组合出需要的数字，例如，当按下"1 号按键 SB1"时，接通 PLC 的输出端 Q0.2 和 Q0.3，即点亮字段 b 和字段 c，组合出数字 1。

基于 S7-200 PLC 的抢答器控制系统梯形图程序如图 7-11 所示。

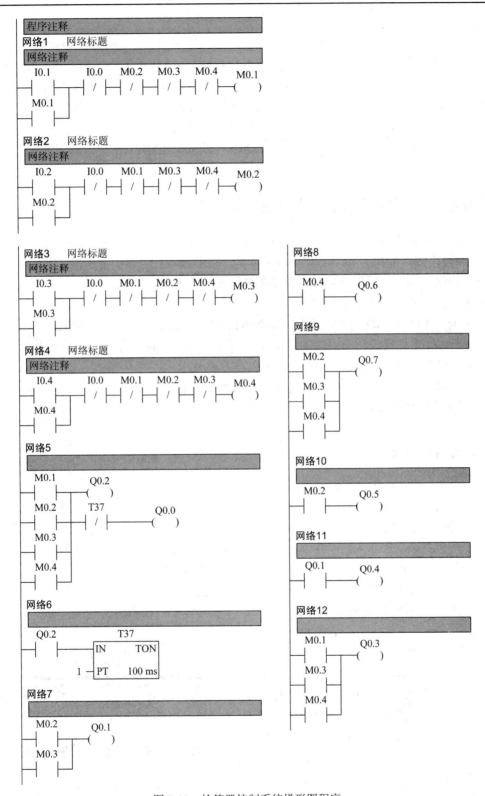

图 7-11　抢答器控制系统梯形图程序

(五) 系统调试

(1) 按照抢答器控制系统外部接线图接好线,将图 7-11 所示的程序输入 PLC 中并运行。

(2) 按下 1 号按钮 SB1,观察 PLC 的运行情况,七段数码管应显示数字 1,即字段 b、字段 c 点亮,按下 2 号按钮 SB2、3 号按钮 SB3、4 号按钮 SB4,观察 PLC 运行情况,七段数码管应显示数字 1 不变;按下复位按钮,系统停止运行。

(3) 按照上述方法,依次调试 2 号按钮 SB2、3 号按钮 SB3、4 号按钮 SB4,直到显示正常为止。

四、拓展知识:继电器控制电路转换为梯形图法

继电-接触器控制系统经过长期的使用,已有一套能完成系统要求的控制功能并经过验证的控制电路图,而 PLC 控制的梯形图和继电器接触器控制电路图很相似,因此可以直接将经过验证的继电-接触器控制电路图转换成梯形图。其主要步骤如下:

(1) 熟悉现有的继电器控制线路。

(2) 对照 PLC 的 I/O 端子接线图,将继电器电路图上的被控器件(如接触器线圈、指示灯、电磁阀等)换成接线图上对应的输出点的编号,将电路图上的输入装置(如传感器、按钮开关、行程开关等)触点都换成对应的输入点的编号。

(3) 将继电器电路图中的中间继电器、定时器,用 PLC 的辅助继电器、定时器来代替。

(4) 画出全部梯形图,并予以简化和修改。

习题与思考题

1. 设计 5 组抢答器,要求如下:

(1) 在主持人侧设置有报警灯及抢答器的启动(允许抢答)、复位按钮。选手侧各设置 1 个抢答按钮及指示灯。

(2) 抢到的选手,相应的指示灯亮,并且开始计时 2 min,在回答问题到剩下最后 30 s 时,LED 转为倒计时显示,倒计时结束,报警灯亮蜂鸣器响。

(3) 主持人按下复位按钮,各小组指示灯灭,报警灯灭,蜂鸣器停。

试根据上述要求写出 PLC 的 I/O 分配表,并编写梯形图程序。

2. 一台运料小车,可在 1#~4#工位之间自动移动,只要对应工位有呼叫信号,小车便会自动向呼叫工位移动,并在到达呼叫工位后自动停止,示意图如图 7-12 所示。设 SB1 为启动信号,SB2 为停止信号,SQ1~SQ4 为小车位置检测信号,SB3~SB6 为呼叫位置检测信号,并且在发生呼叫时,数码显示器上显示呼叫位置编号。请根据上述要求写出 PLC 的 I/O 分配表,并编写梯形图程序。

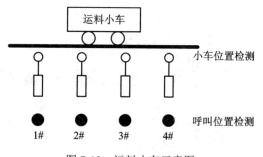

图 7-12　运料小车示意图

任务四　交通信号灯控制系统的设计与调试

学习目标

(1) 掌握交通灯控制系统的硬件接线及控制原理；
(2) 熟悉时序图设计法，并能进行 PLC 程序设计；
(3) 初步具备对交通灯控制系统的设计能力；
(4) 初步具备对交通灯控制系统的调试能力。

一、任务导入

一般十字路口的交通灯控制要求如下：按下启动按钮 SB1 后，东西绿灯亮 20 s 后灭，黄灯亮 5 s 后闪 5 s 灭，红灯亮 30 s 后绿灯又亮 20 s 后灭，依次循环；分别对应东西方向绿、黄、红灯亮的情况，南北红灯亮 30 s，接着绿灯亮 20 s 后灭；黄灯亮 5 s 后闪 5 s 灭，红灯又亮并循环，当按下停止按钮 SB2，系统停止。

二、相关知识

PWD-42 实训挂件如图 7-13 所示。

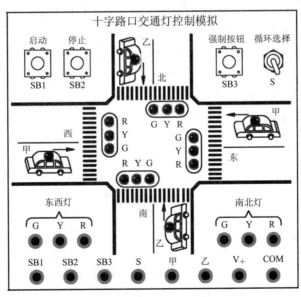

图 7-13　PWD-42 实训挂件

PWD-42 为十字路口交通灯控制模拟挂件，设置一个启动按钮 SB1、停止按钮 SB2、强制按钮 SB3、循环选择开关 S。当按下启动按钮之后，信号灯控制系统开始工作，首先南北红灯亮，东西绿灯亮。按下停止按钮后，信号控制系统停止，所有信号灯灭。按下强制按钮 SB3，东西南北黄、绿灯灭，红灯亮。循环选择开关 S 可以用来设定系统是单次运行还是连续循环运行。

三、任务实施

(一) 所需元件和工具

实训设备基本配置如下：

PLC-S2 挂件	1 块
PWD-42 实训挂件	1 块
PC/PPI 通信电缆	1 条
STEP 7 MicroWIN V4.0 软件	1 套
计算机	1 台
连接导线	若干

(二) I/O 分配

I/O 分配情况如表 7-7 所示。

表 7-7　I/O 分配表

输　　　入		输　　　出	
启动按钮 SB1	I0.0	南北方向绿灯(南北 G)	Q0.0
停止按钮 SB2	I0.1	南北方向黄灯(南北 Y)	Q0.1
		南北方向红灯(南北 R)	Q0.2
		东西方向绿灯(东西 G)	Q0.3
		东西方向黄灯(东西 Y)	Q0.4
		东西方向红灯(东西 R)	Q0.5

(三) PLC 硬件接线

PLC 硬件接线图如图 7-14 所示。

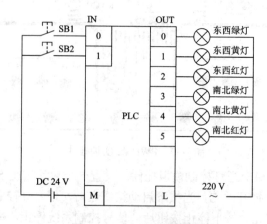

图 7-14　PLC 硬件接线图

(四) 设计梯形图程序

(1) 根据控制要求, 画出各方向绿、黄、红灯的工作时序图, 如图 7-15 所示。

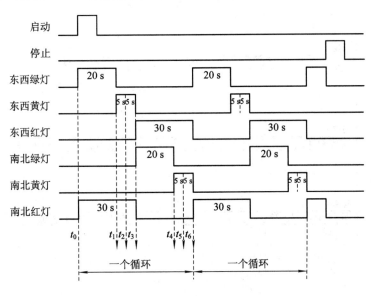

图 7-15   东西南北方向绿、黄、红灯的工作时序图

由时序图可以看出各输出信号之间的时间关系。上图中, 东西方向绿灯和黄灯亮的时间区间与南北方向红灯亮的时间区间相同, 同时东西方向黄灯换红灯前闪烁; 东西方向红灯亮的时间区间与南北方向绿灯和黄灯亮的时间区间一致, 同时南北方向黄灯换红灯前闪烁。另外从时序图中可以看出, 在一个循环内共有 6 个时间段, 在每个时间段的分界点 (t_1, t_2, t_3, t_4, t_5, t_6)对应信号灯的状态将发生变化。

(2) 根据上述分析, 6 个时间段可以由 6 个定时器确定或者可通过 1 个定时器和比较指令的方法确定。下面以第 2 种方法来实现。定时器个数为 1 个, 编号为 TON37, 其对应时间区间功能明细表如表 7-8 所示。

表 7-8   定时器功能明细表

定时器	t_0(0 s)	t_1(20 s)	t_2(25 s)	t_3(30 s)	t_4(50 s)	t_5(55 s)	t_6(60 s)
TON37 定时 60 s	开始定时, 东西绿灯、南北红灯亮	东西绿灯灭, 黄灯亮	东西黄灯闪	东西黄灯灭红灯亮, 南北红灯灭绿灯亮	南北绿灯灭, 黄灯亮	南北黄灯闪	定时到输出 ON 并自复位, 开始下一个循环定时, 且南北黄灯灭红灯亮, 东西红灯灭绿灯亮

(3) 根据定时器功能明细表和 I/O 分配情况, 编写梯形图程序, 如图 7-16 所示。

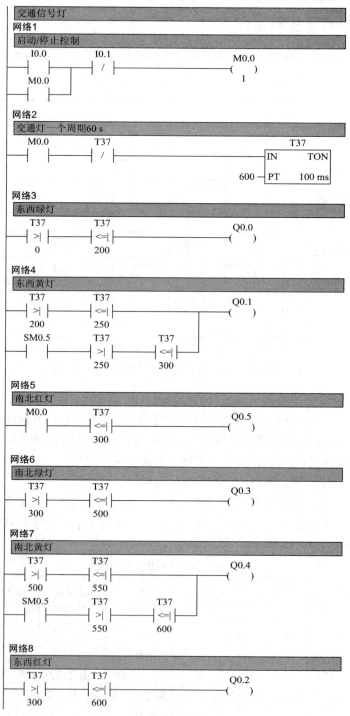

图 7-16 交通信号灯梯形图程序

(五) 电路检查

对照电路图检查电路是否有掉线、错线，接线是否牢固。学生自行检查和互检，确认安装的电路正确，无安全隐患，经老师检查后方可通电实验。

（六）运行调试

接通总电源，将上述程序输入 PLC 中并运行，分别按下启动按钮和停止按钮，观察交通灯系统的运行情况。

四、拓展知识：时序图设计法

若 PLC 各输出信号的状态变化有时间顺序，可选择时序图设计法来设计程序。因为根据时序图可以容易理顺各状态转换的时刻和转换的条件，从而可以建立清晰的设计思路。下面把时序图设计法归纳如下：

(1) 详细分析控制要求，明确各输入、输出信号的个数和类型，合理选择机型；

(2) 明确各输入、输出信号之间的时序关系，并画出输入、输出信号的工作时序图；

(3) 把时序图划分成若干个时序区间，确定各区间的时间长短，找出各区间的分界点，弄清分界点处各输出信号状态的转换关系和转换条件；

(4) 确定所需定时器数量和定时器的设定值，根据每个时间区间各输出信号的状态，列出状态转换明细表；

(5) 对 PLC 进行 I/O 分配；

(6) 根据定时器的功能明细表、时序图和 I/O 分配表编写梯形图程序；

(7) 做模拟实验，检查程序是否符合控制要求，进一步修改、完善程序。

一般来说，对于复杂的控制系统，若某些环节属于该控制系统，就可以应用时序图的方法来进行处理。

习题与思考题

1. 如何实现交通灯控制系统中，东西、南北方向车辆交替通行？

2. 进行广告牌显示控制设计，具体要求如下：

某广告牌上有 6 个符号，按下启动按钮 SB1 后每个符号依次显示 10 s，然后全灭，2 s 后再从第一个字符开始显示，依次循环。循环 5 次后系统自动停止。

任务五　运料小车电路的设计与调试

学习目标

(1) 了解经验设计法进行系统设计的基本步骤；

(2) 熟悉典型的 PLC 控制电路；

(3) 学会使用经验设计法设计 PLC 控制系统。

一、任务导入

经验设计法又可称为试凑法，长期工作在现场的电气技术人员和电工都熟悉继电-接触器控制电路,具备一定的设计和维护电气控制电路的经验和能力。他们在 PLC 的学习和实践中能够较深入地理解并掌握 PLC 各种指令的功能,以及大量的典型电路,在掌握了这些典型电路的基础上充分理解实际的控制问题,将实际控制问题分解为各典型控制电路所能解决的子任务,然后将这些经过修改和补充的典型电路进行拼凑而设计出梯形图。

使用经验设计法实现基于 PLC 的两地点自动往返送料小车控制。

二、相关知识

经验设计法的核心是抓住输出线圈控制这一关键问题,因为 PLC 的一切动作均是由线圈输出的,所以也可以称之为输出条件法,其设计步骤如下:

1.解析实际控制问题

解析实际控制问题,即将实际控制问题分解为典型控制电路所能实现的子任务,如"启保停"电路、互锁电路、定时/计数电路、分频电路、单/双稳态电路、报警消声电路等。

2.在梯形图中画出线圈的逻辑行

以输出线圈为核心画梯形图,将所有输出线圈全部一次性地列在梯形图的右母线上,这样可有效地防止"双线圈输出"的错误。然后,逐一分析各个输出线圈的置位和复位条件,并将对应的常开或常闭触点连接到左母线与线圈之间。属于多点共同触发的,需采用串联方式连接各触点,而当多路信号均能独立触发时,则应采用并联方式连接各触点。在编写过程中需特别注意考虑是否自锁。

3.利用工作位组合逻辑条件

如果不能直接使用实际输入点逻辑组合成输出线圈的置位与复位条件,则需要利用 PLC 内部存储器的工作位帮助建立输出线圈的置位与复位条件,例如使用 S7-200 PLC 的内部继电器(M 区)中的元件。

4.使用定时器和计数器

如果输出线圈的置位与复位条件中需要定时或计数条件,则需要使用定时器或计数器指令建立起输出线圈的置位与复位条件。

5.使用高级指令

如果输出线圈的置位与复位条件中需要高级指令的执行结果作为条件,则需要编写高级指令逻辑行来建立起输出线圈的置位与复位条件。

6.画互锁条件

画出各输出线圈之间的互锁条件,以便可以有效地避免相互冲突的动作同时发生。

7.画保护条件

保护条件可以在系统出现异常时,使输出线圈动作来保护系统和生产过程。

三、任务实施

本任务要求完成两地点自动往返送料小车的控制设计。

(一) 控制要求

两地点自动往返送料小车工作过程示意图如图 7-17 所示。控制要求：当按下左行启动按钮后，小车左行，到达行程开关 SQ1 处装料，20 s 后装料完毕，启动小车右行；当小车右行到达行程开关 SQ2 处卸料，12 s 后卸料完毕；再次启动小车左行到 SQ1 处装料，此装卸过程如此反复循环，直至按下停止按钮结束工作过程。若先按下右行启动按钮后小车右行，则先卸料再装料。

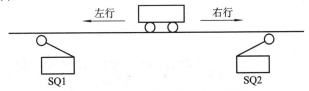

图 7-17 送料小车工作过程示意图

(二) I/O 分配

选用西门子小型机 S7-200 系列 PLC 为控制器，送料小车的 I/O 分配表见表 7-9。

表 7-9 送料小车的 I/O 分配表

输 入 点		输 出 点	
设备	地址	设备	地址
左行启动按钮 SB1	I0.0	左行接触器	Q0.0
右行启动按钮 SB2	I0.1	右行接触器	Q0.1
停车按钮 SB3	I0.2	装料电磁阀	Q0.2
左行程开关 SQ1	I0.3	卸料电磁阀	Q0.3
右行程开关 SQ2	I0.4		

(三) PLC 硬件接线

送料小车 PLC 硬件接线图如图 7-18 所示。

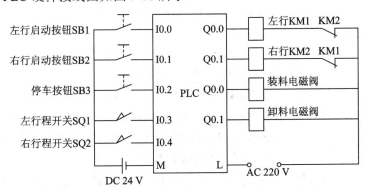

图 7-18 送料小车 PLC 硬件接线图

(四) 设计梯形图程序

分析控制要求得出，送料小车控制程序的基本框架为"启保停"电路。"启保停"电路是电动机等电气设备控制中常用的控制回路，PLC 可以方便地实现对电动机的启动、保持和停止的控制。

送料小车的梯形图控制程序如图 7-19 所示。

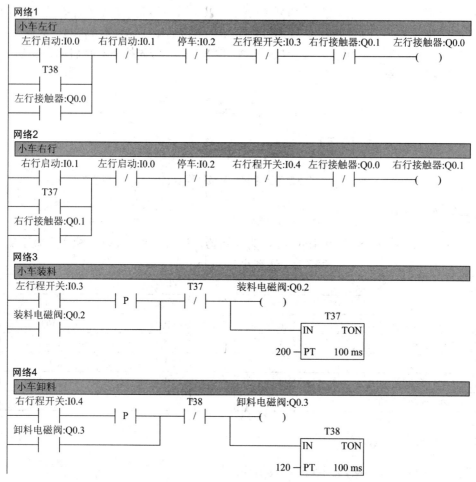

图 7-19　送料小车的梯形图控制程序

程序说明如下：

(1) 利用"启保停"电路实现小车单方向的运行，将左行和右行输出线圈的常闭触点分别串联在右行和左行输出控制逻辑行上，实现互锁。

(2) 利用"启保停"电路实现装料与卸料控制，二者启动条件分别是左行程开关 I0.3 和右行程开关 I0.4 接通，注意此处利用了上微分型输入，旨在瞬间置位使 Q0.2 或 Q0.3 保持输出；而定时器 T37 和 T38 分别为装料和卸料操作计时，时间到后，分别驱动小车右行或左行，同时作为复位条件结束当前的装料或卸料操作。

(3) 为使小车能自动停止，将行程开关 I0.3 和 I0.4 的常闭触点分别串联到左行与右行逻辑行。

(五) 系统调试

当按下左行启动按钮后，小车左行接触器得电，开始左行，到达行程开关 SQ1 处装料，

20 s 后装料完毕，小车右行接触器得电，小车右行；当小车右行到达行程开关 SQ2 处卸料，12 s 后卸料完毕；再次启动左行到 SQ1 处装料，此装卸过程如此反复循环。

四、拓展知识：三地点自动往返送料小车控制

(一) 控制要求

送料小车三地点自动往返控制示意图如图 7-20 所示，其一个工作周期的控制工艺要求如下：

(1) 按下启动按钮 SB1，小车电动机 M 正转，小车前进，碰到限位开关 SQ1 后，小车电动机反转，小车后退。

(2) 小车后退碰到限位开关 SQ2 后，小车电动机 M 停转，停 5 s。第 2 次前进，碰到限位开关 SQ3，再次后退。

(3) 当后退再次碰到限位开关 SQ2 时，小车停止。延时 5 s 后重复上述动作。

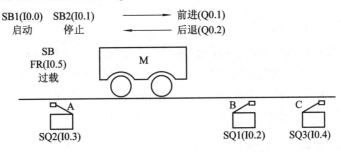

图 7-20 送料小车三地点自动往返控制示意图

(二) 系统的硬件设计

设计输入/输出分配，编写元件 I/O 分配表，如表 7-10 所示。

表 7-10 运料小车往返运行 I/O 分配表

输 入 信 号			输 出 信 号		
名称	功能	编号	名称	功能	编号
SB1	启动	I0.0	KM1	正转	Q0.1
SB2	停止	I0.1	KM2	反转	Q0.2
SQ1	B 行程开关	I0.2			
SQ2	A 行程开关	I0.3			
SQ3	C 行程开关	I0.4			
FR	过载	I0.5			

请读者参照图 7-19 和图 7-20 完成三地点自动往返送料小车硬件线路及梯形图程序。

习题与思考题

三地点自动往返送料小车如何实现第一次在 B 地点停车，而第二次不停直接运行到 C 地点？

任务六　搬运机械手电路的设计与调试

学习目标

(1) 了解功能图组成及步、动作等概念；
(2) 了解功能图单序列、选择序列、并行序列、循环序列等结构；
(3) 学会根据工艺要求绘制功能图；
(4) 学会使用顺序控制设计法设计 PLC 控制系统。

一、任务导入

绘制 PLC 控制系统功能图，使用顺序控制设计法实现搬运机械手控制。

二、相关知识

对那些按动作的先后顺序进行控制的系统，非常适宜使用顺序控制设计法编程。顺序控制设计法规律性很强，虽然编出的程序偏长，但程序结构清晰，可读性好。在用顺序控制设计法编程时，功能图是很重要的工具。功能图能清楚地表现出系统各工作功能、步与步之间的转换顺序及转换条件。

(一) 功能图的组成

下面以简单的控制为例来说明功能图的组成。

某动力头的运动状态有三种，即快进→工进→快退。各状态的转换条件：快进到一定位置压限位开关 ST1 则转为工进，工进到一定位置压限位开关 ST2 则转为快退，退回原位则压限位开关 ST3，自动停止运行。控制过程的功能图如图 7-21 所示。

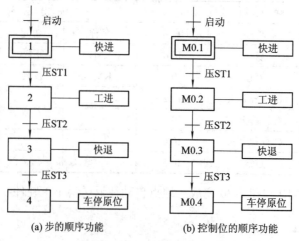

(a) 步的顺序功能　　　　(b) 控制位的顺序功能

图 7-21　动力头顺序功能图

功能图是由步、有向连线、转换与转换条件和动作等组成的。

1. 步

功能图设计法是将系统的一个工作周期划分为若干个顺序相连的阶段，这些阶段称为步。步是顺序功能图的最基本的组成部分，它是某一特定控制功能的程序段。与系统的初始状态相对应的是"初始步"，初始状态一般是系统等待启动命令的相对静止的状态。用矩形框表示各步，框内为步的编号。初始步使用双线框，图 7-21(a)是步的顺序功能图，其中步 1 就是初始步，每个功能图都有一个初始步。图 7-21(b)是控制位(对应步)的顺序功能图。控制位 M0.1～M0.4 分别代表步 1～步 4。当初始步没有动作，为等待步时，以 0 步开始命名各步；当初始步有动作时，从 1 步开始命名各步。

2. 动作

步是某一特定控制功能的程序段，在每一步中，要执行相应的控制功能和动作，在每一步的右边用矩形框中的内容来表示与该步相对应的动作，该矩形框应与对应步的矩形框相连。每一步可能是一个动作，也可能包含几个动作，如图 7-21 所示，步 1 的动作是快进。

若某一步包含几个动作，可以选用图 7-22 中的画法来表示，但是并不表示这些动作之间存在着任务顺

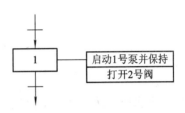

图 7-22　单步多动作画法示例

序。说明动作的语句应清楚地表示该动作是存储型的还是非存储型的。例如某步的存储型动作"启动 1 号泵并保持"，是指该步活动时开启 1 号泵，该步不活动时继续开着；而非存储型动作"打开 2 号阀"，是指该步活动时打开，不活动时则关闭。

3. 有向连线

步与步之间用有向线段相连，箭头表示步的转换方向(简单的功能图可不画箭头)。

4. 转换与转换条件

转换是步与步之间活动状态的传递，转换用步与步之间的与有向线段垂直的短横线表示。短横线标注转换条件。转换条件是使系统由当前步进入下一步的信号，正在执行的步称为活动步，当前一步为活动步且满足转换条件时，将启动下一步并终止前一步的执行。转换条件可以是外部输入信号，如按钮，开关，限位开关的通、断等；也可以是 PLC 内部产生的信号，如定时器、计数器的触点提供的信号；还可以是若干信号的组合。

顺序控制(功能图)设计法是指用转换条件控制各步的编程元件，让它们的状态按一定的顺序变化，从而达到控制 PLC 各输出位的目的。

(二) 功能图的类型

功能图从结构上来分，可分为单序列、选择序列、并行序列、跳转序列、循环序列等结构。

1. 单序列结构

图 7-21 是单序列结构类型。这种结构的功能图没有分支，每个步后只有一个步，步与步之间只有一个转换条件。

2. 选择序列结构

图 7-23 是选择序列结构的功能图。选择序列的开始称为分支，如图中的步 1 之后有 3

个分支(或更多),各选择分支不能同时执行。例如,当步 1 为活动步且满足条件 a 时则转向步 2,当步 1 为活动步且满足条件 b 时则转向步 3,当步 1 为活动步且满足条件 c 时则转向步 4。无论步 1 转向哪个分支,当其后续步成为活动步时,步 1 自动变为不活动步。

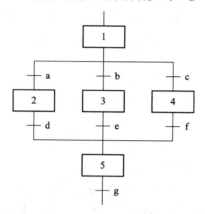

图 7-23　选择序列结构

当已选择了转向某一个分支,则不允许另外几个分支的首步成为活动步,所以应该使各选择分支之间连锁。选择序列的结束称为合并,如图 7-23 中,不论哪个分支的最后一步成为活动步,当满足转换条件时都要转向步 5。

3. 并行序列结构

图 7-24 是并行序列结构的功能图。并行序列的开始也称为分支,为了区别于选择序列结构的功能图,用双线来表示并行序列分支的开始,转换条件在双线之上。如图中的步 1 之后有 3 个并行分支,当步 1 为活动步且满足条件 a 时,则步 2~4 同时被激活变为活动步,而步 1 则变为不活动步。图中步 2 和步 5、步 3 和步 6、步 4 和步 7 是三个并行的单序列。

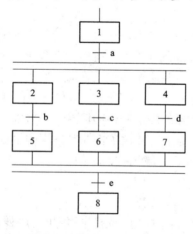

图 7-24　并行序列结构

并行序列的结束称为合并,用双线表示并行序列的合并,转换条件在双线之下。对图 7-24,当各并行序列的最后一步即步 5~7 都为活动步且满足条件 e 时,将同时转换到步 8,且步 5~7 同时都变为不活动步。

4. 跳转序列结构

在图 7-25 所示的结构中,当步 2 为活动步时,如果满足转换条件 c,则按原顺序执行;

如果满足转换条件 f，则将跳过步 3 与步 4，直接激活步 5。从原理上看，跳转序列可以作为选择序列的一种特例。

5. 循环序列结构

图 7-26 所示为部分循环序列结构，用于描述某一段程序的多次重复执行，表示完整性循环结构，用于描述整个进程的重复执行。例如，按相同尺寸加工零件，每次只加工 1 个成品，就是这种情况。

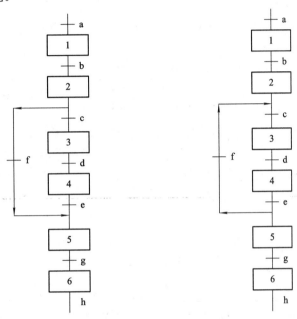

图 7-25 跳转序列结构   图 7-26 循环序列结构

三、任务实施

搬运机械手的任务是把左工位的工件搬运到右工位，图 7-27 是其动作示意图，图 7-28 是机械手模拟实验板。

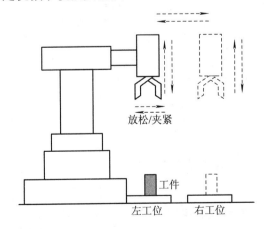

图 7-27 机械手动作示意图

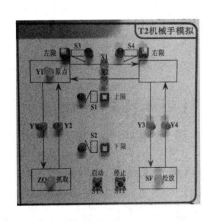

图 7-28 机械手模拟实验板

(一) 控制要求

总体控制要求：工件在左工位处被机械手抓取并放到右工位处。

(1) 机械手上电后执行返回原点操作，上升指示灯 Y2 点亮，左行指示灯 X2 得电。

(2) 机械手回到初始状态，S1 = S3 = 1，S2 = S4 = 0，原点指示灯 YD 点亮，按下 "STA" 启动开关，下降指示灯 Y1 点亮，机械手下降(S2 = 0)，下降到左工件处后(S2 = 1)，夹紧指示灯 ZQ 点亮，夹紧工件。

(3) 夹紧工件后，延时 2 s，机械手上升(S1 = 0)，上升指示灯 Y2 点亮，上升到位后 (S1 = 1)，机械手右移(S4 = 0)，右移指示灯 X1 点亮。

(4) 机械手右移到位后(S4 = 1)，下降指示灯 Y1 点亮，机械手下降。

(5) 机械手下降到位后(S2 = 1)，放松指示灯 SF 点亮，机械手放松。

(6) 机械手放松后延时 2s 上升，上升指示灯 Y2 点亮。

(7) 机械手上升到位(S1 = 1)后左移，左移指示灯 X2 点亮。

(8) 机械手回到原点后原点指示灯 YD 点亮，此时机械手停止工作；再次按下 "STA" 启动按钮，机械手再次运行，任何时刻按下停止按钮 STP，机械手都停止工作。

(二) I/O 分配

依据控制要求，需要 7 个输入点、7 个输出点，S7-200 PLC 的 I/O 分配如表 7-11 所示。

表 7-11　搬运机械手 I/O 分配

输　入		输　出	
启动按钮 STA	I0.0	下降电磁阀线圈 Y1	Q0.0
停止按钮 STB	I0.1	上升电磁阀线圈 Y2	Q0.1
上升限位 S1	I0.2	右行电磁阀线圈 X1	Q0.2
下降限位 S2	I0.3	左行电磁阀线圈 X2	Q0.3
左行限位 S3	I0.4	夹紧电磁阀线圈 ZQ	Q0.4
右行限位 S4	I0.5	放松电磁阀线圈 SF	Q0.5
复位按钮	I0.6	原位指示灯 YD	Q0.6

(三) 绘制系统功能图

搬运机械手动作过程功能图如图 7-29 所示。

(四) 设计梯形图程序

设计梯形图程序时，采用移位指令 SHL-W 实现搬运机械手多个动作的顺序控制，具体梯形图程序如图 7-30 所示。

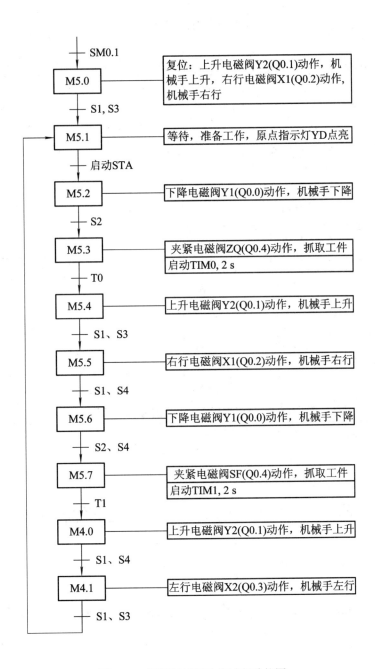

图 7-29　搬运机械手动作过程功能图

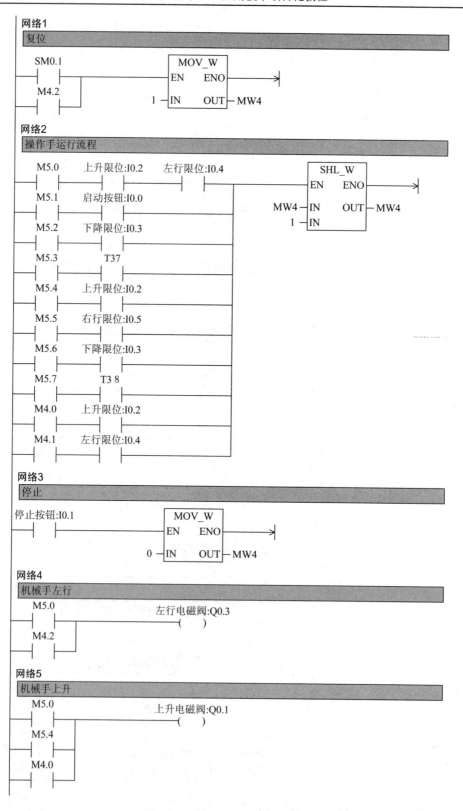

图 7-30　搬运机械手梯形图程序

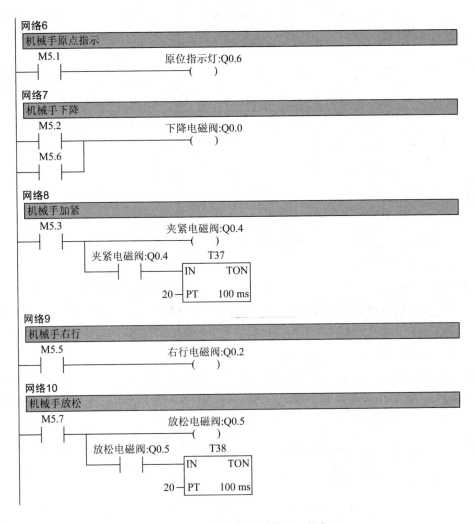

续图 7-30 搬运机械手梯形图程序

(五) 系统调试

按下操作按钮 STA，机械手下降→抓取工件→上升→右行→下降→放下工件→上升→左行→回到原点，停止工作，完成一个工件的抓取过程。

由于采取了顺序控制的编程思路，机械手各个动作按照严格的顺序依次切换，即使误操作，机械手的状态也不会变乱。

四、拓展知识：数据传送指令与移位指令

1. 数据传送指令

数据传送指令(MOV)用来传送单个的字节、字、双字、实数。其指令格式如表 7-12 所示。

表 7-12　单个数据传送指令格式

LAD	MOV_B EN　　ENO ????─IN　　OUT─????	MOV_W EN　　ENO ????─IN　　OUT─????	MOV_DW EN　　ENO ????─IN　　OUT─??	MOV_R EN　　ENO ????─IN　　OUT─????
STL	MOVB IN，OUT	MOVW IN，OUT	MOVD IN，OUT	MOVR IN，OUT
类型	字节	字、整数	双字、双整数	实数
功能	使能输入有效时，即 EN=1 时，将一个输入 IN 的字节、字/整数、双字/双整数或实数送到 OUT 指定的存储器输出。在传送过程中不改变数据的大小。传送后，输入存储器 IN 中的内容不变			

2. 移位指令

移位指令分为左移位、右移位和循环左移位、循环右移位及寄存器移位指令三大类。前两类移位指令按移位数据的长度又分为字节型、字型、双字型三种。

1) 左移位指令(SHL)

使能输入有效时，将输入 IN 的无符号数字节、字或双字中的各位向左移 N 位后(右端补 0)，将结果输出到 OUT 所指定的存储单元中，如果移位次数大于 0，最后一次移出位保存在"溢出"存储器位 SM1.1。如果移位结果为 0，零标志位 SM1.0 置 1。

2) 右移位指令(SHR)

使能输入有效时，将输入 IN 的无符号数字节、字或双字中的各位向右移 N 位后，将结果输出到 OUT 所指定的存储单元中，移出位补 0，最后一个移出位保存在 SM1.1 中。如果移位结果为 0，零标志位 SM1.0 置 1。其指令格式见表 7-13。

表 7-13　左、右移位指令格式

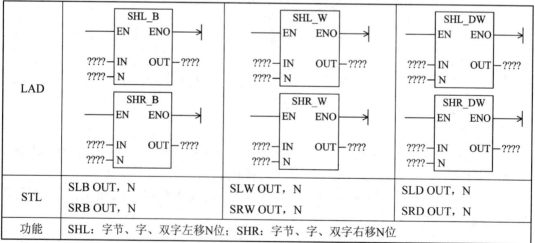

LAD	SHL_B EN　ENO ????─IN　OUT─???? ????─N SHR_B EN　ENO ????─IN　OUT─???? ????─N	SHL_W EN　ENO ????─IN　OUT─???? ????─N SHR_W EN　ENO ????─IN　OUT─???? ????─N	SHL_DW EN　ENO ????─IN　OUT─???? ????─N SHR_DW EN　ENO ????─IN　OUT─???? ????─N
STL	SLB OUT，N SRB OUT，N	SLW OUT，N SRW OUT，N	SLD OUT，N SRD OUT，N
功能	SHL：字节、字、双字左移 N 位；SHR：字节、字、双字右移 N 位		

习题与思考题

1. 移位指令 SHL-W 在实现搬运机械手多个动作的顺序控制过程中起到了什么作用？有什么优点？

2. 如何实现搬运机械手单周期运行与连续运行？试绘制流程图并进行梯形图的设计。

任务七 炉温控制系统的设计与调试

学习目标

(1) 了解单回路温度控制系统的组成与工作原理；
(2) 掌握 PID 调节器对温度系统的控制作用；
(3) 初步具备对温度控制系统的设计能力；
(4) 初步具备对温度控制系统的调试能力。

一、任务导入

在工业生产中，温度是一个常见的工艺参数，温度的控制效果会影响到整个生产活动的成败。人们经常需要对加热炉、热处理炉和锅炉中的温度进行检测和控制，而这些控制对象往往具有多样性与复杂性，因此需要不一样的控制手段。在本任务中，锅炉内胆是被控对象，内胆的水温是系统的被控制量，要求锅炉内胆的水温稳定至给定量，系统结构图如图 7-31 所示。

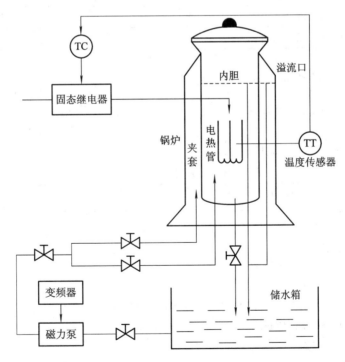

图 7-31　锅炉温度系统结构图

控制原理分析：本系统中，将温度传感器 TT 测量的锅炉内胆温度信号作为反馈信号，与给定量比较后得到偏差，然后通过调节器控制固态继电器的通断(固态继电器通，加热管加热，反之不加热)，从而达到控制锅炉内胆水温的目的。控制原理方框图如图 7-32 所示。

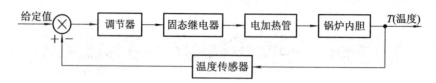

图 7-32　锅炉内胆温度控制原理方框图

二、相关知识

(一) 西门子 S7-200 PLC

S7-200 系列 PLC 可提供 4 种不同的基本单元和 6 种型号的扩展单元，其系统构成包括基本单元、扩展单元、编程器、存储卡、写入器、文本显示器等。S7-200 系列的基本单元见表 7-14。

表 7-14　S7-200 系列 PLC 中 CPU 22X 的基本单元

型　　号	输入点	输出点	可带扩展模块数
S7-200 CPU 221	6	4	0
S7-200 CPU 222	8	6	2 个扩展模块
S7-200 CPU 224	14	10	7 个扩展模块
S7-200 CPU 224XP	24	16	7 个扩展模块
S7-200 CPU 226	24	16	7 个扩展模块

(二) EM231 TC 模拟量输入模块

温度传感器检测到温度后转换成电压信号，系统需要配置模拟量输入模块，把电压信号转换成数字信号再送入 PLC 中进行处理。西门子 S7-200 中温度输入模块用的是 EM231 TC。EM231 TC 具体技术指标见表 7-15。

表 7-15　EM231 TC 技术指标

型号	EM231 TC 模拟量输入模块		
总体特性	外形尺寸：71.2 mm × 80 mm × 62 mm 功耗：3 W		
输入特性	本机输入：4 路模拟量输入 电源电压：标准 DC 24 V/4 mA 输入类型：0～10 V，0～5 V，±5 V，±2.5 V，0～20 mA 分辨率：12 bit 转换速度：250 μs 隔离：有		
耗电	从 CPU 的 DC 5 V 容量中消耗(I/O 总线)10 mA 电流		
DIP 开关	SW1 0，SW2 0，SW3 1(以 K 型热电偶为例)		

EM231 TC 模块提供了一个方便的、隔离的接口，用于 7 种热电偶类型：J、K、E、N、

S、T 和 R 型，它也允许连接微小的模拟量信号(±80 mV 范围)，所有连到模块上的热电偶必须是相同类型，且最好使用带屏蔽的热电偶传感器。

用户可以很方便地通过位于 EM231 TC 模块下部的组态 DIP 开关选择热电偶的类型、断线检查、测量单位、冷端补偿和开路故障方向等选项。EM231 TC 校准和配置位置图如图 7-33 所示。

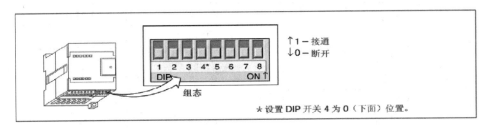

图 7-33　EM231 TC 模块 DIP 开关

对于 EM231 TC 模块，SW1～SW3 用于选择热电偶类型，见表 7-16。SW4 没有使用，SW5 用于选择断线检测方向，SW6 用于选择是否进行断线检测，SW7 用于选择测量单位，SW8 用于选择是否进行冷端补偿，见表 7-17。

表 7-16　热电偶类型选择

热电偶类型	SW1	SW2	SW3
J(默认)	0	0	0
K	0	0	1
T	0	1	0
E	0	1	1
R	1	0	0
S	1	0	1
N	1	1	0
+/−80 mV	1	1	1

表 7-17　热电偶其他设置

DIP 开关	功　　能		开/关状态
SW5	熔断方向	正向标定	0
		负定方向	1
SW6	断线	启动断线测量电流	0
		禁止断线测量电流	1
SW7	测量单位	摄氏	0
		华氏	1
SW8	冷端启用	冷端补偿启用	0
		冷端补偿禁止	1

EM231 TC 模块的 DIP 开关设置见表 7-18，可选择开关 1、2 和 3 的模拟量输入范围。所有的输入设置成相同的模拟量输入范围。表中，ON 为接通，OFF 为断开。为了使 DIP

开关设置起作用,用户需要给 PLC 的电源断电再通电。

表 7-18　　EM231 TC 选择模拟量输入范围的开关表

单极性			满量程输入	分辨率
SW1	SW2	SW3		
ON	OFF	ON	0～10 V	2.5 mV
	ON	OFF	0～5 V	1.25 mV
			0～20 mA	5 μA
双极性			满量程输入	分辨率
SW1	SW2	SW3		
OFF	OFF	ON	±5V	2.5 mV
	ON	OFF	±2.5V	1.25 mV

(三) 热电式传感器

热电式传感器是一种将温度变化转化为电量变化的装置。它是利用某些材料或元件的性能随温度变化的特性来进行测量的。在各种热电式传感器中,以将温度量转换为电势和电阻的方法最为普遍。其中最常用于测量温度的是热电偶和热电阻,热电偶是将温度变化转换为电势变化,热电阻是将温度变化转换为电阻变化。这两种热电式传感器目前在工业生产中已得到了广泛应用。

该系统中需要用传感器将温度转换成电压,且炉子的温度最高达几百摄氏度,所以我们选择了热电偶作为传感器。热电偶是工业上最常用的温度检测元件之一。国际标准热电偶有 S、B、E、K、R、J、T 七种类型。

(四) 控制算法

在生产过程自动控制的发展历程中,PID 控制是历史最久、生命力最强的基本控制方式。在化工、冶金、机械、热工和轻工等领域,PID 特别适合于温度、压力、液位、流量等工艺参数的闭环控制。

1. PID 控制原理

常规 PID 控制系统原理框图如图 7-34 所示。系统由模拟 PID 控制器和被控对象组成。

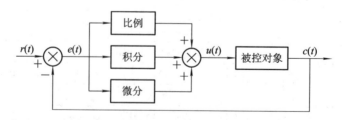

图 7-34　常规 PID 控制系统原理框图

PID 控制器是一种线性控制器,它根据给定值 $r(t)$ 与实际输出值 $c(t)$ 构成控制偏差 $e(t)$,故

$$e(t) = r(t) - c(t) \tag{7-1}$$

将偏差的比例、积分和微分通过线性组合构成控制量，对控制对象进行控制，故称 PID 控制器。其控制规律为

$$u(t) = K_P\left[e(t) + \frac{1}{T_I}\int e(t)\,\mathrm{d}t + T_D\frac{\mathrm{d}e(t)}{\mathrm{d}t}\right] \tag{7-2}$$

或写成传递函数形式：

$$G(s) = \frac{U(s)}{E(s)} = K_P\left(1 + \frac{1}{T_I S} + T_D S\right) \tag{7-3}$$

式中，K_P 为比例系数；T_I 为积分时间常数；T_D 为微分时间常数。

简单说来，PID 控制器各校正环节的作用如下：

(1) 比例环节及时成比例地反映控制系统的偏差信号 $e(t)$，偏差一旦产生，控制器立即产生控制作用，以减少偏差。其特点是具有反应快速，控制及时，但不能消除余差。

(2) 积分环节主要用于消除余差，提高系统的无差度。积分作用的强弱取决于积分时间常数 T_I 的大小，T_I 越大，积分作用越弱，反之则越强。积分控制可以消除余差，但具有滞后特点，不能快速对误差进行有效的控制。

(3) 微分环节能反映偏差信号的变化趋势(变化速率)，并能在偏差信号值变大之前，在系统中引入有效的早期修正信号，从而加快系统的动作速度，减小调节时间。微分控制具有超前作用，它能预测误差变化的趋势，避免较大的误差出现，微分控制不能消除余差。

PID 控制中，P、I、D 各有自己的优点和缺点，它们一起使用的时候又互相制约，因此合理地选取 PID 值，就可以获得较高的控制质量。

在计算机控制系统中，使用数字计算机处理 PID 算法函数关系式时，必须将连续函数离散化，对偏差周期采样后，计算机输出计算值。这种方法称为离散 PID 或者数字 PID，因此 PLC 中需要使用 PID 指令实现 PID 控制。

2. 西门子 S7-200 PID 指令

现在很多 PLC 已经具备了 PID 功能，西门子 S7-200 系列 PLC 中使用的是 PID 回路指令，见表 7-19。

表 7-19　PID 回路指令

名　称	PID 运算
指令格式	PID
指令表格式	PID TBL，LOOP
梯形图	PID EN　ENO TBL LOOP

使用方法：当 EN 端口执行条件存在时，就可进行 PID 运算。指令的两个操作数为 TBL 和 LOOP，TBL 是回路表的起始地址，本节采用的是 VB100，因为一个 PID 回路占用了 32B，

所以 VD100 到 VD132 都被占用了。LOOP 是回路号，可以是 0～7，不可以重复使用。PID 回路在 PLC 中的地址分配情况见表 7-20。

表 7-20　PID 指令回路表

偏移地址	名　称	数据类型	说　明
0	过程变量(PVn)	实数	必须在 0.0～1.0 之间
4	给定值(SPn)	实数	必须在 0.0～1.0 之间
8	输出值(Mn)	实数	必须在 0.0～1.0 之间
12	增益(Kc)	实数	比例常数，可正可负
16	采样时间(Ts)	实数	单位为 s，必须是正数
20	采样时间(Ti)	实数	单位为 min，必须是正数
24	微分时间(Td)	实数	单位为 min，必须是正数
28	积分项前值(MX)	实数	必须在 0.0～1.0 之间
32	过程变量前值(PVn−1)	实数	必须在 0.0～1.0 之间

三、任务实施

(一) 系统控制方案

本系统中，锅炉的温度在几百摄氏度之内，因此选择 K 型热电偶，其测温范围大约是 0～1000℃。PLC 采用西门子 S7-200，CPU 是 226 系列，采用运行灯、停止灯 2 个灯来显示过程的状态，K 型传感器负责检测加热炉中的温度，把温度信号转化成对应的电压信号，经过 EM231 模拟量输入模块转换成数字量信号并送到 PLC 中进行 PID 调节，PID 控制器输出量转化成占空比，通过固态继电器控制炉子加热线路的通断来实现对炉子温度的控制，即根据 PID 输出值来控制下一个周期(10 s)内的加热时间和非加热时间。在加热时间内使得继电器接通，于是加热炉就可处于加热状态，反之则停止加热。

(二) 所需元件和工具

采用西门子 S7-200 PLC 所需配置如下：

CPU：CPU 226	1 块
模拟量输入模块：EM231 TC	1 块
PC/PPI 通信电缆	1 条
计算机(尽量保证每人一机)	多台
STEP 7 MicroWIN V4.0 软件	1 套
连接导线	若干

(三) I/O 分配

该温度控制系统中 I/O 点分配表见表 7-21。

表 7-21　I/O 点地址分配表

输　入	名　称	输　出	名　称
I0.1	启动按钮	Q0.0	运行指示灯(绿)
I0.2	停止按钮	Q0.1	停止指示灯(红)
		Q0.3	固态继电器

(四) PLC 硬件接线

PLC 硬件接线图如图 7-35 所示。

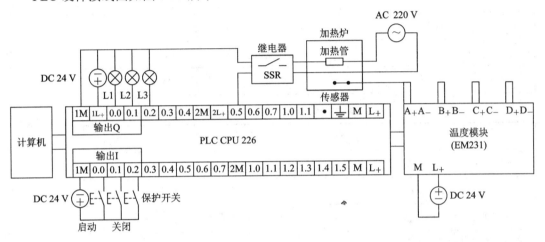

图 7-35　PLC 硬件接线图

注意：系统采用的是 K 型热电偶，结合其他的需要，我们设置 EM231 中 DIP 9 开关为 00100000。

(五) 设计梯形图程序

1. 设计思路

PLC 运行时，通过特殊继电器 SM0.0 产生初始化脉冲进行初始化，将温度设定值、PID 参数值等存入有关的数据寄存器，使定时器复位；按启动按钮，系统开始温度采样，采样周期为 10 s；K 型热电偶传感器把所测量的温度进行标准量转换；模拟量输入通道 AIW0 读出模拟电压量并送入 PLC；经过程序计算后得出实际测量的温度 T，将 T 和温度设定值比较，根据偏差计算调整量，发出控制调节命令。

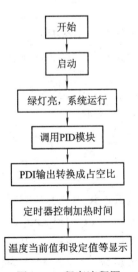

图 7-36　程序流程图

2. 程序流程图

炉温控制系统程序流程图如图 7-36 所示。

3. 程序地址分配

程序地址分配和 PID 指令参数地址分别见表 7-22 和表 7-23。

表 7-22　程序地址分配

地　　址	说　　明
VD0	用户设定比例常数 P 存放地址
VD4	用户设定积分常数 I 存放地址
VD8	用户设定微分常数 D 存放地址
VD12	目标设定温度存放地址
VD16	系统运行时间(秒)存放地址
VD20	系统运行时间(分钟)存放地址
VD30	当前实际温度存放地址
VW34	一个周期内加热时间存放地址
VW36	一个周期内非加热时间存放地址

表 7-23　PID 指令参数地址

地　　址	名　　称	说　　明
VD100	过程变量(PVn)	必须在 0.0～1.0 之间
VD104	给定值(SPn)	必须在 0.0～1.0 之间
VD108	输出值(Mn)	必须在 0.0～1.0 之间
VD112	增益(Kc)	比例常数，可正可负
VD116	采样时间(Ts)	单位为 s，必须是正数
VD120	采样时间(Ti)	单位为 min，必须是正数
VD124	微分时间(Td)	单位为 min，必须是正数
VD128	积分项前值(MX)	必须在 0.0～1.0 之间
VD132	过程变量前值(PVn-1)	必须在 0.0～1.0 之间

4．梯形图程序

本任务中，R=100，即设定温度 100 度；S = 32 000，M=0.0，所以按照归一化公式：

$$R1 = \frac{100}{32\,000} + 0.0 = 0.031\,25$$

即 Setpoint_R 为 0.031 25。该网络的程序功能是把 PID 回路输出转换成占空比。因 PID 回路的输出为 PI，D0_Output 为 0.0～1.0 之间的实数值，又因设置了采样时间为 10 s，所以第一个指令 MUL_R 中 INT2 为 100.0。ROUND 是将实数转换成双整数，DI_I 是将双整数转换成整数。VW2 和 VW4 分别是采样周期内的加热时间和非加热时间。程序用了两个 100ms 的定时器 T241 和 T242 来控制加热时间，其中 Q0.3 为连接固态继电器的输出端子。炉温控制系统程序如图 7-37 所示。

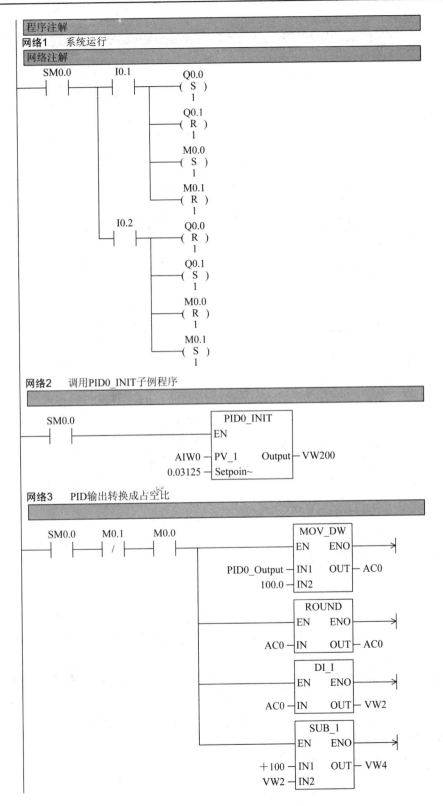

图 7-37　炉温控制系统程序

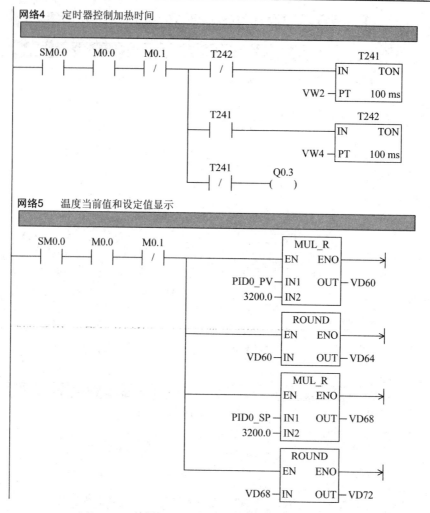

续图 7-37　炉温控制系统程序

四、拓展知识：PID 指令使用方法

1. 回路输入/输出变量的数值转换方法

本节设定的温度是给定值 SP，需要控制的变量是炉子的温度。经过测量的温度信号被转化为标准信号温度值才是过程变量，但它不完全是过程变量 PV，过程变量 PV 和 PID 回路输出有关。所以这两个数不在同一个数量级，两者需要作比较，那就必须先作数据转换。传感器输入的电压信号经过 EM231 转换后是一个整数值，它的值的大小是实际温度的值经 A/D 模拟量单元输出的整数值的 10 倍。但 PID 指令执行的数据必须是实型，所以需要把整数转化成实数，使用指令 DTR 即可。本设计中，温度被传感器转换后的数字量从 AIW0 读入。其转换程序如下：

```
MOVW    AIW0,    AC1
DTR     AC1,     AC1
MOVR    AC1,     VD100
```

2. 实数的归一化处理

因为 PID 中除了采样时间和 PID 的三个参数外，其他几个参数都要求输入或输出值在 0.0～1.0 之间，所以，在执行 PID 指令之前，必须把 PV 和 SP 的值作归一化处理，使它们的值都在 0.0～1.0 之间。归一化的公式如下：

$$R_{\text{noum}} = \frac{R_{\text{raw}}}{S_{\text{pan}}} + \text{Off}_{\text{est}} \tag{7-4}$$

式中，R_{noum}——标准化的实数值；

R_{raw}——未标准化的实数值；

S_{pan}——补偿值或偏置，单极性为 0.0，双极性为 0.5；

Off_{est}——值域大小，为最大允许值减去最小允许值，单极性为 32 000，双极性为 6400。

本节中采用的是单极性，故转换公式为

$$R_{\text{noum}} = \frac{R_{\text{raw}}}{32\,000} \tag{7-5}$$

因为温度经过检测和转换后，得到的值是实际温度的 10 倍，所以为了 SP 值和 PV 值在同一个数量级，我们在输入 SP 值的时候应该填写一个是实际温度 10 倍的数，即想要设定目标控制温度为 100℃时，需要输入 1000。另外一种实现方法就是，在归一化的时候，值域大小可以缩小为原来的 10%，那么，填写目标温度的时候就可以把实际值直接写进去。

3. 回路输出变量的数据转换

本设计中，利用回路的输出值来设定下一个周期内的加热时间。回路的输出值在 0.0～1.0 之间，是一个标准化了的实数，在输出变量传送给 D/A 模拟量单元之前，必须把回路输出变量转换成相应的整数。这一过程是实数值标准化过程。

$$R_{\text{scal}} = (M_{\text{n}} - \text{Off}_{\text{est}})S_{\text{pan}} \tag{7-6}$$

S7-200 不提供直接将实数一步转化成整数的指令，必须先将实数转化成双整数，再将双整数转化成整数。程序如下：

```
ROUND    AC1, AC1
DTI      AC1, VW34
```

PID 参数整定

PID 参数整定方法就是确定调节器的比例系数 P、积分时间 Ti 和微分时间 Td，改善系统的静态和动态特性，使系统的过渡过程达到最为满意的质量指标要求。一般可以通过理论计算来确定，但误差太大。目前，应用最多的还是工程整定法，如经验法、衰减曲线法、临界比例带法和反应曲线法。

经验法又叫现场凑试法，它不需要进行事先的计算和实验，而是根据运行经验，利用一组经验参数，根据反应曲线的效果不断地改变参数。对于温度控制系统，工程上已经有大量的经验，其规律见表 7-24。

表 7-24　温度控制器参数经验数据

被控变量	规律的选择	比例度	积分时间/分钟	微分时间/分钟
温度	滞后较大	20～60	3～10	0.5～3

实验凑试法的整定步骤：先比例，再积分，最后微分。

1）整定比例控制

将比例控制作用由小变到大，观察各次响应，直至得到反应快、超调小的响应曲线。

2）整定积分环节

先将 1)中选择的比例系数减小为原来的 50%～80%，再将积分时间置一个较大值，观测响应曲线。然后减小积分时间，加大积分作用，并相应调整比例系数，反复试凑至得到较满意的响应，确定比例和积分的参数。

3）整定微分环节

先置微分时间 Td= 0，逐渐加大 Td，同时相应地改变比例系数和积分时间，反复试凑至获得满意的控制效果和 PID 控制参数。

通过经验整定法的整定，控制温度时，PID 控制器整定参数值为比例系数 Kc = 120，积分时间 Ti = 3 分钟，微分时间 Td = 1 分钟。

习题与思考题

1. 西门子 S7-200 PLC 中采集温度信号的模块是什么？可以接哪些类型的热电偶？

2. PID 控制算法中 P、I、D 环节分别有什么作用？

项目八　PLC 网络通信

任务一　S7-200 PLC 之间的 PPI 通信

学习目标

(1) 了解数据通信基本概念及串行通信接口标准；

(2) 熟悉 S7-200 PLC 支持的通信协议及使用 NETR/NETW 指令；

(3) 学会使用"NETR/NETW 指令向导"配置两台或多台 S7-200 PLC 进行 PPI 数据通信；

(4) 掌握 S7-200 PLC 之间进行 PPI 通信的编程及调试方法。

一、任务导入

两台机电设备，每一台分别使用一台 S7-200 PLC(CPU-226)作为控制器，两台设备可进行单机运行也可以进行联网运行。当两台设备联网运行时，两台 PLC 之间需要进行数据通信，可借助西门子 S7-200 PLC 之间的 PPI(点对点接口)通信协议实现。

两台 S7-200 PLC(CPU226)与上位机通过 RS-485 通信组成一个使用 PPI 协议的单主站通信网络。两台 S7-200 PLC 站的地址分别设置为 2 号和 3 号，2 号为主站，3 号为从站，上位机(计算机)地址是 0 号。要求在主站上按下启动按钮 SB1，从站的联机指示灯 L1 点亮，按下停止按钮 SB2，从站的联机指示灯 L1 熄灭；同理，在从站上按下启动按钮 SB3，主站的联机指示灯 L2 点亮，按下停止按钮 SB4，主站的联机指示灯 L2 熄灭。

两台 S7-200 PLC 要进行通信，要做好两件事：一个是物理连接，另一个是通信协议。物理连接一般用网络连接器，通信协议主要是设置好通信参数，可使用"NETR/NETW 指令向导"配置两台 PLC 的通信参数及数据交换通道。

二、相关知识

(一) 通信基本知识

数据通信就是将数据信息通过适当的传送线路从一台机器传送到另一台机器。这里的机器可以是计算机、PLC 或具有数据通信功能的其他数字设备。

数据通信系统的任务是把地理位置不同的计算机和 PLC 及其他数字设备连接起来，高效率地完成数据的传送、信息交换和通信处理三项任务。数据通信系统一般由传送设备、传送控制设备和传送协议及通信软件等组成。

1．基本概念

1）并行传输与串行传输

若按照传输数据的时空顺序分类，数据通信的传输方式可以分为并行传输和串行传输两种。

并行传输指的是数据以成组的方式在多条并行信道上同时进行传输，每位单独使用一条线路。这一组数据通常是 8 位、16 位、32 位，接收端可同时接收这些数据，并行传输方式具有传输速率快的优点，但是路线成本高，维修不方便、容易受到外界干扰，适用于短距离、高速率的通信。

串行传输指的是数据按照顺序一位一位地在通信设备之间的一条通信信道上传输。在计算机中一般用 8 位二进制代码表示一个字符。在采用串行通信方式时，待传送的每个字符的二进制代码将按照由高位到低位顺序依次发送，适用于长距离、低速率的通信。

2）传输速率

传输速率是指单位时间内传输的信息量，它是衡量系统传输性能的主要指标，常用波特率(Baud Rate)表示。波特率是指每秒传输二进制数据的位数，单位是 b/s。

2．通信协议

为了实现两设备之间的通信，通信双方必须对通信的方式和方法进行约定，否则双方无法接收和发送数据。接口的标准可以从两个方面进行理解：一是硬件方面(物理连接)，也就是规定了硬件接线的数目、信号电平的表示及通信接头的形状等；二是软件方面(协议)，也就是双方如何理解收或发数据的含义，如何要求对方传出数据等，一般把它称为通信协议。

3．通信方式

(1) 单工通信方式。单工通信方式是指信号在任何时间内只能沿信道的一个方向传输，不允许改变方向，如图 8-1 所示。其中甲站只能作为发送端，乙站只能作为接收端。

图 8-1　单工通信方式

(2) 半双工通信方式。半双工通信方式是指信号在信道中可以双向传输，但两个方向只能交替进行，而不能同时进行，如图 8-2 所示。

图 8-2　半双工通信方式

(3) 全双工通信方式。全双工通信方式允许通信的双方在任何一个时刻，均可同时在两个方向传输数据信号，如图 8-3 所示。

图 8-3　全双工通信方式

4) 串行通信接口标准

串行通信的接口标准主要有 RS-232C 接口和 RS-422A/RS-485 接口。

RS-232C 是 1962 年由美国电子工业协会 EIA 公布的串行通信接口。RS 是英文"Recommended Standard(推荐标准)"一词的缩写，232 是标识号，C 表示修改的次数。它规定了终端设备(DTE)和通信设备(DCE)之间的信息交换的方式和功能，当今几乎每台计算机和终端设备都配备了 RS-232C 接口。

工业控制中，RS-232C 一般使用 9 针连接器。RS-232C 采用负逻辑，用−15～−5 V 表示逻辑"1"状态，用+5～+15 V 表示逻辑"0"状态，最大通信距离为 15 m，最高传输速率为 20 kb/s，只能进行一对一的通信。通信距离较近时，通信双方可以直接连接，最简单的情况是不需要控制联络信号，只需要发送线、接收线和信号地线，便可以实现全双工通信。

RS-232C 使用单端驱动、单端接收电路，如图 8-4 所示，是一种共地的传输方式，容易受到公共地线上的电位差和外部引入的干扰信号的影响。

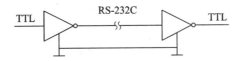

图 8-4　单端驱动、单端接收电路

RS-422A 采用全双工通信方式，两对平衡差分信号线分别用于发送和接收信号，通信接线图如图 8-5 所示。RS-422A 的最大传输速率为 10 Mb/s，最大距离为 1200 m。RS4-22支持点对多的双向通信，一台驱动器可以连接 10 台接收器。其中一个为主设备，其余为从设备，从设备之间不能通信，RS-422A 正广泛地用于计算机与终端或外设之间的远距离通信。

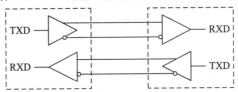

图 8-5　RS-422A 通信接线图

RS-485 只有一对平衡差分信号线用于发送和接收数据，使用 RS-485 通信接口和连接线路可以组成串行通信网络，实现分布式控制系统，其接线示意图如图 8-6 所示。网络中最多可以有 32 个子站(PLC)。为提高网络的抗干扰能力，在网络的两端要并联两个电阻，阻值一般为 120 Ω。RS-485 的通信距离可以达到 1200 m。在 RS-485 通信网络中，每个设备都有一个编号用以区分，这个编号称为地址。地址必须唯一，否则会引起通信混乱。

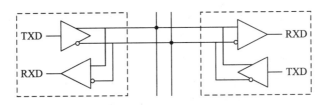

图 8-6　RS-485 组网接线示意图

5) 通信参数

对于串行通信方式，在通信时双方必须约定好线路上通信数据的格式，否则接收方无法接收数据。同时，为提高传输数据的准确性，还应该设定检验位，当传输的数据出错时，其可以指示错误。

通信格式设置的主要参数有以下几个：

(1) 波特率：由于是以位为单位进行传输数据，所以必须规定每位传输的时间，一般用每秒传输多少位来表示。常用的有 1200 kb/s、2400 kb/s、4800 kb/s、9600 kb/s、19 200 kb/s。

(2) 起始位个数：开始传输数据的位，称为起始位，在通信之前双方必须确定起始位的个数，以便协调一致。起始位数一般为 1。

(3) 数据位数：一次传输数据的位数。当每次传输数据时，为提高数据传输的效率，一次不仅仅传输 1 位，而是传输多位，一般为 8 位，正好 1 个字节(1B)。常见的还有 7 位，用于传输 ASCII 码。

(4) 检验位：为了提高传输的可靠性，一般要设定检验位，以指示在传输过程中是否出错，检验位一般单独占用 1 位。常用的检验方式有偶检验和奇检验。当然也可以不用检验位。

偶检验规定传输的数据和检验位中"1"(二进制)的个数必须是偶数，当个数不是偶数时，则说明数据传输出错。

奇检验规定传输的数据和检验位中"1"(二进制)的个数必须是奇数，当个数不是奇数时，则说明数据传输出错。

• 停止位：当一次数据位传输完毕后，必须发出传输完成的信号，即停止位。停止位一般有 1 位、1.5 位和 2 位的形式。

• 站号：在通信网络中，为了标示不同的站，必须给每个站一个唯一的表示符，称为站号。站号也可以称为地址。同一个网络中所有站的站号不能相同，否则会出现通信混乱的现象。

(二) 西门子 S7-200 PLC 的串行通信

1. 网络部件

1) CPU 模块通信口

西门子公司 PLC 的 CPU 模块上的通信口是与 RS-485 兼容的 9 针 D 型连接器，对于 CPU 226 型 PLC，有两个串行通信接口，分别为 PORT0 和 PORT1，每个通信端口的参数可在 Step7 MicroWin 软件的"系统块"中进行设置。

2) 网络连接器

利用西门子公司提供的两种网络连接器可以把多个设备很容易地联到网络中。两种连接器都有两组螺钉端子，可以连接网络的输入和输出。

一种连接器仅提供连接到 CPU 的接口，而另一种连接器增加了一个编程器接口。两种网络连接器还有网络偏置和终端偏置的选择开关，接在网络端部的连接器上的开关放在 ON 位置时，有偏置电阻和终端电阻，在 OFF 位置时未接偏置电阻和终端电阻，如图 8-7 所示。

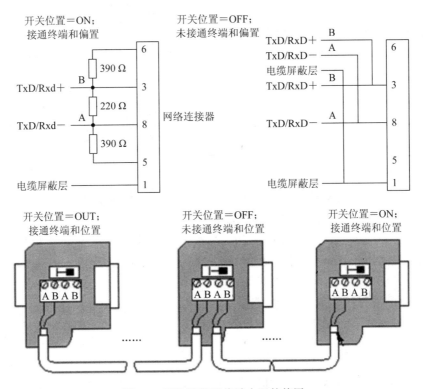

图 8-7　网络连接器终端电阻的使用

图中 A、B 线之间终端电阻是 220 Ω，终端电阻可以吸收网络上的反射波，有效增强了信号的强度。偏置电阻是 390 Ω，用于在电气情况复杂时确保 A、B 信号的相对关系，保证了 0、1 信号的可靠性。

3) 通信电缆

通信电缆主要有网络电缆与 PC/PPI 电缆。

PROFIBUS 网络电缆的最大长度取决于通信的波特率和电缆的类型，且网络电缆越长传输速度越低。

PC/PPI 电缆一端的 RS-485 端口，用来连接 PLC 主机；另一端是 RS-232 标准接口，用于连接计算机等设备。PC/PPI 电缆上的 DIP 开关用来设置波特率、传送字符数据格式和设备模式。

2. S7-200 PLC 的通信方式

S7-200 的通信功能强大，有多种通信方式可供用户选择。

1) 单主站方式

一台编程站(主站)通过 PPI 电缆与 S7-200 CPU(从站)通信，人机界面(HMI 如触摸屏、TD200)也可以作主站，单主站与一个或多个从站相连。

2) 多主站方式

PC、TD200、HMI 是通信网络中的主站，PC、HMI 可以对任意 S7-200 CPU 从站读、写数据，PC 和 HMI 共享网络。同时，S7-200 CPU 之间使用网络读写指令相互读写数据。

3) 通信协议

S7-200 CPU 支持以下五种通信协议。

(1) PPI 协议。PPI 协议(Point to Point Interface，点对点接口协议)是一种主-从协议，即主站设备发送要求到从站，从站设备响应。

PPI 协议用于 S7-200 CPU 与编程计算机之间、S7-200 CPU 之间、S7-200 CPU 与 HMI(人机界面)之间的通信。在此模式下可以使用网络读、写指令读写其他设备中的数据。

(2) MPI 协议。进行网络通信的 MPI 协议(Multipoint Interface，多点接口协议)是西门子公司的 PLC、HMI 和编程器的通信端口使用的通信协议，用于建立小型通信网络。MPI 的通信速率为 19.2 kb/s～12 Mb/s，连接 S7-200 CPU 集成的通信口时，MPI 网络的最高速率为 187.5 kb/s。如果要求波特率高于 187.5 kb/s，S7.200 必须使用 EM277 模块连接网络，计算机必须通过通信处理器卡(CP 卡)来连接网络。

MPI 允许主-主通信和主-从通信，S7-200 CPU 只能作 MPI 从站，S7-300/400 作为网络的主站，可以用 XGET/XPUT 指令来读写 S7-200 的 V 存储区。

(3) PROFIBUS 协议。PROFIBUS 协议通常用于实现与分布式 I/O 设备的高速通信，有一个主站和若干个 I/O 从站。

S7-200 CPU 需要通过 EM277 PROFIBUS-DP 从站模块接入 PROFIBUS 网络，EM277 只能作从站。

(4) TCP/IP 协议。S7-200 配备了以太网模块 CP 243-1 或互联网模块 CP-243-1 IT 后，支持 TCP/IP 以太网通信协议，计算机应安装以太网网卡。安装了 STEP 7-Micro/WIN 之后，计算机上会有一个标准的浏览器，可以用它来访问 CP 243-1 IT 模块的主页。

(5) 用户定义的协议。在自由端口模式下，它是由用户自定义与其他串行通信设备的通信协议。自由端口模式使用接收中断、发送中断、字符中断、发送指令(XMT)和接收指令(RCV)，以实现 S7-200 CPU 通信口与其他设备的通信。

(三) S7-200 PLC 网络读写指令

网络读写指令用于多个 S7-200 PLC 之间的通信。网络读写指令格式如图 8-8 所示。

S7-200 CPU 提供了网络读写指令，用于 S7-200CPU 之间的通信。网络读写指令只能由在网络中充当主站的 PLC 执行，从站 PLC 不必作通信编程，只需准备通信数据。主站可以对 PPI 网络中的其他任何 PLC(包括主站)进行网络读写。

1. 网络读指令

网络读(Network Read)指令如图 8-8(a)所示，当 EN 为 ON 时，执行网络通信命令，初始化通信操作，通过指定端口(PORT)从远程设备上读取数据并存储在数据表(TBL)中。NETR 指令最多可以从远程站点上读取 16 个字节。

PORT 指定通信端口，如果只有一个通信端口，那么此值必须为 0。有两个通信端口时，此值可以是 0 或 1，且分别对应两个通信端口。

2. 网络写指令

网络写(Network Write)指令如图 8-8(b)所示，当 EN 为 ON 时，执行网络通信命令，初始化通信操作，并通过指定端口(PORT)向远程设备发送数据表(TBL)中的数据。

PORT 指定通信端口，如果只有一个通信端口，则此值必须为 0。有两个通信端口时，此值可以是 0 或 1，且分别对应两个通信端口。

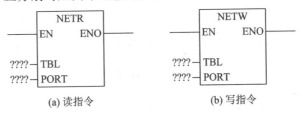

(a) 读指令　　　　(b) 写指令

图 8-8　网络读写指令

三、任务实施

(一) 控制要求

在主站上按下启动按钮 SB1，从站的联机指示灯 L1 点亮，按下停止按钮 SB2，从站的联机指示灯 L1 熄灭；同理，在从站上按下启动按钮 SB3，主站的联机指示灯 L2 点亮，按下停止按钮 SB4，主站的联机指示灯 L2 熄灭。

(二) I/O 分配

两台 PLC 通信 I/O 分配如表 8-1 所示。

表 8-1　I/O 分配表

主　　　站		从　　　站	
主站联机启动按钮	I0.0	从站联机启动按钮	I0.0
主站联机停止按钮	I0.1	从站联机停止按钮	I0.1
从站联机运行指示	Q0.0	主站联机运行指示	Q0.0

(三) 线路连接

前面任务提到的两台 S7-200 PLC(CPU 226) 与上位机通过 RS-485 通信组成一个使用 PPI 协议的单主站通信网络，图 8-9 所示为它们的 PPI 网络，其中计算机为主站(站 0)，两台 S7-200 系列 PLC 与装有编程软件的计算机通过 RS-485 通信接口和网络连接器组成一个使用 PPI 协议的单主站通信网络。用双绞线分别将连接器的两个 A 端子连在一起，两个 B 端子连在一起。具体

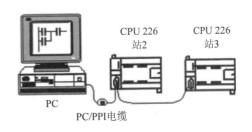

图 8-9　PPI 通信网络结构

的 A 端子，B 端子见图 8-7。其中一台连接器带有编程接口，连接 PC/PPI 电缆(若无网络连接器，则可使用普通的 9 针 D 型连接器来代替)。

用 PC/PPI 电缆分别单独连接各台 PLC，在编程软件中通过"系统块"分别将地址设为 2 和 3，并下载到 CPU，完成硬件的连接与设置。

在 RUN 方式下，主站 CPU 226(站 2)在应用程序中允许 PPI 主站模式，可以利用 NETR 和 NETW 指令来不断读写从站 CPU 226(站 3)中的数据。主站 CPU 226 数据缓冲区设置如表 8-2 所列。

表 8-2　数据缓冲区设置

读写操作	主　站		从　站	
(NETW)	M0.0→	V200.0→	V200.0→	Q0.0
网络读(NETR)	Q0.0←	V300.0←	V300.0←	M0.0

在这一网络通信中，主站 CPU 226(站 2)需要设计通信程序，从站 CPU 226(站 3)不需要设计通信程序。

(四) 设计梯形图程序

打开 STEP7 Micro/WIN 编程软件，在"工具"菜单中选择"指令向导"→"NETR /NETW"进行网络读写操作配置，希望配置两项网络读写操作；这些读写操作将通过 PLC 的 0 端口进行通信，可执行子程序命名为默认"NET_EXE"；网络写操作将本地 PLC 的 1 个字节数据 VB200 写入远程地址为 2 的 PLC 中；网络读操作将远程地址为 3 的 PLC 中 1 个字节的数据 VB300 读入本地 PLC 的 VB300 中；其他为默认设置。

主站对应的梯形图程序如图 8-10 所示。

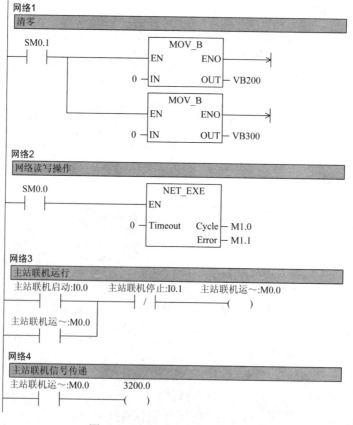

图 8-10　主站对应的梯形图程序

从站对应的梯形图程序如图 8-11 所示。

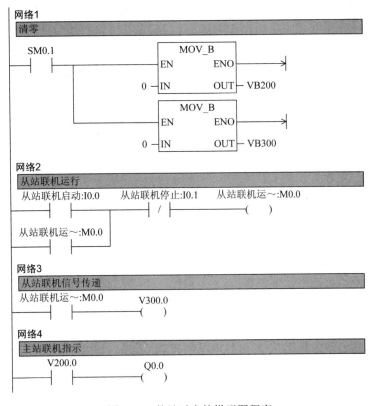

图 8-11　从站对应的梯形图程序

（五）系统调试

(1) 下载程序，在线监控程序运行。

(2) 针对程序运行情况，调试程序符合控制要求。

四、拓展知识：亚龙 YL-335B 型自动生产线实训考核装备

亚龙 YL-335B 型自动生产线实训考核装备由安装在铝合金导轨式实训台上的供料、加工、装配、输送和分拣五个单元组成。其外观如图 8-12 所示。

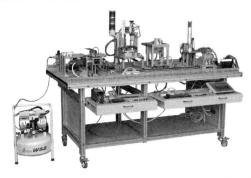

图 8-12　亚龙 YL-335B 型自动生产线实训考核装备

YL-335B 系统采用每一工作单元由一台 PLC 承担其控制任务的控制方式，各 PLC 之间通过 RS-485 串行通信实现互连的分布式控制方式。PLC 选用 S7-200 系列，通信方式则采用 PPI 协议通信，PPI 通信网络结构如图 8-13 所示。

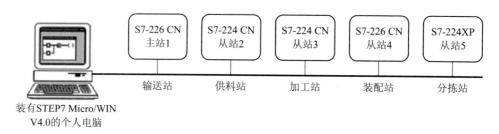

图 8-13　PPI 通信网络结构

在 PPI 网络中，只有主站程序中使用网络读写指令来读写从站信息。而从站程序没有必要使用网络读写指令。

在编写主站的网络读写程序前，应预先规划好下面数据：

(1) 主站向各从站发送数据的长度(字节数)。

(2) 发送的数据位于主站何处。

(3) 数据发送到从站的何处。

(4) 主站从各从站接收数据的长度(字节数)。

(5) 主站从从站的何处读取数据。

(6) 接收到的数据放在主站何处。

以上数据，应根据系统工作要求、信息交换量等统一筹划。

习题与思考题

在 YL-335B 自动生产线中，输送站为主站，地址为 1，其余 4 站为从站，供料站地址为 2，加工站地址为 3、装配站地址为 4，分拣站地址为 5，网络读写数据规划如表 8-3 所示。

表 8-3　网络读写数据规划实例

输送站 1#站(主站)	供料站 2#站(从站)	加工站 3#站(从站)	装配站 4#站(从站)	分拣站 5#站(从站)
发送数据的长度	2 字节	2 字节	2 字节	2 字节
从主站何处发送	VB1000	VB1000	VB1000	VB1000
发往从站何处	VB1000	VB1000	VB1000	VB1000
接收数据的长度	2 字节	2 字节	2 字节	2 字节
数据来自从站何处	VB1010	VB1010	VB1010	VB1010
数据存到主站何处	VB1200	VB1204	VB1208	VB1212

请根据网络读写数据规划配置主站网络读写操作。

任务二 S7-200 PLC 与 MM440 变频器之间的 USS 通信

学习目标

(1) 理解 USS 协议，掌握 USS 协议中读写程序的编写；

(2) 能通过 PLC 设计梯形图，实现 USS 通信协议与变频器通信；

(3) 会制作 PLC 与变频器通信电缆，并能正确连接变频器。

一、任务简述

S7-226 PLC 和变频器 MM440 采用 USS 通信协议，控制电动机实现正反转，启动时频率设定为 15 Hz、运行过程中可通过 PLC 设定频率为 25 Hz 或 50 Hz，停车时有自由停车、快速停车，还有故障恢复等功能，示意图如图 8-14 所示。

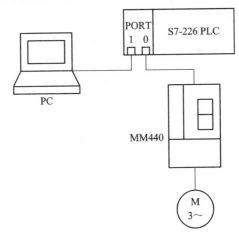

图 8-14 PLC 与变频器通信示意图

传统的 PLC 与变频器之间的接口大多是依靠 PLC 的数字量输出来控制变频器的启停，依靠 PLC 的模拟输出来控制变频器的速度设定，这样做存在以下五个问题。

(1) 控制系统在设计时需要采用很多硬件，价格昂贵。

(2) 现场的布线多，容易引起噪声和干扰。

(3) PLC 和变频器之间传输的信息受硬件的限制，交换的信息量很少。

(4) 在变频器的启、停控制中，由于继电-接触器等硬件的动作时间有延时，从而影响控制精度。

(5) 通常变频器的故障状态由一个接点输出，PLC 能得知变频器的故障状态，但不能准确地判断出当故障发生时，变频器存在何种故障。

如果 PLC 通过与变频器进行通信来进行信息交换，那么可以有效地解决上述问题，因通信方式具有使用的硬件少、传送的信息量大、速度快等特点。另外，通过网络，可以连续地对多台变频器进行监视和控制，实现多台变频器之间的联动控制和同步控制。通过网络还可以实时地调整变频器中的数。使用西门子 S7-200 和 MicroMaster 变频器之间的通信协议 USS，用户便可以通过程序调用的方式来实现 S7-200 和 MicroMaster 变频器之间的通信，而且编程的工作量小。通信网络由 PLC 和变频器内置的 RS-485 通信口和双绞线组成，一台 S7-200 最多可以和 31 台变频器进行通信。这是一种费用低、使用方便的通信方式。

二、相关知识

（一）USS 通信协议简介

USS(Universal Serial Interface，通用串行接口)通信协议是西门子公司所有传动产品的通用通信协议，它是一种基于串行总线进行数据通信的协议，可用于 S7-200 PLC 和西门子公司的 MicroMaster 变频器之间的通信。通信网络由 S7-200 PLC 的通信接口和变频器内置的 RS-485 通信接口及双绞线组成，且一台 S7-200 PLC CPU 最多可以监控 31 台变频器。PLC 通过通信来监控变频器，接线量少，占用 PLC 的 I/O 点数少，传送的信息量大，还可以通过通信修改变频器的参数及其他信息，实现多台变频器的联动和同步控制。这是一种硬件费用低、使用方便的通信方式。

使用 USS 通信协议，用户可以通过子程序调用的方式实现 PLC 与变频器之间的通信，编程的工作量很小。在使用 USS 协议之前，需要先在 STEP 7 编程软件中安装"STEP 7-Micro/WIN 32 指令库"。USS 协议指令在此指令库的文件夹中，而指令库提供了 8 条指令来支持 USS 协议，调用一条 USS 指令时，将会自动增加一个或多个相关的子程序。

调用的方法是打开 STEP 7 编程软件，在指令树的"指令/库/USS Protocol"文件夹中，将会出现用于 USS 协议通信的指令，用它们便可来控制变频器和读写变频器参数。用户不需要关注这些子程序的内部结构，只要将有关指令的外部参数设置好，直接在用户程序中调用它们即可。

（二）USS 协议指令

USS 协议指令主要包括 USS_INIT、USS_CTRL、USS_RPM 和 USS_WPM 四种。

1. 初始化指令(USS_INIT)

USS_INIT 指令如图 8-15 所示，用于初始化或改变 USS 的通信参数，只激活一次即可，也就是只需一个扫描周期、调用一次就可以了。在执行其他 USS 协议指令之前，必须先执行 USS_INIT 指令，且没有错误返回。指令执行完后，完成位(Done)立即置位，然后才能继续执行下一条指令。

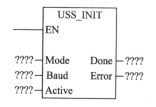

图 8-15　USS_INIT 变频器初始化指令

EN("使能"输入)端，应使用边沿脉冲信号调用指令，输入数据类型为"BOOL"型。用户应通过一个边沿触发指令或特殊继电器 SM0.1，使此端只在一个扫描周期内有效，激活指令就可以了。一旦 USS 协议已启动，在改变初始化参数之前，必须通过执行一个新的 USS_INIT 指令以终止旧的 USS 协议。

"Mode"用于选择通信协议，数据类型为字节型数据。如数据为 1，是将端口 0 分配给 USS 协议，并允许该协议；如数据为 0，是将端口 0 分配给 PPI，并禁止 USS 协议。

"Baud"用于设定 PLC 与变频器通信的波特率，单位为 b/s，是双字型数据，可选 1200、2400、4800、9600、19 200、38 400、57 600 或 115 200 b/s。

"Active"是现用变频器的地址(站点号)，即用于指示出哪一个变频器是激活的，是双字型数据。双字的每一位控制一台变频器，位为"1"时，该位对应的变频器为"激活"状态，Active 共 32 位(第 0～31 位)，例如第 0 位为 1 时，则表示激活 0 号变频器；第 0 位为 0，则不激活它。

如现在要同时激活一号变频器和二号变频器，Active 为 16#00000006，如表 8-4 所示。

表 8-4　变频器站号

D31	D30	D29	D28	…	D19	D18	D17	D16	…	D3	D2	D1	D0
0	0	0	0	…	0	0	0	0	…	0	1	1	0

"Done"用于指示指令执行情况，是布尔型数据。指令执行完成后，此位为"1"。

"Error"用于生成指令执行错误代码输出，是字节型数据，这一字节包含指令执行情况的信息。

2. 控制指令(USS_CTRL)

USS_CRTL 指令如图 8-16 所示，是变频器控制指令，用于控制 MicroMaster 变频器。USS_CTRL 指令将用户命令放在一个通信缓冲区内，如果由"Drive"指定的变频器被 USS_INIT 指令中的"Active"参数选中，则缓冲区中的命令将被发送到该变频器。每个变频器只应有一个 USS_CTRL 指令，且使用 USS_CTRL 指令的变频器应确保已被激活。

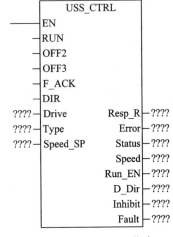

图 8-16　USS-CTRL 指令

EN 为"使能"输入端，用以启动 USS_CTRL 指令，输入数据类型为"BOOL"型。一般情况下，这个指令总是处于允许执行的状态，可用 SM0.0(常 ON)触点触发。

RUN 为变频器运行/停止控制端，其值为 1 时，变频器是接通运行，为 0 时停止运行。当 RUN 位接通时，MicroMaster 变频器收到一个命令，便开始以规定的速度和方向运行。为了使变频器运行，必须具备以下条件：在 USS_INIT 中将变频器激活，输入参数 OFF2 和 OFF3 必须设定为 0，输出参数 Fault 和 Inhibit 必须为 0；当 RUN 位断开时，则 MicroMaster 发送给变频器一个命令，电动机速度降低，一直到停止。

OFF2 用来使 MicroMaster 变频器减速到停止(自由停车)。OFF3 用来使 MicroMaster 变频器快速停止(带电气制动)。

F_ACK(故障确认)用于确认变频器中的故障。当 F_ACK 从低变高时，变频器清除故障，通过该信号清除变频器报警。

DIR(方向)是电动机转向控制信号，用来设置变频器的运动方向(0 为逆时针方向，1 为顺时针方向)。

Drive(变频器地址)是 USS_CTRL 命令指定的 MicroMaster 变频器地址，有效地址为 0～31。

USS_CTRL 中的 Drive 驱动站号不同于 USS_INIT 中的 Active 激活号，Active 激活号指定哪几台变频器需要激活，而 Drive 驱动站号是指先激活哪台电动机驱动，因此程序中可以有多个 USS_CTRL 指令。

Type 是变频器的类型，3 系列或更早的系列为 0，4 系列的为 1。

Speed_SP 是速度设定点，是用全速度的百分比来表示的速度设定值(−200.0%～200.0%)。该值为负时，表示变频器反方向旋转。

Resp_R(收到响应)用于确认从变频器来的响应。对所有激活的变频器轮询最新的变频状态信息。每当 CPU 从变频器收到一个响应时，Reap_R 位便接通一个扫描周期，并更新以下所有的数值：

Error 指令执行错误代码输出，是一个错误状态字节，它包含与变频器通信请求的最新结果。

Status 是变频器工作状态输出指示，由变频器返回状态字的原始值。

Speed 是变频器返回的用全速度百分比表示的变频器速度(−200.0%～200.0%)。

Run_EN(RUN 允许)变频器运行、停止指示，用于指示变频器的运行状态，有正在运行(1)或已停止(0)两种状态。

D_Dir 表示变频器的实际转向输出，用于指示变频器的旋转方向(0 为逆时针方向，1 为顺时针方向)。

Inhibit 指示变频器上的禁止位的状态(0 为不禁止，1 为被禁止)。要清除禁止位，Fault 位必须为 0，RUN、OFF2 及 OFF3 输入位也必须为 0。

Fault 指示故障位的状态(0 为无故障，1 为故障)。发生故障时，变频器将提供故障代码(参阅变频器使用手册)。要清除 Fault 位，需消除故障原因，并接通 F_ACK 位。

(三) 通信电缆连接

用一根带 D 型 9 针阳性插头的通信电缆接在 PLC(S7-200 PLC CPU 226)的 0 号通信口，9 针并没有都用上，只接其中的 2 针，它们是 3(B)、8(A)，电缆的另一端是无插头的，以便接到变频器 MM440 的 29、30 端子上，因是内置式的 RS-485 接口，在外面只看到端子。两端的对应关系是：29—3、30—8；连接方式如图 8-17 所示。

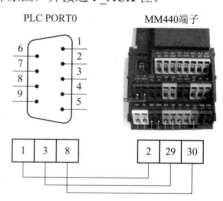

图 8-17　PLC 与变频器通信接线

(四) USS 的编程顺序

(1) 使用 USS_INIT 指令初始化变频器，确定通信口、波特率、变频器的地址号。

(2) 使用 USS_CTRL 指令控制变频器。启动变频器、确定变频器运动方向、变频器减速停止方式、清除变频器故障、运行速度、与 USS_INIT 指令相同的变频器地址号。

(3) 配置变频器参数，以便和 USS 指令中指定的波特率和地址相对应。

(4) 连接 PLC 和变频器间的通信电缆。应特别注意变频器的内置式 RS-485 接口。

(5) 程序输入时应注意，S7 系列的 USS 协议指令是成型的，在编程时不必理会 USS 的子程序和中断，只要在主程序中开启 USS 指令库就可以了。调用位置如图 8-18 所示。

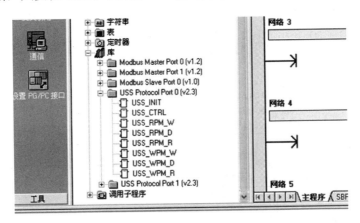

图 8-18　调用 USS 指令库

三、任务实施

控制要求：使用 CPU 226 PLC 通过 USS 通信协议控制 MM440 变频器运行，可控制电动机实现正、反转，按下启动按钮后，变频器驱动电动机以 10 Hz 低速运行，在运行过程中按下中速、高速按钮，变频器分别按照 20 Hz 和 40 Hz 进行中速、高速运行，电动机可以自由停车或快速停车，并有故障恢复功能。

(一) PLC、变频器接线

PLC、变频器接线图如图 8-19 所示。

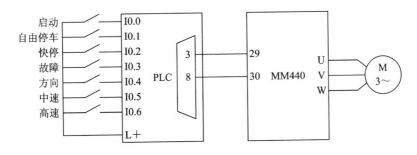

图 8-19　PLC、变频器接线图

(二) 变频器的参数设置

P0700 = 5　　　COM 链路 USS 设置

P1000 = 5　　　通过 USS 设定频率值

P2010 = 6　　　9600 波特率

P2011 = 1　　　USS 地址

(三) PLC 与变频器通信的梯形图程序

梯形图程序如图 8-20 所示。

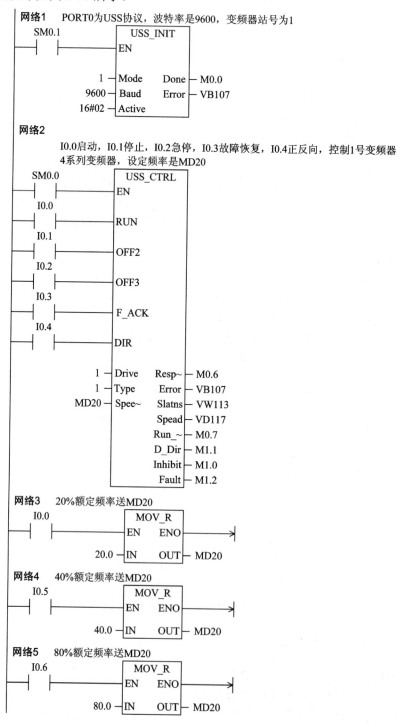

图 8-20 梯形图程序

（四）运行并调试程序

(1) 按接线图连接电路。

(2) 向 PLC 下载程序。

(3) 在 MM440 变频器上设置参数，分析程序运行结果是否达到任务要求。

四、拓展知识：USB 参数读写指令

USS_CTRL 指令已经能完成基本的驱动装置控制，如果需要有更多的参数控制选项，可以选择 USS 指令库中的参数读写指令来实现。

USS 指令库中共有 6 种参数读写功能块，分别用于读写驱动装置中不同规格的参数，如表 8-5 所示。

表 8-5　各种不同参数的读写功能块

USS_RPM_W	读取无符号字参数	U16 格式
USS_RPM_D	读取无符号双字参数	U32 格式
USS_RPM_R	读取实数(浮点数)参数	Float 格式
USS_WPM_W	写入无符号字参数	U16 格式
USS_WPM_D	写入无符号双字参数	U32 格式
USS_WPM_R	写入实数(浮点数)参数	Float 格式

USS 参数读写指令采用与 USS_CTRL 功能块不同的数据传输方式。由于许多驱动装置把参数读写指令用到的 PKW 数据处理作为后台任务，参数读写的速度要比控制功能块慢一些。因此使用这些指令时需要更多的等待时间，并且在编程时要进行相应的处理。读取实数(浮点数)参数的指令 USS_RPM_R 如图 8-21 所示。

EN：使能读写指令，此输入端必须为 1。

XMT REQ：发送请求，必须使用一个边沿检测触点以触发读操作，其前面的触发条件必须与 EN 端输入一致。

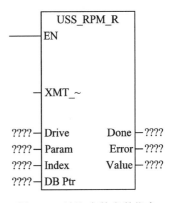

图 8-21　读取实数参数指令

Drive：进行参数读写的驱动装置在 USS 网络上的地址。

Param：参数号(仅数字)，此处也可以是变量。

Index：参数下标，有些参数由多个带下标的参数组成一个参数组，下标用来指出具体的某个参数。对于没有下标的参数，可设置为 0。

DB Ptr：读写指令需要一个 16B 的数据缓冲区，用间接寻址形式给出一个起始地址。

此数据缓冲区与"库存储区"不同，是每个指令(功能块)各自独立需要的，也不能与其他数据区重叠，各指令之间的数据缓冲区也不能冲突。

Done：读写功能完成标志位，读写完成后置 1。

Error：出错代码，0＝无错。

Value：读出的数据值，要指定一个单独的数据存储单元。

EN 和 XMT_REQ 的触发条件必须同时有效，EN 必须持续到读写功能完成(Done 为 1)，否则会出错。

写参数指令的用法与读参数指令类似。

在任一时刻 USS 主站内只能有一个参数读写功能块有效，否则会出错。因此如果需要读写多个参数(来自一个或多个驱动装置)，必须在编程时进行读写指令之间的轮替处理。

训练：使用 CPU 226 PLC 通过 USS 通信协议控制 MM440 变频器运行，可控制电动机实现正反转，按下启动按钮后，变频器驱动电动机以 20 Hz 低速运行，在运行过程中按下中速、高速按钮，变频器分别按照 30 Hz 和 40 Hz 进行中速、高速运行，PLC 可实时地读取实际的电动机电流值(参数 r0068)。

 习题与思考题

1. 在通信中，什么是并行传输和串行传输？

2. 什么是单工通信方式、半双工通信方式和全双工通信方式？

3. S7-200 CPU 支持的通信协议有哪些？

4. 如何进行网络读写操作配置？

5. 什么是 USS 通信协议？使用 USS 通信协议控制变频器的优点是什么？

附录 A 电气图形符号一览表

图形符号及说明	图形符号	图形符号及说明	图形符号
直流电(DC)	- - - -	单极断路器(QF)	
交流电(AC)	~	三极断路器(QF)	
交直流电	≂	隔离开关(QS)	
正、负极	+、-	三极隔离开关(QS)	
端子(X)	○	负荷开关(QS)	
端子板(XT)	▢▢▢▢▢	三极负荷开关(QS)	
可拆卸的端子(X)	∅	电感器(L)	
接地(E)	⊥	带铁芯的电感器(L)	
保护接地(PE)		双绕组变压器(T)	
接机壳或接地板(E)	⊥ 或 ⊥	有铁芯的双绕组 变压器(T)	
插座(XS)		一个绕组有中间抽头的 变压器(T)	

图形符号及说明	图形符号	图形符号及说明	图形符号
插头(XP)		电容器(C)	
滑动连接器(E)		极性电容器(C)	
电阻器(R)		断路器(QF)	
电位器(RP)		交流发电机(GA)	
交流电动机(MA)		旋转按钮(SB)	
三相笼型异步电机 (MC)		行程开关 常开触点(SQ)	
三相绕线型异步电机 (MW)		行程开关 常闭触点(SQ)	
直流发电机(GD)		常开按钮(SB)	
直流电动机(MD)		常闭按钮(SB)	
直流伺服电机(SM)		复合按钮(SB)	
交流伺服电机(SM)		手动开关(SB)	

图形符号及说明	图形符号	图形符号及说明	图形符号
直流测速发电机 (TG)	Ⓣ⃝G	接触器线圈(KM)	
交流测速发电机 (TG)	Ⓣ⃝G	接触器常开主触点 (KM)	
熔断器(FU)		接触器 辅助常开触点(KM)	
电磁铁(YA)		接触器辅助常闭触点 (KM)	
电磁制动器(YB)		电铃(B)	
热元件(FR)		蜂鸣器(B)	
中间继电器线圈 (KA)		中间继电器常开触点 (KA)	
中间继电器常闭触点 (KA)		电流表(PA)	Ⓐ
热继电器常开触点 (FR)		电压表(PV)	Ⓥ
热继电器常闭触点 (FR)		电度表(PJ)	kWh
时间继电器通电延时 闭合的常开触点 (KT)	或	时间继电器 通电延时线圈(KT)	
时间继电器通电延时 断开的常闭触点 (KT)	或	时间继电器 断电延时线圈(KT)	

续表三

图形符号及说明	图形符号	图形符号及说明	图形符号
时间继电器断电延时闭合常闭触点(KT)		指示灯(HL)	
时间继电器断电延时断开常开触点(KT)		照明灯(EL)	
瞬时闭合的常开触点(KT)		压敏电阻(RV)	
瞬时断开的常闭触点(KT)		压电晶体(B)	
过流继电器线圈(KA)		半导体二极管(VD)	
欠压继电器线圈(KV)		发光二极管(V)	
PNP 型晶体三极管		光电二极管	
NPN 型晶体三极管		稳压二极管	
全波桥式整流器		变容二极管	
扬声器		放大器(A)	

附录 B　S7-200 系列 PLC 指令表及功能

布尔指令		数学、增减指令	
指令	功能	指令	功能
LD　N LDI　N LDN　N LDNI　N	装载 立即装载 取反后装载 取反后立即装载	+I　IN1，OUT +D　IN1，OUT +R　IN1，OUT	整数、双整数、实数加法 IN1+OUT=OUT
A　N AI　N AN　N ANI　N	与 立即与 取反后与 取反后立即与	−I　IN2，OUT −D　IN2，OUT −R　IN2，OUT	整数、双整数、实数减法 OUT−IN2=OUT
O　N OI　N ON　N ONI　N	或 立即或 取反后或 取反后立即或	MUL　IN1，OUT *I　IN1，OUT *D　IN1，OUT *R　IN1，OUT	整数完全乘法 整数、双整数、实数乘法 IN1+OUT=OUT
LDBx　IN1，IN2	装载字节比较的结果 IN1(x:<，<，=，=， >=，>，<>)IN1	DIV　IN2，OUT /I　IN2，OUT /D　IN2，OUT /R　IN2，OUT	整数完全除法 整数、双整数、实数除法 OUT/IN2=OUT
ABx　IN1，IN2	与字节比较的结果 IN1(x:<，<，=，=， >=，>，<>)IN2	SQRT IN，OUT LN　IN，OUT EXP　IN，OUT SIN　IN，OUT COS　IN，OUT TAN IN，OUT	平方根 自然对数 自然指数 正弦 余弦 正切
Obx，IN1，IN2	或字节比较的结果 IN1(x:<，<，=，=， >=，>，<>)IN2	INCB OUT INCW OUT INCD OUT	字节、字和双字增1

参 考 文 献

[1] 刘永华，姜秀玲. 电气控制与 PLC 应用技术[M]：北京：北京航空航天大学出版社，2010.

[2] 王永华. 现代电气及可编程序控制技术[M]. 北京：北京航空航天大学出版社，2002.

[3] 李道霖. 电气控制与 PLC 原理及应用(西门子系列)[M]. 北京：电子工业出版社，2004.

[4] 黄永红. 电气控制与 PLC 应用技术[M]：北京：机械工业出版社，2013.

[5] 姜建芳. 电气控制与 S7-300 PLC 工程应用技术[M]. 北京：机械工业出版社，2014.

[6] 西门子(中国)有限公司. 深入浅出西门子 S7-200 PLC[M]. 北京：北京航空航天大学出版社，2007.

[7] 何献忠. 电气控制与 PLC 应用技术西门子 S7-200 系列[M]，北京：化学工业出版社，2014.

[8] 董海棠，周志文. 电气控制及 PLC 应用技术[M]. 北京：人民邮电出版社，2013.

[9] 夏燕兰. 数控机床电气控制[M]. 北京：机械工业出版社，2014.

[10] 胡晓林. 电气控制与 PLC 应用技术[M]. 北京：北京理工大学出版社 2014.

[11] 刘增良. 电气控制与 PLC 应用技术[M]. 北京：中国科学技术大学出版社，2013.

[12] 丁向荣，林知秋. 电气控制与 PLC 应用技术[M]. 上海：上海交通大学出版社，2013.

[13] 田效伍. 电气控制与 PLC 应用技术[M]. 北京：机械工业出版社，2006.

[14] 刘铁生. 电气控制与 PLC 应用技术[M]. 北京：中国水利水电出版社，2011.

[15] 方健，刘君义. 电气控制与 PLC 应用技术[M]. 北京：机械工业出版社，2013.

[16] 刘长青. 电气控制与 PLC 应用技术[M]. 北京：科学出版社，2008.